Das Königl. Schlosses hintere Seite nach dem Parade Platz zu.
PLAN der Königl. Residentz BERLIN
Statua Friderichs I. Königs in Preussen
Grosses Friderichs Hospital
KOENIGL. KART. INST. BERLIN
Das Königliche Arsenal von forne
Erklärung der Zahlen so im Prospect befindlich
Spree
13. St. Marien
14. Statua Friedr. I.
15. Friderichs-Hospital
16. Parochial-Kirche
17. Kirche i. d. Spandauer Vorstadt Sophienkirche

Ernst Badstübner
Sibylle Badstübner-Gröger

KIRCHEN IN BERLIN

Ernst Badstübner · Sibylle Badstübner-Gröger

Evangelische Verlagsanstalt Berlin

KIRCHEN IN BERLIN

Von St. Nikolai
bis zum Gemeindezentrum
›Am Fennpfuhl‹

Mit Aufnahmen von Martin Dettloff

ISBN 3-374-00171-8

Inhaltsverzeichnis

Geleitwort

Der vorliegende Bild-Text-Band über die evangelischen Kirchen in Berlin wird in dem Jahr erscheinen, in dem die Stadt Berlin ihr 750jähriges Jubiläum feiert. Wer sich mit den hier abgebildeten und beschriebenen Kirchen und ihren Kunstschätzen befaßt, bekommt Einblick in einen ganz wesentlichen Teil der Stadtgeschichte. Vielleicht sind die Kirchen sogar die wichtigsten Erinnerungsstätten für die geschichtliche Vergangenheit Berlins. Das betrifft nicht nur die Kirchen der Innenstadt, sondern auch die der inzwischen in das Stadtgebiet einbezogenen Dörfer, die früher ganz für sich existiert haben und allenfalls Ausflugsorte für die Berliner waren. Man kann bei der Lektüre dieses Buches die Entstehung der Städte Cölln und Berlin, ihr Zusammenwachsen und ihre immer weitere Ausdehnung und Gestaltung förmlich nacherleben. Auch die jeweilige Verbindung der Stadt zu anderen Städten und Ländern wird durch den Stil der Berliner Kirchen und ihrer Kunstwerke und die Herkunft ihrer Erbauer und Künstler erkennbar.

Besonders deutlich sind Rückschlüsse aus der Gestaltung der Kunstwerke und der Anlage der Kirchen auf das jeweilige geistliche Leben der Landesherren und der Bewohner der Stadt möglich. Jede geistliche und geistige Entwicklung von einiger Bedeutung hat sich hier ausgewirkt. Das gilt für die noch erhaltenen Marienaltäre aus katholischer Zeit, die Tauffünte und das Totentanzwandgemälde in der Marienkirche, für viele bildliche Darstellungen genauso wie für die Aufstellung der Kanzel und die Ordnung der Bankreihen in anderen Kirchen. So läßt sich auch der Streit zwischen Reformierten und Lutheranern nach dem Übertritt des Herrscherhauses zum reformierten Bekenntnis, die Bemühung um Toleranz zwischen den Konfessionen bis hin zur Erklärung der Union an den Kirchen und ihrer künstlerischen und technischen Ausgestaltung verfolgen.

Kirchen sind freilich in der Vergangenheit immer auch Bauten staatlicher Repräsentation gewesen. So hat der sonst so sparsame Soldatenkönig gerne hohe Kirchtürme in Berlin bauen lassen. Und sein Sohn, Friedrich II., ließ vor der Deutschen und der Französischen Kirche auf dem damaligen Gendarmenmarkt zwei besonders stattliche Türme aufführen, um seiner Residenz damit »das Ansehen einer europäischen Hauptstadt zu geben«. Auch die Geschichte des Berliner Doms ist in diesem Zusammenhang bezeichnend. Die Bemühung um ein der Größe Berlins und ihrer Bedeutung als Hauptstadt angemessenes Kirchengebäude in der Nähe des Schlosses hat seit der Krönung des Kurfürsten Friedrich III. zum König in Preußen die Landesherren und ihre Baumeister immer wieder beschäftigt, bis sie dann schließlich von 1894–1905 in der Ausführung des Entwurfs von Julius Carl Raschdorff im Stil italienischer Hochrenaissance eine fast überdimensionale Verwirklichung gefunden hat.

In mancher Hinsicht problematisch sind die Kirchenbauten aus der Wilhelminischen Zeit. Bei ihrer Erbauung in der sich rasch ausbreitenden Großstadt haben sich die Architekten auf Weisung des Kaiserpaares meist an bewährte Baustile der Vergangenheit angelehnt. Es ist aber erstaunlich, wie sich die in dieser Zeit gebauten Kirchen harmonisch in das Stadtbild einfügen. An ihrer inneren Gestaltung einschließlich der Ausmalung und der bildlichen Darstellungen ist in den letzten Jahrzehnten viel Kritik geübt worden. Erst in jüngster Zeit haben wir die innere Schönheit auch dieser Kirchen wiederentdeckt.

Aus der Fülle des in diesem Buch Erwähnten und Abgebildeten habe ich nur einiges beispielhaft hervorgehoben. Es gibt sehr viel zu sehen und zu bedenken. Alte und neue Stadtkirchen und schöne alte Dorfkirchen laden dazu ein, sich mit ihnen zu beschäftigen. Man kann sich an ihrer Schönheit freuen, aber auch über den Glauben derer nachdenken, die sie in Auftrag gaben, sie bauten und darin ihre Gottesdienste gefeiert haben oder noch feiern. Auch neuere Kirchenbauten lohnen die verweilende Betrachtung.

Kirchen sind immer zuerst Räume für die sich zum Gottesdienst versammelnde Gemeinde gewesen. Aber sie weisen gerade deshalb auch über sich hinaus auf den hin, der hier angebetet wird, der durch die Schriftlesungen und das Wort der Predigt zu der Gemeinde spricht und in den Sakramenten uns in anderer Weise seiner Gegenwart gewiß machen will.

Das vorliegende Buch will kein Ersatz dafür sein, sich die hier abgebildeten Kirchen und Kunstwerke selber anzusehen. Es will vielmehr dazu anreizen, die vielen schönen Kirchen Berlins und ihre Kunstschätze aus eigener Anschauung kennenzulernen und sie im Vollzug des Gottesdienstes in ihrer eigentlichen Funktion zu erleben.

Ein Stück Stadtgeschichte kann in diesem Buch nacherlebt werden. Aber unser Blick wird durch die Kirchen und die in ihnen enthaltenen Kunstwerke auch auf die Zukunft gelenkt, in der sich Gott selber als der Herr über alle Herren erweisen wird, als der er schon jetzt in den Gottesdiensten gepriesen wird.

Dr. Gottfried Forck
Bischof der Evangelischen Kirche
in Berlin-Brandenburg

Einführung: Stadtlandschaft Berlin

Am 27. April 1920 verabschiedete die preußische Landesversammlung das »Gesetz über die Bildung einer neuen Stadtgemeinde Berlin«. Durch dieses Gesetz wurde damals unter Einschluß von insgesamt 94 städtischen und dörflichen Kommunalverbänden ein Stadtgebiet geschaffen, das Berlin hinsichtlich seiner Fläche zur größten Stadt der Welt machte und es im Hinblick auf seine Einwohnerzahl, die 1924 schon mehr als vier Millionen betrug, hinter New York und London die dritte Stelle einnehmen ließ. Diese Maßnahme war die Konsequenz einer Entwicklung, die sich im 19. Jh. angebahnt hatte, als die Stadtbebauung, seit dem 17. Jh. bereits kontinuierlich über ihre mittelalterlichen Grenzen hinauswachsend, die Zoll- oder Akzisemauer um die jüngeren Vorstädte überschritt und sich in alle Richtungen auszudehnen begann, so daß es allmählich zur Verschmelzung mit Nachbarstädten und -gemeinden kam. Das neue Berlin füllte nicht mehr allein das Spreetal, sondern reichte nun im Westen bis zur Havel, im Osten weit über den Zusammenfluß von Spree und Dahme hinaus und breitete sich auch auf den Höhen des Teltow und des Barnim aus, die die Niederungen im Süden und Norden einfassen.

Den eigentlichen Kern der so entstandenen Stadtlandschaft bilden in historischer wie in gegenwärtiger Bedeutung die ältesten Teile, Alt-Berlin am rechten Spreeufer und Alt-Cölln auf der Insel im Fluß. Erste Erweiterungen, die eigentlich Gründungen von neuen Städten waren, erfolgten westlich der Spreeinsel im 17. Jh.: 1662 Friedrichswerder am linken Spreeufer zwischen der 1647 erstmals bepflanzten Lindenallee und dem Spittelmarkt, nach Westen begrenzt durch die seit 1658 im Bau befindlichen Festungsanlagen, ferner 1674, bereits außerhalb der Festung, die Dorotheenstadt nördlich und 1688 die Friedrichstadt südlich der Linden; eigentliche Grenze ist die Behrenstraße. 1709 wurden die drei neuen mit den beiden alten Städten, die alle bis dahin eigene Verwaltungen hatten, zur Residenzstadt Berlin vereinigt. Zu ihr kamen die seit etwa 1700 stärker ausgebauten Vorstädte außerhalb des bis 1686 vollendeten Festungsgürtels hinzu, im Norden und Osten auf der Berliner Seite rechts der Spree die Spandauer, die Königs- und die Stralauer Vorstadt, im Südosten und Süden auf der Cöllner Seite links der Spree zunächst die Cöllnische Vorstadt zwischen Spree und Festungsgraben (Neukölln am Wasser) und dann außerhalb der Festung die Köpenicker Vorstadt, die seit 1802 den Namen Luisenstadt trägt. Seit 1732/34 waren alle Stadterweiterungen von der Akzisemauer mit ihren Toren umgeben. Von letzteren ist allein das 1789/91 neu gebaute Brandenburger Tor erhalten geblieben, sonst künden nur noch Namen von den einstigen Zollstätten. Um 1870 waren Mauer und Tore bereits gefallen.

Schon im frühen 19. Jh. waren außerhalb der Akzisemauer Vorstädte vorhanden, im Norden die Äußere Spandauer oder Oranienburger Vorstadt, das Rosenthaler Viertel, und im Südwesten die Äußere Friedrichstadt. Für die weiter wachsende Stadt legte James Hobrecht 1862 den nach ihm benannten Generalbebauungsplan vor, dem die Anlage der neuen Stadtteile dann im wesentlichen folgte. Für ein großzügiges Straßennetz und für die technischen Voraussetzungen zum Wohnen in einer damaligen Großstadt, für Wasser-, Licht- und Gasversorgung, für Kanalisation und anderes waren die Vorbereitungen getroffen. Da aber Baumaße und Anzahl der Stockwerke nicht gesetzlich vorgeschrieben waren, entstanden in den neuen Vorstadtbezirken die Mietskasernen mit ihren heute fast schon legendären Hinterhöfen, und durch Bodenspekulation und Baukonjunktur wurden sie zu den dichtestbesiedelten Wohnvierteln Berlins. In den Gründerjahren nach dem deutsch-französischen Krieg von 1870/71 nahm die Bautätigkeit einen besonderen Aufschwung, und um 1890 hatte die Bebauung den von der Vorortbahn um die Stadt gebildeten Ring bereits überschritten und erreichte allmählich die sich gleichfalls vergrößernden Nachbarsiedlungen.

Berlin wuchs in die Umgebungslandschaft hinein, auf die Hochflächen des Teltow und Barnim, in das Spreetal und das Havelland. Nahverkehrssysteme begannen das Ballungsgebiet zu erschließen. Die Großindustrie verlagerte ihre Betriebe in die Randgebiete und ließ Arbeiterwohnungen in deren Nähe entstehen. Die Schiffahrt bekam in Berlin erneut Bedeutung, es wurden Häfen im Ost- und Westteil der Stadt gebaut. Das Berliner Rote Rathaus 1861/69 als seinerzeit größter Kommunalbau in Deutschland errichtet, reichte schon vor der Jahrhundertwende für die Stadtverwaltung nicht mehr aus. Zur Entlastung mußte 1902/11 zwischen Molkenmarkt (Jüdenstraße) und Klosterstraße das Stadthaus (jetzt Haus des Ministerrats) gebaut werden, offensichtlich, weil sich die Entwicklung, die 1920 mit der Eingemeindung von 8 Städten, 59 Landgemeinden und 27 Gutsbezirken ihren Abschluß fand, bereits abzeichnete.

Diese Entwicklung, die zur »neuen Stadtgemeinde Berlin« führte, hatte, von Eingemeindungen 1860 und 1878/81 abgesehen, konkretere Formen angenommen, als Berlin 1883 aus dem Verband der Provinz Brandenburg ausschied und einen eigenen Verwaltungsbezirk bildete. 1815, bei der Schaffung der Preußischen Provinzialordnung, war der von der Spree linksseitige Teil Berlins dem Landkreis Teltow, der rechtsseitige dem Landkreis Niederbarnim zugeteilt worden; die Kreisverwaltungen hatten hier auch ihren Sitz. Die Lösung Berlins aus dem Provinzialverband allein brachte jedoch nicht den erwarteten Erfolg für die Lösung kommunaler Probleme. Es kam in der Folgezeit zu einem Tauziehen zwischen Provinzialregierung und Magistrat wegen weiterer Eingemeindungen, was schließlich 1911 eine Gesetzesvorlage für einen »Zweckverband Groß-Berlin« zum Ergebnis hatte, die angenommen wurde und ab 1. April 1912 in Kraft trat. Der Zweckverband vereinigte sieben damals selbständige Stadtkreise (Berlin, Charlottenburg, Schöneberg, Neukölln, Wilmersdorf, Lichtenberg, Spandau) und zwei Landkreise (Teltow und Niederbarnim) zu einer kommunalen Körperschaft, die die Aufgaben des Verkehrs, der Bebauung und Besiedelung, auch der Erhaltung von Grünzonen einheitlich zu lösen versuchte. 1912 erfolgte die Umbenennung vieler Ortsteile zu dem nunmehr üblichen Doppelnamen, Berlin-Adlershof, Berlin-Friedrichsfelde ... Doch erst die Annahme des Regierungsentwurfs zum eingangs genannten Gesetz am 27. April 1920 durch die verfassunggebende Landesversammlung konnte die Voraussetzungen für eine geeignete Kommunalverwaltung der Hauptstadt schaffen.

Seitdem ist Berlin in seine Verwaltungs- und späteren Stadtbezirke eingeteilt. Der Stadtbezirk Mitte setzt sich aus dem alten Berlin zusammen, aus Alt-Berlin und Alt-Cölln mit den Stadterweiterungen des 17., 18. und frühen 19. Jh.; nur an der südlichen und östlichen Peripherie sind Teile der Friedrichstadt, der Luisenstadt und der Stralauer Vorstadt in die angrenzenden Bezirke übergegangen. Die Stadtbezirke Prenzlauer Berg und Friedrichshain schließen den Stadtbezirk Mitte im Norden und Osten ein und umfassen, bis etwas über die Ringbahn hinausreichend, große Bereiche der auf der Grundlage des Hobrechtplanes ausgebauten Stadtviertel. Die Stadtbezirke, die in den umgebenden Städten und Gemeinden – Hohenschönhausen, Köpenick, Lichtenberg, Marzahn, Pankow, Treptow und Weißensee – ihren Verwaltungssitz erhielten, nehmen bis weit ins märkische Land zahlreiche alte Dörfer und Gutsbezirke, wie auch neuere Manufaktur- und Industriesiedlungen, in sich auf, die vielfach ihren ursprünglichen Charakter schon verloren hatten und bisweilen zu geschlossen bebauten Wohnvierteln, andere auch zu ausgedehnten Villenkolonien, herangewachsen waren.

Mit der Stadt wuchsen auch die Gemeinden, in den neuen Vierteln wurden neue Kirchen gebaut. Die mittelalterlichen und nachreformatorischen Einteilungen in Propsteien und Stadt- und Landdiözesen von Berlin und Cölln sind aufgegangen in den Kirchenkreisen, die sich an die seit 1920 bestehenden Bezirksgrenzen anlehnen. Zur Generalsuperintendentur Berlin der Evangelischen Kirche Berlin-Brandenburg gehören außer den sieben Stadtkirchenkreisen, von denen die äußeren – Pankow, Weißensee, Lichtenberg und Oberspree – über die Verwaltungsgrenze Berlins hinausreichen, noch zwei Landkirchenkreise, Teltow und Königs-Wusterhausen. Die inneren Kirchenkreise Stadt I, Stadt III und Friedrichshain entsprechen etwa dem Teil der Stadt, der schon vor 1920 zu Berlin geworden war, also den heutigen Stadtbezirken Mitte, Prenzlauer Berg und Friedrichshain. Der Kirchenkreis Oberspree setzt sich aus zwei Stadtbezirken, Köpenick und Treptow, zusammen.

Durch die Einbeziehung weiter Landschaftsteile der Mittelmark in das Stadtgebiet sind heute Niederungen mit Flußläufen und Seen sowie Wälder und Fluren auf den einfassenden Hochflächen ebenso Bestandteil Berlins wie die städtischen und ländlichen Siedlungen im Spreetal und auf dem Teltow und dem Barnim. Man kann in Berlin die City der modernen Großstadt oder den Kirchplatz einer kleinen Stadt, auch den Anger eines mittelalterlichen Dorfes finden oder das ehemalige Jagdschloß der Könige und das einstige Gutshaus eines Grundherrn. Bisweilen sind die Dörfer der »neuen Stadtgemeinde« älter als der namengebende Kern an der Spree; die romanischen Feldsteinkirchen auf dem Teltow und auf dem Barnim sind dafür die Zeugen. Und auch sonst haben sich in den eingemeindeten Orten historische Bauwerke ihre Originalität bewahrt, soweit nicht durch Großstadtnähe beförderter Wohlstand eine neuzeitliche Überformung hervorgerufen oder gar einen Neubau verursacht hat: der Kirchenbau des 19. Jh. brachte manchen Ableger in die Berliner Dörfer.

In den aufschießenden Vorstädten war die kirchliche Bautätigkeit zugehöriger Teil des Stadtaufbaues. Die in historischen Stilen und meist aus heimischem Backstein erbauten Kirchen stehen auf platzartig angelegten Straßenkreuzungen; später sind sie, wenn der Baugrund knapp wurde, in die Straßenfluchten eingeordnet worden. Von den sich vergrößernden Gemeinden in der wachsenden Stadt wurde ihre Errichtung als eine Notwendigkeit angesehen, und die Architekten des vorigen Jahrhunderts haben darin eine ihrer bedeutendsten künstlerischen Aufgaben erblickt. Unter den Bedingungen der Stadtentwicklung Berlins ist das Bild vom historischen Kirchenbau durch das 19. Jh. geprägt, auch im Stadtinneren, wo die Bauten des Mittelalters und des Barocks durch gründerzeitliche Umbauten und Restaurierungen in ihrer Baugestalt dem sich wandelnden Architekturbild der neuzeitlichen Großstadt angeglichen wurden. Und die Verknüpfung Berlins mit der deutschen Geschichte im 19. Jh. als Hauptstadt des Wilhelminischen Kaiserreiches hat schließlich bewirkt, daß ein kirchliches Bauwerk, der 1905 eingeweihte Berliner Dom, zum baulichen Wahrzeichen werden konnte.

Durch die historischen Ereignisse und Entwicklungen des 20. Jh. ist manches Landschafts- und Architekturbild in Berlin verlorengegangen oder hat sich ganz entscheidend verändert. Nicht selten waren darin kirchliche Bauwerke gestaltbestimmende Elemente. Dort, wo sie noch erhalten sind – in der Innenstadt aus der frühesten Zeit, in den Erweiterungsstadtteilen aus den Jahrhunderten des Aufstiegs zur Residenz- und zur Hauptstadt –, erfüllen sie diese ihnen architekturgeschichtlich zugewachsene ästhetische Funktion im gestalteten städtebaulichen Raum bis heute. Kirchen in Berlin sind Kirchen in einer Großstadt, deren Gesicht sich durch die fortwährende Modernisierung ständig wandelt. Sie stehen inmitten alter und neuer Architektur in den Wohn- und Geschäftsvierteln, sie sind umgeben von Verkehr und Industrie, von einem Alltag, der ausgefüllt ist mit Tempo und Lärm. Die Idylle ist ihnen fremd, allenfalls noch in einem Stadtdorf zu finden, das abseits von den Verkehrsadern geblieben ist. Nichtsdestoweniger sind Kirchen in Berlin Denkmale christlicher Geschichte und Kunst im Kulturerbe der Stadt. Mit ihrer baukünstlerischen Erscheinung haben sie bleibenden Anteil an der Gestalt von Stadt und Landschaft und damit auch am Leben von Berlin.

Stadtgründung und Stadtgestalt im 13. Jahrhundert

Die kirchliche Baukunst in Berlin ist so alt wie die Stadt, 750 Jahre rechnet man und feiert man in diesem Jahrzehnt unseres Jahrhunderts. Und doch ist Berlin, gemessen an anderen Städten Deutschlands, eine junge Stadt, nicht allein gegenüber den Städten am Rhein, deren Entstehung bis in die Römerzeit zurückreicht, ebenso gegenüber einer Stadt wie Magdeburg, die schon im 10. Jh. unter ottonischer Herrschaft auch baulich zu hoher Bedeutung aufgewachsen war. Im 12. Jh. hatte Magdeburg bereits die Ausdehnung erreicht, die es bis ins 19. Jh. behielt, sein Stadtgebiet war zu großen Teilen von einer steinernen Mauer umgeben. Das Gemeinwesen bestand als rechtliche Institution und verfügte über eine sich differenzierende Sozialstruktur. Zur gleichen Zeit, am Ende des 12. Jh., gab es auf dem Gebiet, auf dem Berlin und seine Schwesterstadt Cölln entstehen sollten, lediglich eine kleine Ansiedlung von deutschen Kaufleuten. Es bedurfte noch etwa zweier Generationen, bis sich daraus ein Gemeinwesen entwickelt hatte, dem der rechtliche Status einer Stadt zuerkannt werden konnte. Die stadtgeschichtliche Forschung hält überwiegend daran fest, daß dies um 1230 geschah; eine Urkunde über die Stadtrechtsverleihung allerdings gibt es weder für Berlin noch für Cölln. Dann aber vollzog sich der Ausbau rasch, und am Ende des 13. Jh. hatte auch die Doppelstadt an der Spree in ihrer Grundgestalt den Stand erreicht, der bis zur Mitte des 17. Jh. bewahrt blieb. Der Stadtplan, den Johann Gregor Memhardt gezeichnet hat und der 1652 in Merians Topographia veröffentlicht wurde, gibt die im 13. Jh. gebaute Stadt wieder.

Die Wahl des Ortes für die Niederlassung an einer bislang unbesiedelten Stelle im Spreetal zwischen den älteren Burgplätzen Spandau und Köpenick mag aus verkehrs- und handelspolitischen Gründen getroffen worden sein, und vielleicht haben auch strategische Erwägungen eine Rolle gespielt. Die von Süden und von Norden hier weit in die Spreeniederung vorrückenden, das einstige Berlin-Warschauer Urstromtal einengenden Hochflächen des Teltow und des Barnim ermöglichten einen günstigen Flußübergang, und Talsandinseln zwischen den verzweigten Flußarmen boten Gelegenheit zur Anlage eines Handelsplatzes wie auch einer Befestigung zu dessen Schutz. Letztere will man in einem als

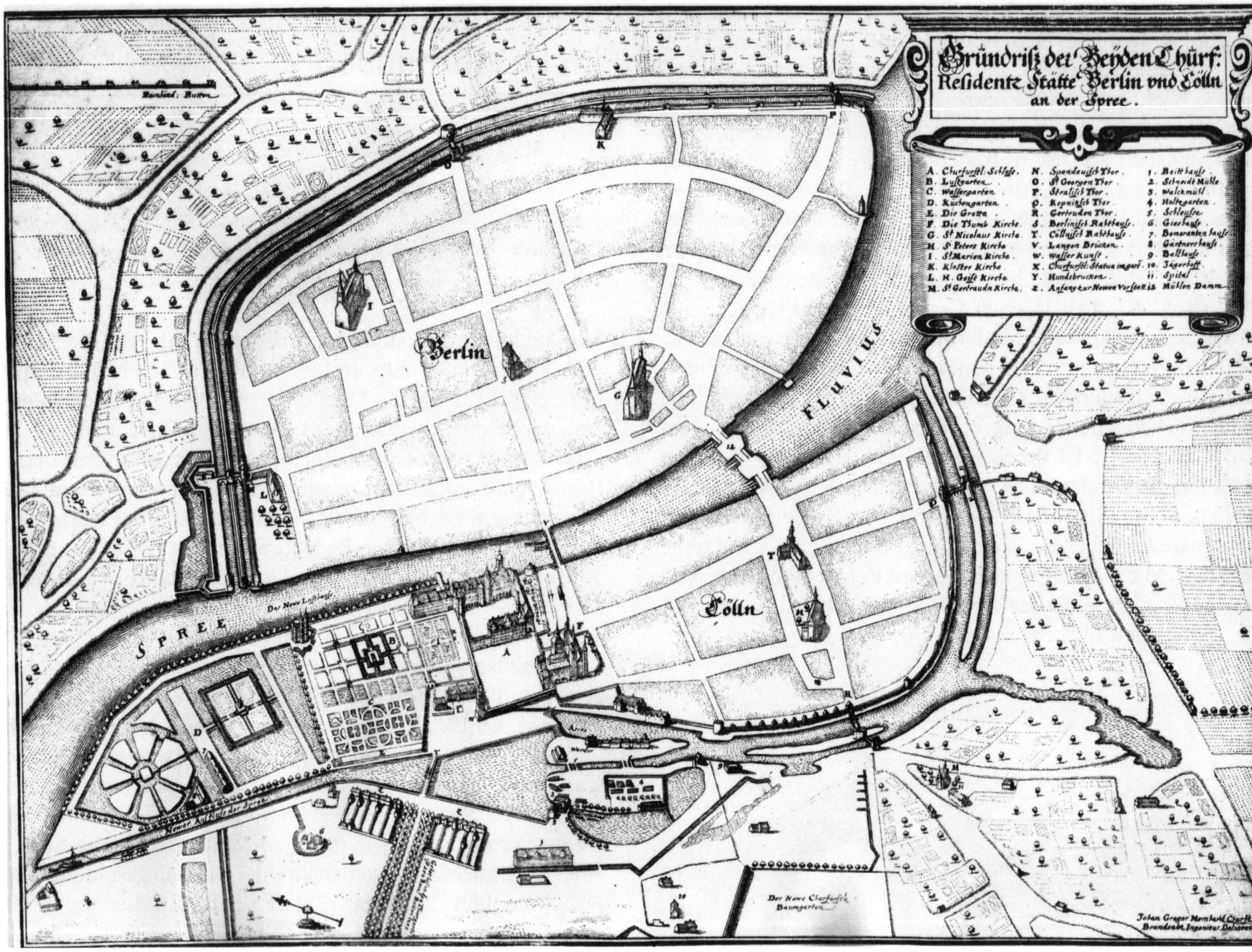

1. »Grundriß der Beyden Churf. Residentz Stätte Berlin und Cölln an der Spree«. Gezeichnet von Johann Gregor Memhardt, um 1650

Vorläufer des markgräflichen festen Hauses bezeugten Alten Hof erkennen (Adrian von Müller); er soll zunächst südlich der Furt, später am Ostrand gelegen haben, dort, wo schließlich das Hohe Haus in der Klosterstraße stand, der Sitz des Landesherrn und seiner Verwaltung in der Stadt, bevor das Residenzschloß auf der Spreeinsel gebaut wurde. Doch bleibt eine burgartige Befestigung am Anfang der Entstehung Berlins zunächst noch Hypothese. Dagegen ist die Existenz einer Siedlung vor der planmäßigen Anlage der Stadt archäologisch nachgewiesen worden, und zwar durch die Aufdeckung zahlreicher Gräber unter und zwischen den Fundamenten der Nikolaikirche in Berlin und der Petrikirche in Cölln, den beiden ersten steinernen Bauten der Doppelstadt. Da es sich um christliche Bestattungen handelt, dürften es Friedhöfe deutscher Ansiedler gewesen sein. Gewiß waren es Kaufleute, die im Zuge der kolonisatorisch-expansionistischen Landnahme des 12. Jh. im elbslawischen Gebiet vorgedrungen waren und die hier, den Wegepaß durch das Spreetal nutzend, den Grund für eine Handelsniederlassung gelegt haben. Im letzten Drittel des 12. Jh. wäre diese Ansiedlung die am weitesten nach Osten vorgeschobene der deutschen Kolonisten gewesen, was allerdings eine schützende militärische Einrichtung notwendig erscheinen läßt. Die Ostexpansion und Kolonisation des 12. Jh. wurde im Havelland und dem unteren Spreegebiet von den Askaniern geführt, einem aus dem Harz stammenden Adelsgeschlecht, das 1134 mit der Nordmark belehnt worden war, dem Gebiet, das sowohl die spätere Altmark westlich als auch das Slawenland östlich der Elbe einschloß. Auf letzteres erhob das Reich Anspruch seit dem ersten Eindringen unter den Ottonen im 10. Jh. König Heinrich I. hatte im Winter 928/929 die Brandenburg erobert und Otto I. 948 dort ein Bistum gegründet, das zunächst dem Mainzer Erzbischof unterstellt war. Nachdem es Otto I. aber gelungen war, 968 in Magdeburg ein Erzbistum zu errichten, gehörte Brandenburg zur neuen Erzdiözese. Neben der kirchlichen bestand auch eine militärische Landesverwaltung. Von Burgwarden aus regierten Burggrafen das Gebiet und übten Gericht. Trotz dieser Voraussetzungen für eine Herrschaft auf Dauer gewannen die Slawen ihre Unabhängigkeit beim Aufstand 983 zurück und konnten sie bis in das 12. Jh. erfolgreich verteidigen. Als nach der Herrschaft der fränkischen Salier im 11. Jh. mit Lothar von Supplinburg wieder ein sächsischer Herzog 1125 deutscher König und 1133 römischer Kaiser geworden war, kam es zu Neubelehnungen an den sächsischen Adel mit den verlorengegangenen, aber kontinuierlich beanspruchten Gebieten östlich der Elbe, und der jeweilige Belehnungsakt hatte die Wiedereroberung zum Ziel.

Es war der Askanier Albrecht der Bär, Graf von Ballenstedt-Aschersleben, der 1134 das Lehen empfing. Schon vorher, um 1130, war ihm als Patengeschenk für seinen Sohn Otto die Zauche zugefallen, und das Havelland mit dem Herrschaftsmittelpunkt Brandenburg hatte ihm der Hevellerfürst Pribislaw, der als bereits getaufter Christ Heinrich hieß, zum Erbe bestimmt. Albrecht trat es nach dem Tode Pribislaws 1150 an, er und sein Sohn führten als erste den Titel Markgraf von Brandenburg. Die Askanier bauten ihr Lehnsland, die »Mark Brandenburg« – von nun an so genannt –, gezielt zu einer Territorialherrschaft aus. Bei der Brandenburg, wo der Bischof auf der Havelinsel wieder seinen Sitz nahm, gründeten sie um 1170 ihre erste Stadt, die Neustadt Brandenburg auf dem linken Flußufer, das zum Eigengut, dem Allodium Zauche, gehörte, und mitten in diesem Gebiet legten sie um 1180 die Zisterzienserabtei Lehnin an, die ihr erstes Hauskloster und ihre Begräbnisstätte wurde. Weiterhin waren die Askanier bemüht, ihr Herrschaftsgebiet nach Osten und Norden auszudehnen. Schon in den siebziger Jahren des 12. Jh. vermutet man sie auf dem westlichen Teltow etwa bis zu den späteren Templerniederlassungen Tempelhof, Mariendorf und Marienfelde. Mit dem Havelland war auch die alte Slawenfeste Spandau am Zusammenfluß von Havel und Spree in askanische Hand gekommen und mit einer neuen Burg versehen worden; 1197 ist ein Burgvogt bereits erwähnt. Zur gleichen Zeit wird die Besetzung des bis dahin auch slawisch nicht besiedelten Engpasses im Spreetal erfolgt sein.

Weiter östlich im Spreeland, auf dem östlichen Teltow und auf dem Barnim war die Herrschaft der in Köpenick residierenden Slawenfürsten noch nicht gebrochen, und außerdem stellten sich die Markgrafen von Meißen aus dem Hause Wettin als von Süden aus der Lausitz andrängende Konkurrenten den Askaniern bei deren Vorstoß zur mittleren Oder in den Weg. Die Askanier wichen vorerst nach Norden aus und umgingen havelaufwärts den Barnim bis zur unteren Oder nach Oderberg und Schwedt. Solange die Hochflächen des Teltow und des Barnim selbst nicht gewonnen waren, mußte die Stellung der Siedlung zwischen ihnen an der Spreefurt unsicher bleiben. Erst als zwischen 1225 und 1240 – der Zusammenbruch dänischer Vorherrschaft in Norddeutschland durch die Niederlage König Waldemars 1227 bei Bonhöved war die Voraussetzung dafür – sich die Situation spreeaufwärts zugunsten der Askanier geändert hatte – sie entschied sich mit dem Erwerb von Köpenick und Mittenwalde –, bekam der Flußübergang die nötige Sicherheit, die die Landesherren veranlassen konnte, den planmäßigen Aufbau einer Stadt einzuleiten und den Gründungsakt zu vollziehen. Dies geschah unter den seit 1225 gemeinschaftlich regierenden Markgrafen Johann I. und Otto III. um 1230. An dieser nicht ganz präzisen Zeitangabe wird man festhalten dürfen und müssen, weil es eine verbindlich datierte Nachricht von der Stadtrechtsverleihung nicht gibt. Ein späteres Datum für die Vergabe der Privilegien glaubt man ausschließen zu können, weil Berlin sein Recht von Brandenburg erhielt, während nach 1232 – so sagt es eine hinsichtlich ihrer Gültigkeit und auch ihrer Wirksamkeit oft in Zweifel gezogene Quelle aus – alle Städte in den Neuen Landen Teltow, Glin und Barnim ihr Recht aus Spandau beziehen sollten (Ernst Kaeber).

Die Neuen Lande bildeten kirchlich einen Sprengel des Bistums Brandenburg. Er war in Propsteien eingeteilt, von denen eine in Berlin, wenig später auch eine in Cölln ihren Sitz hatte. Urkundlich ist Berlin namentlich zum ersten Mal 1244 faßbar, die Schwesterstadt Cölln auf der Spreeinsel schon 1237. Beide Male wird ein gewisser Symeon erwähnt, 1237 als Pfarrer in Cölln (plebanus de colonia), 1244 als Propst von Berlin (praepositus de Berlin). Das setzt kirchliche Institutionen in einem voll ausgebildeten städtischen Gemeinwesen voraus; sie sind als die Pfarrkirchen St. Petri in Cölln und St. Nikolai in Berlin überliefert und dürften die ersten und ältesten Bauwerke gewesen sein, die in der Stadt aus Stein errichtet worden sind. Die Petrikirche, deren Patrozinium in der Mark selten ist – nur auf der Brandenburger Dominsel begegnet es noch – und deshalb eine Bezugnahme auf die Domkirche im namengebenden Köln am Rhein sein könnte, wurde in wechselvoller Baugeschichte mehrfach neu gebaut; die Ruine des im April 1945 schwer beschädigten letzten Baues (von 1846/53) ist bei der Neugestaltung der Fischerinsel 1964 abgetragen worden. Dagegen steht die Nikolaikirche nach dem Wiederaufbau 1981/87 als Zeichen früher Stadtgeschichte im Zentrum und birgt tatsächlich noch bauliche Reste, die auf die Gründungszeit Berlins im 13. Jh. zurückgehen. Mehr noch, die Nikolaikirche markiert die Stelle der ältesten Ansiedlung, denn ihre Fundamente stehen über dem Friedhof der Handelsniederlassung aus dem späten 12. Jh.

Der Memhardtsche Stadtgrundriß zeigt ein regelmäßig rechtwinkliges Straßennetz in Berlin und in Cölln. Nur das Quartier um die Nikolaikirche auf der Berliner Seite fällt heraus. Seine kleinen und unterschiedlich geformten Häuserblöcke sind durch radial auf den Kirchplatz zuführende Straßen oder Gassen unterteilt. Da sich diese Erscheinung in mehreren märkischen Gründungsstädten des 13. Jh. feststellen läßt, hat man darin die Kennzeichen für eine Stammsiedlung erkennen wollen, die dem planmäßigen Ausbau der Stadt vorangegangen sei (Jobst E. Siedler). Andererseits ist diese Erscheinung in Berlin auch als nachträgliche feste Bebauung des ursprünglich größeren und mit hölzernen Buden bestellten Marktareals erklärt worden (Ernst Kaeber). Wie dem auch sei, der ältere Berliner Markt bei der dem Schutzheiligen der Schiffer und fahrenden Kaufleute St. Nikolaus geweihten Kirche bildete sich aus der Wegegabel der den Fluß überquerenden Straße in den spreeabwärts nach Spandau und in den spreeaufwärts nach Stralau führenden Zweig. Den dreieckigen Grundriß behielt der Molkenmarkt (= Mühlenmarkt) bis heute bei. Die parallel zum Fluß verlaufenden Wege, die Spandauer und die Stralauer Straße, wurden zum Rückgrat des Straßennetzes der planmäßig angelegten Stadt. Der stumpfe Winkel, mit dem sie am Molkenmarkt zusammentreffen, verursacht die Krümmung der Parallelstraßen im südöstlichen, vermutlich zuerst angelegten Stadtteil. Der gebogene Verlauf etwa der Klosterstraße und die radiale Ausrichtung etwa der Parochialstraße sind nicht die Folge eines Anschlusses an das Nikolaiviertel, wie es auf den ersten Blick scheinen könnte, sondern das Ergebnis einer Neuplanung, die mit der Erhebung zur Stadt in Zusammenhang steht.

Ähnlich wird man sich den Ablauf auf der Spreeinsel vorstellen können. Der Siedlungskern von Cölln um den gestreckt rechteckigen Markt, den Fischmarkt mit der Petrikirche – im Verlauf der heutigen Gertraudenstraße mit dem Petriplatz –, mag vor der Stadtrechtsverleihung schon seine Gestalt gefunden haben; sie erinnert auffällig an einen Dorfanger. Dann aber erfolgte die Erweiterung nach Norden und Süden mit rechtwinklig geführten Straßen und rechteckigen Häusergevierten städtischen Charakters.

Die Verleihung der Stadtrechte ist ein in Berlin leider nicht, andernorts aber auch in der Mark Brandenburg mehrfach urkundlich belegter Vorgang. Mit ihm erteilte der Landesherr einem Lokator, einem Gründungsunternehmer meist adligen Standes, den Auftrag, Ansiedler zu werben und den Aufbau der Stadt auf dem dafür zur Verfügung gestellten Gelände zu planen und durchzuführen. Die verliehenen Rechte traten meist erst nach einer festgesetzten Frist von abgabefreien Jahren in Kraft. Wie überlegt man vorging, beweisen die übersichtlichen Stadtgrundrisse, die zweckentsprechend breiten Straßen, die Plazierung der öffentlichen Gebäude einschließlich der Kirchen. Vermutlich ist der Gründungsakt für Berlin und Cölln in einem vorgenommen worden. Ein als Schulze (scultetus) für die Doppelstadt verantwortlicher Mann mit Namen Marsilius ist von 1244 bis 1253 urkundlich bezeugt. Es könnte der Lokator gewesen sein, dem in der Regel das Schulzenamt, die Vertretung markgräflicher Hoheit, insonderheit des Gerichts, zustand.

Sonst hatten Berlin und Cölln getrennte Verwaltungen, nur auf der Höhe wirtschaftlicher und politischer Machtentfaltung im 14. und frühen 15. Jh. gab es eine teilweise gemeinsame Administration. Die beiden Städte und ihre Märkte waren durch den Mühlendamm verbunden, einem Wehr in der Spree, dessen Stau Wasserkraft zum Antrieb der Mühlen lieferte und die Flutung der Befestigungsgräben ermöglichte. Die Schiffahrt mußte umschlagen »von der Aversprew up der Nedersprew«. Das Recht der Niederlage hatte die Stadt vom Markgrafen zugebilligt bekommen. Danach mußten die Waren, die auf den Handelswegen zu Wasser und zu Lande Berlin passierten, einige Tage zum Verkauf angeboten werden, was zwischen Markt und Furt erfolgt sein wird. Staudamm und Brücke zugleich, war der Mühlendamm über Jahrhunderte die Schlagader der Doppelstadt.

Die städtebauliche Entwicklung Berlins im 13. Jh. kam durch eine Erweiterung zum Abschluß. Es ist wahrscheinlich, daß sich der planmäßige Aufbau der Stadt auf dem rechten Spreeufer in zwei Etappen vollzogen hat. Zunächst werden die Quartiere im Anschluß an die Marktsiedlung um die Nikolaikirche angelegt worden sein, bis zum östlichen Stadtrand und bis zur Oderberger Straße, die später die Stadt als Ost-West-Achse durchquerte und die heute in der Rathausstraße fortlebt. Dieser ältere Stadtteil bildete im Grundriß ein Dreieck. An der nordöstlichen Spitze lagen die Häuser der Landesherrschaft. Unmittelbar daneben war um die Mitte des 13. Jh. das Franziskanerkloster im Bau. Ein erstes Rathaus wird am Markt bei der Nikolaikirche vermutet. Das ganze hatte den Charakter eines als Kaufmannsstadt vollständigen Gemeinwesens. Doch kam es im unmittelbaren Anschluß zu einer Erweiterung. Sie wurde durch die geradlinige Verlängerung der gekrümmten Parallelstraßen des älteren Teils über die Oderberger Straße (heute Rathausstraße) hinaus und durch die Bildung von nochmals drei mal drei Häusergevierten geschaffen. Das mittlere Geviert blieb frei für den Neuen Markt; diese Benennung läßt auf eine bewußte Ausdehnungsabsicht schließen; sie und den Vorgang selbst zu datieren, zum Zeitpunkt der Rechtsvergabe oder doch erst geraume Zeit später, das ist der Stadtgeschichtsforschung bisher noch

nicht einhellig gelungen. Im Geviert östlich vom Neuen Markt fand die Pfarrkirche des neuen Stadtteils, St. Marien, ihren Platz. An der nunmehrigen Kreuzung von Oderberger und Spandauer Straße ist das Berliner Rathaus gebaut worden; es hat dort gestanden bis zur Errichtung des Roten Rathauses im vorigen Jahrhundert. Am Westende der Oderberger Straße bildete die Lange Brücke (heute Rathausbrücke), die nicht nur über den Fluß, sondern auch über sumpfiges und vorerst unbebautes Gelände führte, neben dem Mühlendamm eine zweite Verbindung zur Spreeinsel. Auf dieser »nygen bruggen« hat ein Rathaus für die zeitweilig gemeinsame Verwaltung der Doppelstadt gestanden. Wie man sich das baulich vorzustellen hat, ist schwer zu sagen. Ein phantasievolles Bild hat Willibald Alexis in seinem Roman »Der Roland von Berlin« von diesem Gebäude gegeben.
Die steinerne Stadtmauer, deren Vollendung 1319 angezeigt wird, umgab Berlin und Cölln gemeinsam. Fünf Tore waren am Ausgang der Hauptstraßen zu verzeichnen, das Spandauer, das Oderberger und das Stralauer Tor auf der Berliner Seite, auf der Cöllner Seite das Köpenicker Tor an der südlichen Verlängerung der Breiten Straße und das Teltower Tor am Ende des Fischmarktes oder der Gertraudenstraße. Von den Spitälern der Stadt waren das von St. Georgen vor dem Oderberger Tor und das Zum Heiligen Geist innerhalb der Mauer beim Spandauer Tor schon im 13. Jh. vorhanden. Am Nordrand von Cölln fanden noch vor dem Jahrhundertende die Bettelmönche vom Orden der Dominikaner Platz für ihr Kloster, wie die Franziskaner in Berlin nahe der Mauer, die damals in südwest-nordöstlicher Richtung über die Spreeinsel verlief und vor der dann im 15. Jh. die Burg der Hohenzollern errichtet worden ist. So hatte sich um 1300 die Gestalt der weniger als ein Jahrhundert alten Doppelstadt Berlin und Cölln vollendet, die, wie schon erwähnt, erhalten blieb bis in das 17. Jh.

Die ersten Basiliken

Die ersten steinernen Gebäude der Doppelstadt waren ihre Gotteshäuser, die Nikolaikirche am Alten Markt in Berlin und die Petrikirche am Fischmarkt in Cölln. Als Baumaterial fanden Granitquader Verwendung; sie wurden aus den Findlingen gewonnen, die im Geschiebe der Eiszeitgletscher aus Skandinavien in die märkische Landschaft gekommen waren. Bestechende Exaktheit des Quaderschnittes kennzeichnete die Bauweise, aber zu gestalterischem Reichtum bot das harte Gestein keine Gelegenheit. Die ganz auf die Erfüllung des Zwecks gerichtete Bautätigkeit in der Gründungszeit der Städte erforderte auch keinen repräsentativen Schmuck der Gebäude. Allein die monumentale Erscheinung genügte dem gründungsstädtischen Unternehmertum als Zeichen gewonnener Herrschaft im eroberten Gebiet.

Die Nikolaikirche

Über die Gestalt der ersten Kirchen wissen wir Genaueres nur bei St. Nikolai in Berlin, sowohl durch einen nicht unbedeutenden baulichen Rest als auch durch die Ergebnisse archäologischer Untersuchungen. Bei dem erhaltenen Rest handelt es sich um den unteren Teil des jetzigen Turmbaues. Er besteht aus Granitquadern und ist außen durch Rücksprünge viergeschossig gegliedert. Das vierte Geschoß mit relativ großen Spitzbogenfenstern erweist sich als Erneuerung eines bis dahin fensterlosen Abschnitts während der großen Restaurierung 1876/78, als der Turm seinen neugotischen Backsteinaufsatz und die zwei spitzen Helme erhielt. Der Feldsteinteil des Turmbaues ist das älteste und auf die Gründungszeit der Stadt zurückgehende Zeugnis von Steinarchitektur in Berlin, und das Wissen darum bewirkte seine Erhaltung im vorigen Jahrhundert, trotz erheblicher Bauschäden, die andernorts zur Beseitung ähnlicher Türme aus dem 13. Jh. geführt haben.
Ein Turm im eigentlichen Sinne war dieser Querbau ja nicht, obwohl er die Stelle einer Turmfassade an der Westseite der Kirche einnahm. Eher könnte man von einem turmartigen Haus sprechen, vor allem, wenn man sich den Baukörper auf rechteckigem Grundriß mit einem Satteldach oder Walm-

dach abgeschlossen denkt. Der asymmetrische Aufbau mit nur einer Helmspitze auf der südlichen Hälfte, wie ihn alte Abbildungen überliefern und wie er bis 1876 bestand, war erst das Ergebnis spätgotischer Bautätigkeit. Um eine Vorstellung vom Turm der ersten Nikolaikirche in Berlin zu bekommen, kann man die später nur wenig veränderten Türme der mittelalterlichen Stadtkirchen in Altlandsberg und Strausberg zum Vergleich heranziehen. Ein wirklich klassisches Beispiel dieses Turmtyps aus der Gründungszeit märkischer Städte hat sich in Angermünde erhalten. Noch heute beherrscht der Turm der dortigen Marienkirche als massiger Baublock das Bild der Stadt weithin in der Landschaft.

Der hausartige Charakter dieses Turmtyps läßt ihn wie den befestigten Wohnturm oder den Bergfried einer mittelalterlichen Burg erscheinen. Vermutlich waren solche auch das bauliche Vorbild, und wahrscheinlich diente er ursprünglich auch einem ähnlichen Zweck, war Zufluchts- und Bergungsort im Falle von Bedrohung und Gefahr. Die meisten dieser Quer- oder Breittürme zeichnen sich durch ungegliederte und bis auf schartenartige Schlitze öffnungslose Wände aus. Die Geschoßgliederung und der relativ reiche Anteil von Fenstern im Erdgeschoß und im ersten Obergeschoß stellt eine Besonderheit des Berliner Turmes dar. Sie hat zu der Vermutung Anlaß gegeben, die Öffnungen könnten nicht alt sein. Bauuntersuchungen haben aber deren Originalität – von Erneuerungen vor allem am Außenbau abgesehen – bestätigt. Auch die beiden Rundfenster an der Westseite sind als ursprünglich anzusehen, sie haben ihre nächsten Parallelen an romanischen Bauten in und um Magdeburg.

Zur wehrhaften Erscheinung will jedoch das große spitzbogige Portal in der Mitte der Westseite nicht recht passen. Ältere Querriegeltürme westlich der Elbe und auch der Westbau des Havelberger Domes, wohl der früheste Breitturm im Kolonisationsgebiet, besaßen ursprünglich keine ebenerdigen Eingänge, wodurch die mögliche Wehrfunktion deutlicher erkennbar wird. Das spitzbogige Westportal aber mit dem charakteristisch abgetreppten Gewände findet sich an allen vergleichbaren Türmen märkischer Kirchen und zeigt deren jüngere Entstehung an. Die so archaisch wirkenden Bauwerke hatten die praktische Bedeutung der Wehrhaftigkeit schon eingebüßt, jedoch die symbolische Bedeutung als Abbild, das die Stadt zur Burg machte, behalten. Das gotische Detail läßt ihre Errichtung nicht früher als im zweiten Viertel des 13. Jh. möglich erscheinen, in Berlin nicht vor 1225, dem Regierungsantritt der Markgrafen Johann I. und Otto III., die der Stadt die Privilegien erteilt haben. Und so ergibt sich für den Beginn des ersten Steinbaues der Nikolaikirche die Zeit um die Stadtrechtsverleihung.

Dem könnte widersprechen, daß in der Regel mit der Errichtung einer Kirche im Osten begonnen wurde und der Turm im Westen den Abschluß gebildet hat, folglich der von der ersten Nikolaikirche erhaltene Granitquaderbau an deren Westseite ihr jüngster Teil gewesen ist. Es kann jedoch davon ausgegangen werden, daß gleichzeitig mit dem Bau der Ostseite auch mit der Aufführung des schweren Turmmauerwerkes begonnen worden ist, um durch rechtzeitiges Setzen der Fundamente ein ungestörtes Zusammenfügen mit dem Langhaus zu ermöglichen. Um 1230 wird man den Baubeginn der ersten steinernen Nikolaikirche weiterhin ansetzen müssen. Vielleicht war sie schon fertig oder zumindest der Vollendung nahe, als 1244 ein Propst in Berlin tätig gewesen ist.

Die zum Feldsteinturm gehörige Feldsteinkirche ist nur ihrem Grundriß nach bekannt. Ausgrabungen in den Jahren 1956/58 förderten ihre Grundmauern zutage. Es handelte sich um eine kreuzförmige Pfeilerbasilika mit halbkreisförmigen Apsiden am gestreckt rechteckigen Chorraum und an den Armen des Querhauses. Es ist ein altertümlicher, um nicht zu sagen veralteter Typ romanischer niedersächsischer Tradition, der überrascht zu einer Zeit, als in Frankreich bereits die Kunst hochgotischer Kathedralen blühte, im Rheinland die spätromanische Baukunst mit Detailvielfalt und Schmuckfülle ihren Höhepunkt erreichte und in Magdeburg ein Dom nach französischem Muster im Bau war. Auch im Hinblick auf die Bedeutung, die man der Gründung Berlins für die Landespolitik der Askanier zumessen möchte, erscheint der archaische Kirchentyp ungewöhnlich. Die Markgrafen haben an für sie wichtigen Orten deutlichere und modernere baukünstlerische Zeichen landesherrlicher Repräsentation gesetzt, in den Klöstern Lehnin und Chorin und in den Städten Eberswalde und Frankfurt an der Oder. Nur bei einem Vergleich mit anderen Stadtkirchen in der Mark aus der Gründungszeit des 13. Jh., die wie die erste Berliner Nikolaikirche aus Granitquadern errichtet sind und nicht aus Backstein wie die genannten markgräflichen Bauten, zeigt sich, daß die Wahl des traditionsreichen Typs der Basilika mit Querschiff wohl doch einer Hervorhebung der Siedlung vor anderen dienen sollte, denn weitaus häufiger begegnet ein einfacher Saal als frühstädtischer Kirchentyp, von Dorfkirchen in der Regel nur durch die Größe unterschieden, und bisweilen vorkommende Basiliken haben meist kein Querschiff.

So altertümlich der Grundriß der Basilika von St. Nikolai mit seiner Kreuzform und den Halbkreisapsiden auch anmutet, die Bögen der Portale und Fenster sowieie die der von quadratischen Pfeilern getragenen Arkaden im Langhaus wird man sich spitzbogig denken müssen wie die Bogenformen am Westbau. Dessen Erdgeschoß war in drei Jochen mit gratigen Kreuzgewölben aus mörtelvergossenem Bruchsteinmauerwerk gedeckt. Die verbindenden Gurte in gleicher Technik bildeten stumpfe spitze Bögen, ebenso die drei tiefleibigen Verbindungsbögen zum Mittelschiff und zu den Seitenschiffen des Langhauses. Über dem mittleren Erdgeschoßbogen öffnete sich ein weiterer Spitzbogen zum Inneren des ersten Obergeschosses wie zu einer Empore. Außer den Wölbungen im Turmerdgeschoß und wohl in den Apsiden an Querschiff und Chor wird es keine Gewölbe im Gründungsbau der Berliner Nikolaikirche gegeben haben. Zu der von herber Zweckmäßigkeit geprägten äußeren Gestalt trat im Inneren die strenge Nüchternheit des mit flachen Holzdecken abgeschlossenen Raumes. Das Mittelschiff hatte die Höhe des zweiten Westbaugeschosses, der Dachfirst erreichte die des dritten. Das vierte Geschoß des westlichen Querbaues aber überragte die Basilika und stand gewiß sehr beeindruckend im frühen Stadtbild nahe dem Flußufer.

Die Petrikirche

Daß dem Turm der Nikolaikirche ein ähnlicher an St. Petri auf der Spreeinsel in Cölln geantwortet hätte, läßt sich mit Sicherheit nicht sagen. Ältere Abbildungen wie die von Johann Stridbeck aus dem Jahre 1691 oder von Johann David Schleuen um 1730, die noch den mittelalterlichen Zustand der 1730 abgebrannten Kirche wiedergeben, machen es aber sehr wahrscheinlich. Offensichtlich war der Sockelbau zweier asymmetrisch aufgesetzter Türme so breit wie das Langhaus, was der Situation an St. Nikolai gleicht. Daß die erste Petrikirche ebenfalls aus großen und exakt geschnittenen Granitquadern gebaut war, haben Ausgrabungen ergeben. Der Grundriß ließ sich jedoch nicht ermitteln. Sich für die erste Cöllner Kirche eine ähnlich bedeutsame Bauform wie die der kreuzförmigen Basilika von St. Nikolai in Berlin vorzustellen, fällt schwer. Näherliegend ist die Vermutung einer querschifflosen Basilika oder eines Saales, möglicherweise mit abgesetztem Chorteil und eben mit einem querrechteckigen Breitturm an der Westseite. Auch sie dürfte um 1230 errichtet worden sein, um die Zeit der Stadtrechtsverleihung, von der man ja annimmt, daß sie für Berlin und Cölln gleichzeitig erfolgt ist. Der Pfarrer Symeon, der 1237 in Cölln bezeugt ist und der später Propst in Berlin war, könnte schon in der ersten steinernen Petrikirche Gottesdienst gehalten haben.
Daß den ersten Steinbauten hölzerne Kirchen vorangegangen wären, ist immer wieder vermutet und durch die Ergebnisse der archäologischen Untersuchungen an beiden Kirchenplätzen wahrscheinlich gemacht worden. Die Fundamente beider Kirchen stehen auf den Gräbern von Friedhöfen, die zu den vorstädtischen Kaufmannssiedlungen an der Spreefurt gehörten. Da es sich um deutsche, also christliche Bestattungen handelt – archäologische Hinweise auf eine slawische Besiedlung am Flußübergang gibt es nicht –, ist das Vorhandensein von kirchlichen Einrichtungen vor der Stadtrechtsverleihung vorauszusetzen, und da monumentale Zeugen fehlen, sind sie nur in Holz vorstellbar. Darüber hinaus lassen auch die Patrozinien, die Heiligen, denen die Kirchen geweiht sind, Nikolaus und Peter, auf ältere Gründungen schließen, als es die ersten Steinbauten hätten erwarten lassen. Wenn eine Kirche erst gleichzeitig mit der Stadterhebung gegründet worden ist, war sie meist, vor allem im fortgeschritteneren 13. Jh., der Jungfrau Maria gewidmet. Das war auch in Berlin so, als die im Aufbau befindliche Stadt auf dem rechten Flußufer um den Teil mit dem Neuen Markt und einer zweiten – auf die Doppelstadt bezogen: dritten – Pfarrkirche erweitert wurde. Wann diese Erweiterung stattgefunden hat und wann also die Berliner Marienkirche gegründet worden ist, im unmittelbaren Anschluß an die Stadtrechtsverleihung oder doch erst in der Zeit der zweiten oder dritten Generation der Stadterbauer – was übrigens eine entsprechende Planung von Anfang an nicht ausschließt –, darüber fehlen, wie schon erwähnt, sichere Aufschlüsse.

Die Klosterkirche

Noch vor der Mitte des 13. Jh. haben sich im älteren Teil der Stadt Bettelmönche vom Orden des heiligen Franziskus angesiedelt, wie es heißt, mit Unterstützung Ottos III., des einen der beiden gemeinsam regierenden Markgrafenbrüder, dem tiefe Religiosität nachgesagt wird. Markgräfliche Protektion war bei der Anlage des Franziskanerklosters in Berlin auf jeden Fall mit im Spiel. Kirche und Klostergebäude wurden am Ostrand der Stadt, nahe der Befestigung und unmittelbar neben dem markgräflichen Hof, dem Hohen Haus, errichtet. Den Grund und Boden übereigneten erst die Nachfolger Ottos III. im Jahre 1271. Es war also nicht städtischer, sondern landesherrlicher Besitz, auf dem für die Mönche gebaut wurde, und auch die Bauleute und die Baumaterialien stellten sicherlich die Markgrafen. Die Stadt, deren Kräfte noch für den eigenen Aufbau gebunden waren, konnte sich nicht an Stiftungen für das Kloster beteiligen.
Die Niederlassung der Franziskaner wird 1249 und 1250 erstmalig erwähnt, 1252 soll bereits ein Provinzialkapitel in Berlin stattgefunden haben, was auf eine gewisse Konsolidierung, auch in baulicher Hinsicht, hindeuten müßte. Die ältesten Teile der Kirche des Klosters werden in deren Nordwand erblickt. Sie besteht aus Feldsteinen und hat zu der Vermutung Anlaß gegeben, die erste Franziskanerkirche an dieser Stelle sei, wie vielfach andernorts auch, ein langgestreckter einschiffiger Saalbau gewesen. Tatsächlich hat man Granitquaderwerk in der Art des 13. Jh. als Fundament und Sockelmauer unter der Kapelle an der Nordseite des heutigen Chores gefunden, ohne allerdings die Vollständigkeit eines Saalbaues im Grundriß nachweisen zu können. Aber selbst wenn nach einem solchen Plan begonnen worden sein sollte, der ja zur frühstädtischen Entwicklungsphase gut

passen würde, dann ist schon bald darauf die Basilika aus Backsteinen in Angriff genommen worden. Die Klosterkirche, deren Ruine heute noch steht, war das erste Bauwerk aus Ziegeln in Berlin. Die Produktion und Anwendung dieses Baumaterials, das später den Granitquader verdrängt hat, scheint um die Mitte des 13. Jh. noch ein markgräfliches Privileg gewesen zu sein. Doch nicht nur durch das leuchtend rote Baumaterial, sondern auch durch die vollendete gotische Bauweise, durch gebündelte Pfeiler und hohe spitzbogige Arkaden, durch kapitellgeschmückte Dienste und durch von Rippen getragene Gewölbe war die Kirche der Bettelmönche ausgezeichnet vor den in archaischer Strenge aus grauem Granit gebauten Pfarrkirchen der Stadt. Es war eine Bauhütte der Markgrafen, die die Berliner Klosterkirche errichtet hat. Sie war vorher in Brandenburg am Dom und in Lehnin im dortigen Zisterzienserkloster tätig gewesen. Später hat sie in Eberswalde und Chorin gearbeitet. Sie war vertraut mit dem modernen gotischen wie auch mit dem spätromanisch-rheinischen Formengut, das über den Kathedralbau in Magdeburg in das östliche Deutschland eindrang, und sie verbreitete es im Gebiet askanischer Herrschaft.

Vom Typ her folgt die Berliner Klosterkirche als querschifflose Gewölbebasilika mit einschiffigem Chor frühen deutschen Franziskanerkirchen des 13. Jh. Sie ist mit ihren vier Jochen des Langhauses aber auffallend kurz. Die weiten Schritte der hohen Arkaden, deren Leibungen zart abgetreppt sind, haben die Bögen im Langhaus des Magdeburger Domes zum Vorbild. Die Stützen sind im Kern achteckige oder quadratische Pfeiler, denen an jeder Seite halbrunde Vorlagen angefügt sind. Sie sind derart im Wechsel angeordnet, daß sich immer ein achteckiger und ein quadratischer Pfeiler auf der Nord- und der Südseite gegenüberstehen, ein originelles, geradezu dekoratives Verhalten, das der Spätromanik nähersteht als der frühen Gotik und das sich in noch entwickelterer Form in der Kirche des Zisterzienserklosters Chorin wiederfindet. Zwischen spätromanischer Typisierung und frühgotischem Naturalismus pendelt auch das Blattornament der Kapitelle. Eine geradezu hoheitsvolle Sprache spricht die Westfassade des Mittelschiffes trotz ihrer Turmlosigkeit, die für mittelalterliche Bettelordenarchitektur ja verbindliches Gebot war. Das Portal mit elegantem spitzem Bogen und feingliedrigem Stabwerk in den Profilen des Gewändes wird von zwei Blendnischen flankiert, verhalten eine Dreigliederung andeutend, wie sie an Fassaden markgräflicher Bauten mehrfach vorkommt. Ein abschließender Kleeblattbogenfries unter dem mit einem Rautenmuster belegten Giebel macht noch einmal die spätromanischer Schmuckfreude verhaftete Entstehung spätestens im dritten Viertel des 13. Jh. wahrscheinlich.

Nun ist die Berliner Klosterkirche aber doch nicht aus einem Guß. An die zwei Joche des einschiffigen Chores schließt sich ein Polygon an, das mit sieben Seiten eines Zehnecks den östlichen Abschluß bildet. Die ersten Seiten treten gegenüber den Chorwänden nach außen, so daß der Raumteil stark zentralisiert erscheint. Die Sockelwände sind geschlossen, aber nach innen zu mit spitzbogigen, stabwerkvergitterten Nischen gegliedert. Über ihnen öffnen sich bis zum Gewölbe reichende Fenster – ihr Maßwerk ist nicht original –, und zwischen ihnen bilden die nach außen weit vortretenden Strebepfeiler das tragende Gerüst für die baldachinartige Rippenwölbung. Die Profile der Fenstergewände verbinden sich mit den schlanken Diensten zu aufschießenden Stabbündeln. Gegen diese wandauflösende Bauweise, die einen lichtdurchstrahlten Raum schafft, wirken die Wände von Chorhals und Langhaus als feste Raumgrenze, aus der die Fensteröffnungen herausgeschnitten und nicht in einem Gliedergerüst ausgespart sind. Hier ist hochgotische Formensprache in einem Reichtum und in einer Eleganz durch Formziegel im Backsteinmaterial realisiert worden, wie man es selten und in Berlin nicht noch einmal findet. Um 1300 – so wird die Anfügung des Polygons an den bis dahin vielleicht mit einer geraden Wand abgeschlossenen Chor datiert – hatte der Backstein aber auch in der städtischen Architektur den Granitquader verdrängt, und in dem noch nicht einmal hundert Jahre alten Gemeinwesen waren die ersten Feldsteinkirchen schon durch Neubauten aus dem neuen Baumaterial ersetzt worden.

Die frühen gotischen Hallenkirchen

St. Nikolai II und St. Petri II

Es gehört zu den überraschendsten Erscheinungen der Baugeschichte Berlins, daß die ersten Monumentalbauten der Stadt, die aus dem nahezu unvergänglichen Granit errichteten Kirchen, kaum zwei Generationen lang bestanden haben. Sowohl die Basilika von St. Nikolai als auch die Petrikirche wichen noch vor dem Ende des 13. Jh. Neubauten, die weniger einem Bedürfnis nach größerem Raum als vielmehr einem Verlangen nach einer anderen Gestalt, nach einem anderen Aussehen Rechnung trugen. Der entscheidende Wandel, der sich damals vollzog, war das Verlassen der basilikalen Raumform zugunsten eines Hallenraumes und die Anwendung des Backsteins als Baumaterial anstelle von Feldstein auch an den städtischen Bauten. An die Stelle der gestuften Bau- und Raumteile der Basiliken mit den niedrigen Seitenschiffen und den doppelt so hohen Mittelschiffen traten die in allen Raumteilen gleichhohen Hallen. Bei St. Nikolai erreichte man dies nachweislich durch das Herausrücken der Seitenschiffwände bis in die Fluchten der alten Querhausfronten und durch Aufstockung bis etwa in die Höhe des Mittelschiffes. Falls die so entstandenen gleichhohen und gleichbreiten drei Schiffe mit einem gemeinsamen Satteldach gedeckt waren, dann hätte deren First bereits eine Erhöhung des alten Westbaues verlangt, was zu vermuten ist. Auch hatte der Westbau damals bereits seine Breitendominanz gegenüber dem Langhaus verloren. Daß er trotzdem beibehalten worden ist und daß man sich seitdem mit dem proportionalen Mißverhältnis zwischen Halle und Turm bis in die Neuzeit hinein abgefunden hat, deutet einmal mehr darauf hin, daß die eigentümliche Bauform Träger einer Bedeutung gewesen sein muß, die nicht angetastet oder auf die nicht verzichtet werden sollte, und daß die Stadt also an diesem für die Repräsentation so wichtigen Bauteil über gestalterische Freiheit nicht verfügt hat.
Die neuen Langhauswände bestanden aus Backstein, nur für die Fundamente und Sockelmauern waren Granitquader vom niedergelegten Vorgängerbau wiederverwendet worden. Die Wände besaßen Strebepfeiler. An den freien Ecken an der Westseite südlich und nördlich des Turmes waren sie diagonal gestellt und an den Ostecken des erhalten gebliebenen Querhauses vom Erstbau entsprechend angefügt worden. Durch den Umbau zur Halle war das Querhaus, und damit die Kreuzform, aus der Gesamtbaugestalt ausgeschieden, und man gewinnt den Eindruck, daß dies mit in der Bauabsicht enthalten gewesen ist. Der traditionelle Kirchentyp sollte durch einen neuen ersetzt werden, der bürgerliche Eigenständigkeit und städtische Freiheit manifestierte.
Im Inneren waren vier Joche mit quadratischen Kompartimenten entstanden, durch kreuzförmige Pfeiler in drei Schiffe unterteilt. Strebepfeiler außen und Dienstvorlagen innen – die Einzelheiten sind bei den erwähnten Ausgrabungen 1956/58 festgestellt worden – deuten auf Kreuzrippenwölbung in der zweiten Nikolaikirche hin. Vermutlich hat sich unter den Fenstern eine Sockelzone mit Wandnischen, paarweise pro Jochachse angeordnet, und ein Laufgang darüber hingezogen, eine Komposition des inneren Wandaufrisses, wie sie von der Neubrandenburger Marienkirche (geweiht 1298) und von Lübecker, auch Rostocker Kirchen des 13. Jh. her bekannt ist. Im jetzigen Bau sekundär eingesetzte Kalksteindetails dürften von diesem Vorgänger stammen. Sie stehen, vor allem der Kapitellkämpfer des auch als Brautpforte bezeichneten ehemaligen Südportals, stilistisch jüngeren Formen der Klosterkirche nahe und machen einen baugeschichtlichen Zusammenhang wahrscheinlich. Möglich, daß Bauleute aus der askanischen Werkstatt jetzt auch für die Stadt gearbeitet haben. Andere Anhaltspunkte für eine Datierung des Zweitbaues der Nikolaikirche gibt es jedenfalls nicht. Da die erste urkundliche Erwähnung von St. Nikolai in das Jahr 1264 fällt und mit einem Ablaß verbunden ist, der denjenigen erteilt wird, die zum Ausbau (ad structuram) der Kirche des heiligen Bekenners Nikolaus in Berlin freiwillige Gaben opfern oder sonst hilfreiche Hand leisten, hat man darin einen Hinweis auf den Beginn des Umbaues gesehen. Doch häufen sich Ablässe für Ausbau und Einrichtung der Kirche noch einmal in den neunziger Jahren des 13. Jh., und eine Bauausführung erst in dieser Zeit erscheint glaubhafter.
Für die Petrikirche in Cölln ist ein Zweitbau des späten 13. Jh. durch archäologische Untersuchungen nachgewiesen (Heinz Seyer). Über das Erscheinungsbild, auch über den Grundriß dieser zweiten Petrikirche, läßt sich aber wiederum keine Aussage treffen. Richard Borrmann, der 1893 das erste amtliche Inventar der Bau- und Kunstdenkmäler von Berlin veröffentlicht hat, versuchte eine Grundrißrekonstruktion nach den schon erwähnten Abbildungen von Stridbeck und Schleuen sowie nach heute nicht mehr erhaltenen oder nicht zugänglichen Situationsplänen und Erneuerungsentwürfen. Er meinte die spätgotische Petrikirche, die wie alle Berliner Kirchen nach den Stadtbränden des späten 14. Jh. ihre letzte Gestaltung erfahren hatte. Doch könnte in dem spätgotischen Bau außer dem gründungsstädtischen Querriegelturm auch

noch ein frühes Hallenkonzept des 13. Jh. enthalten gewesen sein, wie es uns heute noch in der Marienkirche begegnet: ein Langhaus von fünf Jochen, das im Mittelschiff über querrechteckigen, in den Seitenschiffen über längsrechteckigen Feldern gewölbt war, und ein gestreckter polygonal geschlossener Chor, dessen Breite die des Mittelschiffes übertrifft. Es ist dies ein Hallenkonzept der Kirchenarchitektur des späten 13. Jh., wie es vor allem von den Dominikanern angewendet wurde, von jenem Bettelorden, der sich in der Mark Brandenburg etwas später als die Franziskaner ausbreitete und wie diese, dann aber in weit stärkerem Maße, landesherrliche Förderung genoß. Nur wenige Städte der Mark besaßen Klöster beider Orden. In Brandenburg und Prenzlau haben sich die Dominikanerkirchen erhalten, ihre Entstehung fällt in die Zeit um 1300, und ihre Gestalt gleicht der der eben beschriebenen von St. Petri in Berlin. Die Kirche der Dominikaner in Berlin, genauer in Cölln – vom Kloster und den Predigermönchen ist 1297 und 1300 zum ersten Mal die Rede –, war nach den Untersuchungen von Julius Kohte vom gleichen Typ. Das entscheidend Neue an diesen Kirchen war die Streckung des Langhauses und der Verzicht auf ein Querhaus, auch auf jede Reminiszenz daran. Diese so andere Gestalt bildete mit ihrer Tendenz zur Vereinheitlichung des Baukörperumrisses und des Innenraumes einen doch wohl auch vom frühstädtischen Bürgertum gewollten Gegensatz zur Basilika mit ihrer Stufung der Bau- und Raumteile und führte zur Wahl dieses Typs für die Stadtpfarrkirchen. Wie ein Haus unter den Häusern der Stadt sollte die neue Kirche stehen, offen für die Gemeinschaft und nicht mehr wehrhaft-abwehrend wie eine befestigte Burg im praktischen und symbolischen Sinne. Der neue Kirchentyp der Halle und die Anwendung des Backsteins zeigte baukünstlerisch an, daß das Gemeinwesen aus seiner frühstädtischen Gründungsphase herausgewachsen war und einer Konsolidierung seiner Selbständigkeit entgegenging.

Die Marienkirche

Es scheint die Berliner Marienkirche gewesen zu sein, mit deren Errichtung im ausgehenden 13. Jh. die querschifflose Halle zum ersten Mal konsequent und wohl nach dem Muster der genannten Dominikanerkirchen in der märkischen Stadtkirchenarchitektur verwirklicht worden ist. Ältere städtische Hallenkirchen wie die Marienkirche in Prenzlau – gemeint ist die erste nach der Erhebung zur Stadt, nach 1235 erbaute Kirche, nicht der stehende Bau aus dem 14. Jh. – und die Marienkirche in Frankfurt an der Oder – mit deren Errichtung nach der Stadtrechtsverleihung durch die Askanier 1253 begonnen worden ist und die den Kern des heutigen, im 14. und 15. Jh. umgebauten und vergrößerten Gebäudes bildet – besaßen ein Querschiff, und die Ausdehnung ihrer Langhäuser war relativ gering, in Prenzlau zwei, in Frankfurt drei Joche vom Grundmaß des Vierungsquadrates im Querschiff. Die Seitenschiffe waren schmal, in Frankfurt von der halben Breite des Mittelschiffes. So ist die Vermutung aufgekommen, daß die Ausführung als Halle mit gleichhohen Schiffen erst das Ergebnis eines Planwechsels beim Bauen einer als Basilika angefangenen Kirche gewesen sei. Obwohl dies in Frankfurt neuerlich als unzutreffend nachgewiesen werden konnte – auch gibt es Vorbilder gleichen Typs in Westfalen, an deren zumindest mittelbare Einwirkung auf die märkische Kunstlandschaft gedacht werden muß –, sind die Kirchen in Prenzlau und Frankfurt Beispiele einer älteren Form der Halle. In der Berliner Marienkirche aber tritt uns das neue städtisch-bürgerliche Bauideal, die Gesamterscheinung einer querschifflosen Halle, mit der Reinheit einer ursprünglichen Schöpfung entgegen. Kunstgeschichtlich beschrieben ist die Marienkirche eine dreischiffige Halle mit einschiffigem polygonal geschlossenem Chor in der Verlängerung des Mittelschiffes. Das auffallend gestreckte Rechteck des Grundrisses wird durch die verhältnismäßig weit gestellten Stützen in sechs Joche geteilt, deren Felder im Mittelschiff quergerichtet, aber noch fast quadratisch, in den Seitenschiffen ausgeprägt längsrechteckig sind; bis auf zwei Joche im Osten des Mittelschiffes und die Felder der westlichen Jochachse, die einer Erneuerungsphase nach 1380 angehören, sind alle mit Kreuzrippengewölben von gleicher Scheitelhöhe gedeckt. Die Außenwände sind entsprechend der inneren Jochteilung mit Strebepfeilern bestellt, an den Ecken stehen sie schräg, und die westlichen markieren so die Grenze zwischen dem Ursprungsbau und der nachträglich angefügten Turmhalle. In dieser Gestalt gleicht die Berliner Marienkirche auffallend der 1275 begonnenen, allerdings erst 1343 geweihten Dominikanerkirche in Prenzlau. Abweichend ist dort die rein achteckige Form der Pfeiler und deren Stellung an der Achse der Choraußenwände. In der Berliner Marienkirche sind dagegen die Chorseitenwände gegenüber den Achsen der Stützenreihen nach außen verschoben: der Chor ist breiter als das Mittelschiff. Eine ähnliche, dort aber baugeschichtlich bedingte Erscheinung weist die Dominikanerkirche in Neuruppin auf. Bei der Bedeutung, die dieser um 1270 unter unmittelbarem Einfluß hessisch-westfälischer Hallenkirchen begonnene Bau für die märkische Architekturlandschaft gehabt hat, ist eine Einwirkung nach Berlin von dorther nicht ausgeschlossen.

Die wie hohe Säulen aussehenden Stützen der Berliner Marienkirche haben einen achteckigen Kern, dem an jeder Seite ein halbrunder Dienst angelegt ist, so daß sich im Grundriß eine achtblättrige Rosette ergibt. Es ist eine der beiden Pfeilerformen aus der Klosterkirche, diejenige, die man als die jüngere gotische bezeichnen könnte. Sie tritt dort im basilikalen System auf und ist in St. Marien zum ersten Mal in das System der Halle übertragen worden, für das sie offenbar besonders gut geeignet war: als gleichsam allseitig von Raum umflossener rundplastischer Körper macht sie selbst Raum spürbar und verdeutlicht einmal mehr die Intention der neuen Bauform. Hier hat sich in eng begrenztem lokalem Rahmen ein Vorgang abgespielt, der in der europäischen Architekturgeschichte des 13. Jh. in weit größerem Maßstab zu beobachten ist, nämlich die Übernahme des sogenannten kantonierten Pfeilers der hochgotischen Kathedrale (Reims), jener Rundstütze, die mit vier, bisweilen auch mit acht Diensten besetzt ist, in die deutschen Hallenkirchen (Elisabethkirche in Marburg, Dom zu Minden). Die in der Hausteinarchitektur entwickelte Stützenform ist in der Neuruppiner Dominikanerkirche auch in die Backsteinbaukunst übertragen worden, aber diese einzigartige Formübertragung blieb unwiederholt, vielleicht, weil sich die Herstellung im einheimischen Baumaterial als zu kompliziert herausgestellt hatte. Die Stützenform der Berliner Marienkirche jedoch, der von Halbrunddiensten umstellte Achteckpfeiler, muß sich für die serielle Vorfertigung aus Formziegeln hervorragend geeignet haben. Sie wurde über einen Zeitraum von rund zweihundert Jahren gebaut und begegnet im spätgotischen Neubau der Nikolaikirche noch bis ins 15. Jh.

Die Kapitelle der Pfeiler sind nicht mehr eindeutig original. Sie sind bei Restaurierungen im 19. und 20. Jh. abwechselnd in ihren Schmuckformen ergänzt, bereichert und wieder reduziert worden. Ursprünglich aber ist ihr einheitlicher Abschluß, der die Gewölbebögen trägt. Von diesen sind die Scheidbögen zwischen Mittel- und Seitenschiffen aus breitem Profil kräftig gebildet. Dagegen fehlen Zäsuren zwischen den einzelnen Jochen: die Gurtprofile sind denen der Diagonalrippen gleich. Dadurch wird die Longitudinalwirkung des gestreckten Raumes noch verstärkt. Die axiale Bewegung des Mittelschiffes ist nirgends unterbrochen und findet erst im durchlichteten Polygon des Chores ihr Ziel. Dies mag eine Reminiszenz an die entscheidende Trennung in dominante und assistierende Raumteile des kathedral-basilikalen Bauschemas sein, die in der märkischen Hallenarchitektur eine bis ans Ende des Mittelalters beibehaltene Eigenart der Gestaltung bleibt. Doch sind gerade in der Berliner Marienkirche die Abstände zwischen den Pfeilern so bemessen, daß auch die Seitenschiffe zur Mitte hin räumlich wirksam werden können. Die Höhenproportionen vermeiden einengende Schlankheit, und die Außenwände bilden zwischen den Fenstern eine ungegliederte Fläche als feste Raumgrenze; nur ein dünner, nicht einmal bis zum Boden reichender Wanddienst ist Träger der Gewölbebögen. So hat der Gesamtraum zwar Weite, verliert sich aber nicht, sondern behält gleichsam eine fühlbare Materialität. Dieser Raumcharakter, der offensichtlich ein Ergebnis der Anlehnung an Vorbilder aus der Dominikanerarchitektur ist, unterscheidet die Berliner Marienkirche von den zeitgleichen Stadtkirchen des Landes Stargard und der Uckermark, die ansonsten wegen ihres gestreckten Grundrisses und des Verzichtes auf ein Querschiff gern zum Zwecke der Datierung vergleichend herangezogen werden. So ist die Folge der neun Joche in der 1298 geweihten Marienkirche von Neubrandenburg weitaus enger, die Raumbewegung ausgeprägter, wenn man so will, rascher. Die Wände sind dort in ein Gerüst aus Pfeilern, Nischen, Laufgängen und Fenstern aufgelöst, so daß eine raumbegrenzende Fläche fehlt und dagegen eine mehrschichtige durchlichtete, eher als immateriell und transparent zu bezeichnende Zone die Raumgrenze bildet, ein Bauideal, das mehr dem hochgotischer Kathedralen als dem von Bettelordenskirchen entspricht und das, zu kunstlandschaftlicher Tradition geworden, in der zweiten Marienkirche von Prenzlau zu einem Höhepunkt europäischer Architekturgeschichte geführt wurde. In Berlin kann ein ähnliches Wandsystem in der zweiten Nikolaikirche vermutet werden, im spätgotischen Neubau, der dritten Nikolaikirche, kam es noch einmal zur Anwendung. Die Marienkirche blieb von dieser Art gotischer Wandgestaltung völlig unberührt.

Eine Besonderheit der Marienkirche muß noch erwähnt werden. Ihre Backsteinwände stehen auf Sockelmauern aus Granitquadern, die an der Nordwand bis unter die Fenstersohlbänke reichen und ein spitzbogiges Portal mit abgetrepptem Gewände einschließen, also ein Baudetail vorweisen, das zusammen mit dem Feldsteinmaterial eine weitaus frühere Entstehung oder eine Sekundärverwendung suggeriert; es hat seine Parallele am Westbau der Nikolaikirche aus der Zeit vor 1250.

Eine Entstehung des Hallenraumes von St. Marien früher als um 1270 ist nach dem vorhandenen Konzept schwer vorstellbar, ebenso die Zweitverwendung der Granitquader mit der altertümlichen Portalform für einen Neubau. Denkbar aber ist am Beginn die Verwendung von Feldsteinen, die erst während des Bauverlaufes von Backsteinen abgelöst wurden. Ein Vorgängerbau der Marienhalle jedenfalls läßt sich aus dem Vorhandensein von älter wirkenden Formen und Baumaterialien allein nicht erschließen. Im Gegenteil, die ungestörte Anlage des neuartigen Hallenkonzeptes, das völlige Fehlen einer Rücksichtnahme auf Teile eines älteren Baues, wie es die Umbauten der Nikolai- und der Petrikirche aufgewiesen haben, legt nach wie vor den Schluß nahe, daß die stehende Kirche, abgesehen von den Erneuerungen und Erweiterungen nach dem Stadtbrand von 1380, der Gründungsbau von St. Marien ist. Das würde bedeuten, daß auch die Stadterweiterung Berlins mit dem Neuen Markt erst in der zweiten Hälfte des 13. Jh. stattgefunden hat.

Die erste sichere Erwähnung von St. Marien findet sich in einem Ablaß aus dem Jahre 1294. Einen baugeschichtlichen

Hinweis enthält die Urkunde nicht, sie setzt aber ein benutzbares Gebäude voraus, und das dürfte in wesentlichen Teilen die heutige Kirche gewesen sein.

Die Stadt im 14. Jahrhundert

Um 1300 hatten die Pfarrkirchen von Berlin und Cölln im Ergebnis von Um- und Neubauten während der zweiten Hälfte des 13. Jh. die Gestalt einer querschifflosen, in drei Schiffen kreuzrippengewölbten Backsteinhalle, rechteckig im Grundriß und mit einschiffigem Chor. Diese so prononciert vorgetragene und sich von älteren Artikulationen bis zu deren Unkenntlichkeit distanzierende neue Bauform einschließlich der Anwendung des neuen Baumaterials – allein die querrechteckigen Feldsteintürme waren davon ausgenommen, die Marienkirche besaß zu dieser Zeit wahrscheinlich überhaupt keinen Turm – läßt einen unabhängigen und selbstbewußten Gestaltungswillen erkennen, der sich auf die Entwicklung des städtischen Gemeinwesens zu einer von landesherrlichen Vorrechten weitgehend befreiten Kommune gegründet haben wird. Berlin hatte schon früh das Eigentumsrecht an seinem Grund und Boden erlangt und brauchte grundherrlichen Zins dafür nicht mehr zu entrichten. Auch das landesherrliche Recht auf Marktabgaben hatte die Stadt erworben und den Zoll in Pacht genommen. Ihr flossen also die einst dem Markgrafen gehörigen Grund- und Marktrenten zu. Berlin war mit dem Recht der Niederlage ausgestattet, was sich an dem Knotenpunkt wichtiger Handelswege zu Lande und zu Wasser ausgezahlt haben wird. Es waren vor allem landwirtschaftliche Produkte, die umgeschlagen wurden. In Hamburg soll Berliner Roggen gegen flandrische Tuche gehandelt worden sein, berichtet eine Quelle aus dem Jahre 1288. Man wird eine stetig wachsende wirtschaftliche Kraft des Gemeinwesens im ersten Jahrhundert seines Bestehens voraussetzen können. Die Fernhändler waren die Reichsten in der Kaufmannsschaft und in einer Gilde vereinigt, ihre Familien waren auch die führenden im Rat. Handwerker waren dort nicht vertreten, so stark die Innungen der Viergewerke, der Bäcker, Knochenhauer (Fleischer), Tuchmacher und Schuhmacher, auch gewesen sind.

Berlin und Cölln hatten getrennte Verwaltungen, strebten aber offenbar eine Vereinigung an. Ausdruck davon waren die Einigungsurkunde von 1307 und die Einrichtung eines dritten Rathauses auf der Langen Brücke. Die gemeinsame steinerne 1319 vollendete Stadtmauer um Berlin und Cölln gehörte dazu. Das Bündnis galt der Stärkung gegenüber den Markgrafen, die zur gleichen Zeit eine Spätblüte ihrer Machtentfaltung erlebten. Die Hausmacht der brandenburgischen Askanier hatte sich kurz vor dem Tode der beiden Markgrafenbrüder Johann I. († 1265) und Otto III. († 1266) geteilt. Berlin fiel unter die schwächere ottonische Linie. Die stärkere johanneische Linie bot mit Otto IV. »mit dem Pfeil« (1266–1308) einen Vertreter auf, dessen Expansionspolitik ein Herrschaftsgebiet schuf, das man als eine Antizipation Preußens bezeichnen könnte, und seinem Nachfolger Waldemar gelang es schließlich, die geteilten Lande wieder zu vereinigen. Die Städte hatten Grund, auf der Hut zu sein. 1308 schlossen Berlin und Cölln Bündnisse mit Frankfurt an der Oder und mit Brandenburg; zusammen bildeten sie das Haupt späterer märkischer Städtebünde, in denen Berlin auch Vorfeld der Hanse war.

Nach 1300 rundete sich das Stadtbild. Die Gotteshäuser, auch die Zweitbauten der Pfarrkirchen, waren vollendet oder ihrer Fertigstellung nahe, einschließlich der Kapelle des Hospitals Zum Heiligen Geist. Der geräumige rechteckige Saal – wie es scheint, auch zunächst mit Granitquadern begonnen und dann mit Backstein zu Ende geführt – war damals noch ungewölbt, und seine Langseiten hatten schlanke spitzbogige Fenster, aber seine Ostwand bietet mit drei Maßwerkfenstern und dem blendengeschmückten Giebel noch heute etwa das gleiche Bild zur Spandauer Straße wie im 13. Jh.

Die glanzvolle Landesherrschaft der Askanier erlosch mit dem Tode Waldemars, des letzten Markgrafen aus diesem Hause, im August 1319. Ein Versuch zur Nachfolge durch die askanischen Herzöge von Sachsen-Wittenberg in der Person Rudolfs I. schlug fehl. Ludwig der Bayer, deutscher König aus dem Hause Wittelsbach seit 1308, gab das Lehen 1323 an seinen damals minderjährigen Sohn, der als Ludwig der Ältere die Markgrafschaft bis 1351 innehatte, sie dann aber seinen jüngeren Halbbrüdern Ludwig dem Römer († 1365) und Otto überließ. Letzterer verlor sie schließlich 1373 an den böhmischen König, den Luxemburger Karl IV., dessen Bemühungen um die Brechung der wittelsbachischen Herrschaft im Norden des Reiches schon nach dem Tode Ludwigs des Bayern 1347 einsetzten und die die bis etwa 1355 andauernden Verwicklungen um den Falschen Waldemar ausgelöst hatten; diese endeten zwar mit einem Sieg der Wittelsbacher, hatten aber die Landesherrschaft so erschüttert, daß der 1346 zum deutschen König und 1355 zum Kaiser gekrönte Karl IV. 1367 die Lausitz und 1373 auch die Mark Brandenburg durch Kauf seiner Hausmacht Böhmen einverleiben konnte.

Die Schwächung markgräflicher Macht kam den Städten für den weiteren Erwerb landesherrlicher Rechte zugute. Die Bürger gelangten allmählich in den Besitz von allem Grund und Boden, ja auch ganzer Dörfer in der Umgebung. Allein das Hohe Haus in der Klosterstraße und die Wassermühlen beim Mühlendamm verblieben in markgräflicher Hand. Unsicherheit, welchem Prätendenten zu huldigen sei, hat es in stärkerem Maße wohl nur zur Zeit des Falschen Waldemar gegeben. Vorher, als die Wittelsbacher 1323/24 gegen den Erbanspruch Rudolfs von Sachsen erfolgreich und Berlin und Cölln zur Anerkennung des neuen Markgrafen Ludwig bereit waren, obwohl sie zunächst von Rudolf Privilegien empfangen hatten, wurde den Bürgern daraus wohl vor allem seitens der Geistlichkeit ein Vorwurf gemacht; als Exponent tritt Propst Nikolaus von Bernau in das Licht geschichtlicher Berichte. Er, einst Kaplan Waldemars, wurde von den Berlinern auf dem Neuen Mark 1324 umgebracht, weil er gegen die Wittelsbacher Partei ergriffen hatte. Der Würdenträger hatte seine Gründe. Ludwig der Bayer war als deutscher König von dem in Avignon residierenden Papst Johannes XXII. nicht anerkannt und am 8. Oktober 1323 mit dem Kirchenbann belegt worden, der auch jedem seiner Anhänger angedroht war. Auch Berlin und Cölln wurden durch den Erzbischof von Magdeburg exkommuniziert, eine im Mittelalter existentielle Strafe, nach der die Pfarrgeistlichkeit Seelsorge, Spendung der Sakramente, Taufe und Begräbnis verweigern konnte. Wie es scheint, hat die Stadt in dieser Zeit die Hilfe des Franziskanerordens erfahren, auch gewiß nicht von ungefähr, denn die Mönche des heiligen Franz standen in der Auseinandersetzung zwischen dem König und dem Avignoneser Papst auf seiten Ludwigs. Sie waren in Fragen der Lehre Feinde Johannes' XXII. und von diesem als Ketzer verurteilt; sie suchten und fanden Zuflucht am wittelsbachischen Hof. Bürger und Franziskaner waren als Parteigänger der Wittelsbacher auch in anderen deutschen Städten Verbündete und vertrieben bisweilen den papsttreuen Klerus. Berlin und Cölln versuchten sich jedoch von der Exkommunikation zu befreien. Zur Sühne stifteten die Bürger 1335 einen Altar und richteten an der Mordstelle ein Sühnekreuz auf; ob es das ist, welches jetzt vor der Marienkirche steht, ist nicht einhellig anerkannt (Walter Wendland). Wirklich erlassen wurde die Strafe erst 1345/47.

Das Auftauchen des Falschen Waldemar im Jahre 1348 aber machte manche märkische Stadt schwankend in ihrer Treue zu Ludwig dem Älteren, mit Wahrscheinlichkeit auch Berlin und Cölln. Beide Städte erhielten am 21. September 1348 ihre Privilegien vom vermeintlichen alten Landesherrn bestätigt. Tatsächlich handelte es sich bei der Angelegenheit mit dem angeblich gar nicht toten, sondern von einer Pilgerfahrt zurückgekehrten Waldemar um eine Intrige der anhaltinischen und sächsisch-wittenbergischen Askanier im Bündnis mit Karl IV. gegen die Wittelsbacher. Sie scheiterte an der Standhaftigkeit vor allem Frankfurts und an der schließlichen Distanzierung Karls, der zunächst doch eine Aussöhnung mit den Bayern vorzog. Die abgefallenen märkischen Städte huldigten wieder dem Hause Wittelsbach, Berlin und Cölln unterwarfen sich am 22. Juli 1351.

Doch behielt Karl IV. sein Ziel im Auge. Mit Hilfe eines Erbfolgevertrages mit den regierenden Markgrafen, Ludwig dem Römer und Otto dem Faulen, sicherte er Böhmen 1363 die Anwartschaft auf die Mark, und Berlin huldigte ihm bereits im Juli desselben Jahres und in den darauf folgenden mehrfach im voraus. 1365 starb Ludwig der Römer und wurde in der Berliner Franziskanerkirche beigesetzt. Sein Bruder Otto resignierte 1373 im Vertrag von Fürstenwalde zugunsten Karls, der noch im gleichen Jahr zusammen mit seinem Sohn Wenzel die Huldigung der Städte entgegennahm und ihnen die Anerkennung seiner Nachkommen als Landesherren abverlangte. In Berlin hat sich Karl 1374, 1375 und 1377 aufgehalten. Zusätzliche Privilegien hat er nicht erteilt.

Nach dem Tode Karls im November 1378 wurde sein zweiter Sohn Sigismund Markgraf in Brandenburg. Statthalter waren die Bischöfe von Lebus und Brandenburg. Dieser Einfluß der Kirche in der Landesherrschaft bewirkte in Berlin die Annäherung von Bürgerschaft und Geistlichkeit, deren Verhältnis zueinander seit der Ermordung des Propstes von Bernau noch immer nicht ungestört gewesen zu sein scheint. Nach der Brandkatastrophe des Jahres 1380 wurden Berlin und Cölln für einige Jahre von der Urbede, einer an die Landesherrschaft zu zahlenden direkten Steuer, durch das Zutun der Bischöfe befreit. 1388 verpfändete Sigismund die Mark seinen mährischen Vettern Jost und Prokop, nahm sie aber nach dem Tode Josts 1411 wieder zurück. Zum Statthalter bestimmte er jetzt den Burggrafen von Nürnberg, Friedrich von Hohenzollern. Dieser hatte entscheidenden Anteil an der Wahl Sigismunds zum deutschen König gehabt, und die Vergabe des Lehens könnte ein Akt des Dankes gewesen sein. Friedrich zog 1412 in der Mark ein, und Berlin war die erste Stadt, der er den Eid abverlangte. 1415 wurde er zum Markgrafen und Kurfürsten von Brandenburg erhoben, die eigentliche Belehnung erfolgte 1417 in Konstanz. Der Eintritt der Hohenzollern in die Geschichte der Mark Brandenburg brachte für Berlin und Cölln manche einschneidende Änderung. Architekturgeschichtlich erkennt man sie in dem Nachlassen der Intensität bei der Ausführung baukünstlerisch bedeutender Pläne, die auf die Zeit der Böhmenherrschaft zurückgingen und mit den Erneuerungen nach den Stadtbränden 1376 und 1380 verbunden waren.

Die spätgotischen Hallenkirchen

Erneuerungen nach 1380

In den Jahren 1376 und 1380 wurden Berlin und Cölln von schweren Brandkatastrophen heimgesucht, bei denen auch die Pfarrkirchen mehr oder weniger stark in Mitleidenschaft gezogen worden sind. Von einer Beschädigung der an den Mauern und außerhalb gelegenen Klöster und Spitäler verlautet dagegen nichts; wie es scheint, hat das Feuer die Peripherie nicht erreicht.

Der Brand von 1376 könnte den Beginn von Neubauten der Petrikirche in Cölln und der Nikolaikirche in Berlin ausgelöst haben. In zwei Ablaßbriefen, die der Erzbischof Peter von Magdeburg 1379 ausgestellt hat, ist davon die Rede, daß beide Kirchen in ihren Baulichkeiten und Zieraten große Schäden erlitten und daß die Gemeinden mit der Gründung und dem Aufbau neuer Gebäudeteile begonnen hätten. Welcher neue Teil der Petrikirche gemeint war, läßt die Bemerkung »novam ecclesiam fundaverint et partim erexerint« in der auf sie bezüglichen Urkunde nicht erkennen. Stridbecks Zeichnung und Schleuens Stich machen einen Neubau, vielleicht auch nur die Erneuerung des Langhauses wahrscheinlich. Allerdings möchte man auf Grund der erkennbaren Details – durchbrochene Maßwerkbänder an den Strebepfeilern und unter dem Dachgesims – diesen Bauvorgang erst in das 15. Jh. datieren. Vor allem die Ansicht Schleuens zeigt eine auffallende Ähnlichkeit mit der gegen 1414 begonnenen Kirche der altmärkischen Stadt Werben, und die von mehrseitigen Dachpyramiden bekrönten polygonalen Anbauten, die das östliche Joch des vorauszusetzenden dreischiffigen Hallenlanghauses symmetrisch flankierten, haben an Kirchenbauten im Havelland und in der Prignitz nach 1400 ihre Parallelen. Alles in allem gewinnt man den Eindruck, daß die Petrikirche so, wie sie bis zu ihrer Zerstörung am 29. Mai 1730 bestand, einen Neubau oder den erneuernden Umbau eines schon älteren Gebäudes dargestellt hat, der erst im beginnenden 15. Jh. zu einem die Gestalt endgültig bestimmenden Abschluß gekommen ist.

Der Ablaß für St. Nikolai nennt den Gebäudeteil ausdrücklich, mit dessen Gründung und Errichtung die Bürger Berlins begonnen hatten: »Novum chorum ibidem fundaverint et erexerint« heißt die entsprechende Stelle in der Urkunde vom 22. Juli 1379. Diese so deutlich belegte Bautätigkeit der siebziger Jahre läßt sich noch heute an den Umfassungswänden des Nikolaichores ablesen, auch, daß sie bald nach Beginn wieder unterbrochen worden ist, vermutlich, weil der zweite Stadtbrand am 10. und 11. August 1380 die Gemeinde so geschwächt hat, daß an eine Fortführung des sehr großzügig angelegten Neubaues zunächst nicht zu denken war. Aus dem gleichen Grund könnten schon angefangene Bauarbeiten an St. Petri zum Erliegen gekommen sein. Der Erzbischof von Prag, Kardinal Mileus, der damals die Oberhoheit über die Brandenburger Diözese innehatte, stellte 1380 und 1381 Ablässe aus, für St. Nikolai bereits zwei Monate nach dem Brandunglück, am 24. Oktober, und für St. Marien im Jahr darauf, in denen es heißt, daß beide Kirchen durch das Feuer beschädigt wurden und zur Wiederherstellung dringend der Hilfe bedürfen.

In der Marienkirche erweisen sich die Gewölbe des Chores und des östlichen Mittelschiffjoches als Erneuerungen nach 1380. Die Veränderung der westlichen Joche von Mittel- und Seitenschiffen, die in Zusammenhang mit der Aufführung der Turmhalle auch um einiges verlängert worden sind, müssen nicht notwendig das Ergebnis von Reparaturen sein. Im Gegenteil scheint sich hier eine erneute Konsolidierung der wirtschaftlichen und wohl auch politischen Fähigkeit der Stadtgemeinde am Beginn des 15. Jh. ausgedrückt zu haben. Es sollte sich um eine völlige Neugestaltung der Westseite der Marienkirche handeln, deren wesentliche Bauabsicht in der Errichtung eines hohen mittleren Westturmes bestand, was sich dann aber über das ganze 15. Jh. hinzog und dabei doch erhebliche Einbußen an der Großartigkeit des ursprünglichen Konzeptes erlitten hat.

Die östlichen Gewölbejoche der Marienkirche dagegen, die möglicherweise durch den Einsturz des östlichen Giebels zerstört worden sind, dürften unmittelbar nach dem Brand noch im 14. Jh. erneuert worden sein. Die Figuration des Polygongewölbes, die die fünf Seiten des Zehnecks und das anschließende Halbjoch zusammenfaßt, verfügt über eine Strahlenform mit Scheitelrippe, die aus dem anschließenden Sterngewölbe entlehnt scheint. Das folgende Mittelschiffjoch ist mit einem Springgewölbe gedeckt: das rechteckige Feld erscheint in zwei Dreiecke zerteilt, von denen jedes mit dreistrahligem Rippengewölbe ausgefüllt ist, eine Form, die deutlich den Einfluß böhmischer Architektur unter Beweis stellt, was wenig überrascht, wenn man die Herrschaft Böhmens über die Mark seit 1373 bedenkt. Das Chorpolygongewölbe ist dem Gewölbe der Vorhalle sehr ähnlich, die der Marienkirche in Frankfurt an der Oder in der Zeit um 1375/80 in der Art einer Kapelle auf polygonalem Grundriß an der Nordseite angefügt worden ist. Über dem Portal dieser repräsentativen Eingangshalle sind die Wappen des Reiches,

Böhmens und Brandenburgs, der Doppeladler, der Löwe mit geknotetem Schweif und der Adler, als Zeichen der neuen Situation in der Landesherrschaft miteinander vereint.
Baumeister Karls IV. in Prag war Peter Parler von Gmünd. Die Neuerungen, die durch seine Tätigkeit in die europäische Baukunst des Mittelalters eingeführt worden sind, leiteten das Ende der Gotik ein und antizipierten in manchem die Renaissance. Den eben beschriebenen Gewölbeformen der Marienkirche ist das weniger abzuspüren, mehr dagegen dem neuen Chor der Nikolaikirche.

Der Hallenumgangschor der Nikolaikirche

Das Konzept des 1379 nachweisbar im Bau befindlichen Chores der Nikolaikirche ist das eines Hallenumgangs. Dieser Bautyp, bei dem die Seitenschiffe einer mehrschiffigen Anlage als Umgang um das durch eine polygonale Pfeilerstellung markierte Ende des Mittelschiffes herumgeführt sind, war zu diesem Zeitpunkt in der europäischen Kirchenbaukunst rund hundert Jahre alt. Die nicht sehr zahlreichen Frühformen von Hallenumgangschören stellen deutlich ihre Abhängigkeit von den Vorbildern großer Kathedralen zur Schau, am eindrucksvollsten die Chöre der Bischofsdome in Verden an der Aller und in Lübeck, die beide noch vor 1300 begonnen, aber erst im 14. Jh. vollendet worden sind. Gegenüber den Vorbildern handelt es sich dabei zunächst rein äußerlich um Reduktionen oder Vereinfachungen, was übrigens zu der Annahme geführt hat, Hallenbauten könnten ökonomisch bedingt sein wegen eines geringeren materiellen, technologischen und zeitlichen Aufwandes. Die Reduktionen betreffen Grundriß und Aufriß gleichermaßen. Entscheidend ist natürlich die Reduktion in der Höhe, also der Verzicht auf den Obergaden, auf das überhöhte Mittelschiff einer basilikalen Anlage. Der basilikale Umgangschor französischer Kathedralen wie auch der des Kölner Domes besitzt zusätzlich an jedem Umgangsjoch eine angefügte polygonale Kapelle, so daß ein Kranz von Kapellen entsteht, der dem Außenbau die kristalline Brechung seiner Erscheinung verleiht. Dieser polygonale Kapellenkranz fehlt dem Hallenumgang in Verden. Seine Außenwände sind ungebrochene Flächen zwischen den Strebepfeilern, und dieses flächige Schließen anstelle des prismatischen Aufbrechens schafft den einheitlich zusammengefaßten Baukörper, der ein Bauideal des späteren Mittelalters werden sollte. Der Umgangschor des Lübecker Domes mit seinen polygonal kapellenartig vortretenden Jochwänden ist eine Ausnahme; dort hat das Vorbild der »Bürgerkathedrale«, die Marienkirche der Stadt Lübeck, stärker als die Tendenz zur Vereinheitlichung der baukörperlichen Erscheinung auf die Erfindung der Baugestalt gewirkt.

Trotz dieses frühen Vorkommens einer modernen Bauform in Norddeutschland und auch im Backsteingebiet gibt es von daher keine Entwicklungslinie zur Berliner Form des Hallenumgangschores. Seine Vorbilder finden sich im Süden Deutschlands, wo um die Mitte des 14. Jh. die neue Form Eingang in die städtische Pfarrarchitektur gefunden hat, gewiß noch immer mit dem Blick auf das Vorbild der Kathedralen, aber doch weitaus radikaler in der Verwirklichung neuer Bau- und Raumvorstellungen. Wesentlich dafür war die Lockerung des konzentrischen Zusammenhangs von Binnenstützen und Außenwand. Die erwähnten frühen Beispiele wahrten die gleiche Polygonzahl beim Schluß des Mittelschiffes und beim Umgang. Jedem Wandpfeiler außen entsprach ein Pfeiler innen, die Grundrißbildung des Polygons war konzentrisch. Anders beim Berliner Nikolaichor: Hier entsprechen den sieben – bei Hinzuzählung des anschließenden Halbjoches neun – Seiten des Umgangs nur drei beziehungsweise fünf Seiten des Mittelschiffschlusses. Strebepfeiler und Binnenstützen sind nicht gerüsthaft miteinander verbunden, sondern schaffen gleichsam voneinander getrennte Raumgrenzschichten, deren Hintereinander durch optische Überschneidungen geradezu raffiniert zur Wirkung gebracht wird. Dieses gewissermaßen Sichtbarmachen des Raumes gehört zu den Kennzeichen der neuen Bauform, deren Schöpfung in den süddeutschen Städten mit dem Namen der Parler verbunden ist. Der inschriftlich 1351 begonnene Chor der Heilig-Kreuz-Kirche in Schwäbisch Gmünd gilt als der erste städtische Bau dieser Art. Das ältere Langhaus dieser Kirche soll Heinrich Parler, der Vater des Prager Baumeisters, gebaut und vielleicht auch schon den Chor entworfen haben, bei dessen Ausführung ein Johann Parler beteiligt war. Der 1361/79 erbaute Chor der Nürnberger Sebalduskirche ist vom gleichen Typ. Die Mitwirkung der Parler kann dort nicht bezeugt, ihre Anwesenheit in Nürnberg aber als sicher angenommen werden. In der Grundrißgestalt ähnelt die Berliner Nikolaikirche mehr dem Heilig-Kreuz-Münster in Schwäbisch Gmünd. Die Sockelwände des Umgangspolygons sind in nischenartige Kapellen aufgelöst, deren Außenwände nahezu in die Flucht der Strebepfeiler gelegt sind, so daß zwischen ihnen nur flache Vertikalbänder als felderteilende Lisenen stehenbleiben. So entsteht die seltenere Form des Hallenumgangschores mit einem Kranz von Randkapellen, deren Außenwände wie eine zusammenschließende Fläche erscheinen.
Was in Schwäbisch Gmünd allerdings wie eine zweigeschossige Stufung wirkt und Erinnerungen an basilikale Vorbilder wachruft, ist in Berlin durch eine ganz andere Proportionierung zu einem völlig neuen Architekturbild geworden. Das Äußere des Chores der Berliner Nikolaikirche ist mit plastischer Kraft aufgebaut, Tragen und Lasten prägen mit einer geradezu unmittelalterlichen Deutlichkeit die architek-

tonische Gestalt. Der Kranz der Kapellen bildet den Sockel. Darüber scheinen die stützenden Strebepfeiler frei aufzusteigen, und zwischen ihnen entstehen tiefe Nischen für die Fenster. Ein breiter Putzstreifen schließt den Wandaufriß horizontal ab.

Eine mächtige Dachpyramide faßt die Komposition zusammen und gibt ihr Abschluß und Halt. Nicht ein schwerelos aufstrebender, sondern ein aus eigener Kraft stehender und in sich ruhender, gelagerter Baukörper war das gestalterische Ziel, eigentlich ungotisch, aber typisch für die Parlerzeit, auf der Schwelle zur architekturgeschichtlichen Überwindung des Mittelalters.

Die Gewölbefiguration ist in Schwäbisch Gmünd nicht mehr die ursprüngliche. Die des Berliner Nikolaichores ist die des Sebalduschores in Nürnberg oder die der Zisterzienserkirche von Zwettl in Österreich. Dort war noch vor der Mitte des 14. Jh. ein Hallenumgangschor mit Kapellenkranz begonnen worden, dessen Form nur aus der Kirchenbaukunst des Zisterzienserordens abzuleiten ist; er wird aber zu den Vorbildern der städtischen Kirchen dieses Typs in Süddeutschland gezählt. Es handelt sich hinsichtlich der Gewölbefiguration in Nürnberg wie in Zwettl um einen Wechsel von Vierstrahl- und Dreistrahl-Rippengewölben über rechteckigen und dreieckigen Feldern, der einleuchtendsten Art und Weise der Überbrückung zwischen den unterschiedlichen Seitenzahlen von Umgangs- und Mittelschiffschluß. In Frankfurt an der Oder, wo an der Marienkirche ein gegen 1367 vollendeter kapellenloser Hallenumgangschor das Vorbild der Nürnberger Sebalduskirche wiederholt – es ist die erste Übertragung des süddeutschen Bautyps in das norddeutsche Backsteingebiet –, ist diese Logik verlassen und das Umgangsgewölbe bis auf das Scheiteljoch in eine Folge von dreistrahligen Springgewölben aufgelöst. Wenn in dem jüngeren Berliner Chor die an sich ältere Wölbfiguration angewendet wurde, dann läßt das auf das Vorhandensein eines über längere Zeit verbindlichen Bauplanes schließen. Die Existenz eines entsprechenden Bauplanes ist auch deshalb wahrscheinlich, weil wir wissen, daß die Ausführung des Nikolaichores in den Anfängen steckengeblieben ist. Erst um die Jahrhundertwende scheint der Neubau, der sich an die Ostseite der frühgotischen Halle anlehnte – die Treppentürme geben die Grenze an –, zum Abschluß gekommen zu sein. 1402 wurde bereits nur noch für Ausstattung und Beleuchtung, nicht mehr für Bauarbeiten gespendet.

Ein deutlicher Wechsel der Details kennzeichnet die Bauunterbrechung von 1380 und die Wiederaufnahme der Arbeiten gegen Ende des Jahrhunderts. An die Stelle von glatten Dreistabdiensten treten einfache Taustabdienste. Die Hochfenstergewände wie auch deren Wandnischeneinfassungen tragen einen charakteristischen Zickzackstab, der auch als Pfeilerschmuck und als Dachgesimsprofil auftritt. Diese Formen, auch die dem Dreieck angenäherten Fensterbögen der Kapellen – soweit diese noch original sind –, stammen aus dem Norden, sind vom pommerschen Küstengebiet wie aus dem uckermärkischen Binnenland in die Mark gelangt. Um 1400 hat der Stettiner Baumeister Hinrich Brunsberg in Brandenburg die Katharinenkirche zu bauen begonnen, und zwischen 1389 und 1407 ist der Chor der Marienkirche in Königsberg in der Neumark (heute Chojna) unter der Leitung des gleichen, wohl aus dem Weichselland gebürtigen Architekten errichtet worden. Beide Kirchen unterscheiden sich von der Berliner Nikolaikirche in ihren Details ganz wesentlich, vor allem durch den für die Brunsbergische Tätigkeit so charakteristisch reichen, in Terrakotta gebrannten Bauschmuck, der die außen nur als flache Bänder erscheinenden Strebepfeiler verziert. Bei beiden Kirchen sind die Strebepfeiler in voller Raumhöhe nach innen gezogen und bilden kapellenartige, die Fenster umgebende selbständig gewölbte Nischen. In Königsberg sind diese Nischen zweigeschossig, und über den unteren Nischen oder Randkapellen verläuft emporenartig ein Umgang, für den die Strebepfeiler durchbrochen sind. Diese differenzierte Gestaltung der äußeren Raumschale ist eigentlich die der Berliner Nikolaikirche. Auch in Berlin verläuft ein Umgang über den Randkapellen, allerdings weit weniger tief, nicht so verräumlicht; die oberen Nischen bleiben mehr fensterrahmende Spitzbogenblenden und die Kapellenzone mehr selbständiger Sockel.

Nun ist der Laufgang über den Randkapellen kein Bestandteil des Konzepts süddeutscher Umgangschöre. Er ist – über Wandsockelnischen – ein Element der Wandgestalt norddeutscher Backsteinhallen seit dem 13. Jh., und in Berlin ist er in der frühgotischen Halle von St. Nikolai, mit der ja der neue Umgangschor zusammengefügt werden sollte, wahrscheinlich schon vorhanden gewesen. So gesehen, wäre die Verschmelzung des Laufgangmotivs mit dem von Randkapellen umgebenen Hallenumgang eine Folge der baugeschichtlichen Entwicklung der Berliner Nikolaikirche. Das Muster könnte von Brunsberg aufgegriffen und weiterentwickelt worden sein, nicht nur an der Königsberger Marienkirche, deren Grundriß dem der Berliner Nikolaikirche beinahe gleicht und deren Außengestalt, in der Art, wie die Zweigeschossigkeit in Erscheinung gebracht wird, ebenfalls äußerst ähnlich ist. Auffallend ist das Vorhandensein von zweijochigen Randkapellen an den Langseiten bei beiden Kirchen, in Berlin durchaus erklärbar als Angleichung an die archäologisch nachgewiesenen, zur Zeit der Bauausführung noch existenten Doppelblendnischen im Wandsockel des frühgotischen Hallenschiffes (vgl. S. 17).

Erst in der Bauphase nach 1380, also bei der Fortführung des durch den Stadtbrand unterbrochenen Bauvorgangs, ist es zur Überlagerung des am Anfang ausschließlich süddeutsch-parlerisch geprägten Konzepts mit den norddeutschen

Elementen gekommen. Daß Bauleute aus dem Brunsbergkreis daran beteiligt waren, ist nicht ausgeschlossen, und vielleicht hat umgekehrt das Berliner Beispiel auf das Brunsbergische Œuvre doch eine stärkere Wirkung gehabt, als man bisher vermuten wollte.
Auf jeden Fall war das Ergebnis der endlichen Fertigstellung des Chores der Berliner Nikolaikirche ein exzeptionelles Bauwerk, dessen Bedeutung in der Architekturgeschichte an der Wende des Mittelalters zur Neuzeit nicht unterschätzt werden sollte.

Bautätigkeit im 15. Jahrhundert

Es verwundert wenig, daß es eine Nachfolge im Sinne einer Schulbildung nicht gegeben hat. Die frische Rustikalität der Berliner Schöpfung wich in den Brunsbergbauten der Brillanz flimmernden Dekors, und die in der Baukörpergestalt einen tragenden Sockel bildende Reihe der Randkapellen bekam keine Tradition. Die Zukunft gehörte dem kapellenlosen Umgang oder den raumhohen Wandnischen, was für die Außenerscheinung die Dominanz der schließenden Fläche – konsequent im Hinblick auf den Raumhüllencharakter spätgotischer Architektur – und den erneuten Verlust der Sichtbarkeit von Tragen und Lasten bedeutete. Zwei Nachfahren sind die Ausnahme, die Marienkirche in Stendal und die Gotthardtkirche in Brandenburg. In Stendal begegnet im zweiten Viertel des 15. Jh. noch einmal die frühe Form des Chores von Verden an der Aller, aber verbunden mit dem Berliner Motiv der Wandsockelkapellen. Da das Polygon in Stendal auch außen nur fünf Seiten zählt, sind die Proportionen breiter, und die Komposition neigt stärker zu Horizontalität und Flächigkeit. Änliches gilt für die erst nach der Mitte des 15. Jh. begonnene Gotthardtkirche in Brandenburg. Innen fehlt der Laufgang über den Kapellen, deren rundbogige Öffnungen zum Schiff in einer sonst ungegliederten Wand stehen. Erst in Höhe der Sohlbankgesimse der Fenster beginnen die wandgliedernden Dienste. Diese Aufrißkomposition ist auch im Langhaus fortgesetzt, so daß Chor und Langhaus innen wie außen in ihrem architektonischen Aufbau eine Einheit darstellen: die sockelbildende Kapellenreihe umzieht mit glatten Wänden den gesamten Außenbau.
Diese Beschreibung könnte auch auf das Langhaus der Berliner Nikolaikirche angewendet werden. Als in einer Bauperiode gegen Mitte des 15. Jh. die bis dahin noch stehende frühgotische Halle beseitigt und ein Neubau dem Chor angeglichen wurde, stand Berlin unter altmärkischem Einfluß. Auf den ersten Blick scheint das neue Langhaus die Gliederungen des Chores fortzusetzen, bei näherem Hinsehen aber zeigt es sich doch wesentlich unterschieden. Die Kapellenwände sind so weit nach außen gerückt, daß sie eine durchgehend ungegliederte Fläche bilden und die Strebepfeiler aus den Dächern herauszuwachsen scheinen. Innen öffnen sich die Randkapellen mit weiten Rundbögen zum Schiff und sind nicht mehr Nischen, sondern eigenständige Raumteile. Die Hochwandgliederung darüber ist flächig gehalten, eher profiliert als strukturiert; und für einen Laufgang ist kein Platz. Was im Langhaus mit dem Chor übereinstimmt, das sind die Kreuzrippenfigurationen der Gewölbe und die Form der Pfeiler. Beide haben zu der Vermutung Anlaß gegeben, daß die Wölbung des gesamten Baues erst nach Vollendung auch des Langhauses in einem einheitlichen Vorgang erfolgt sein könnte (Richard Borrmann), doch ergeben sich Unterschiede in den Querschnitten, den Profilen und auch in der restauratorisch nachgewiesenen Farbigkeit, so daß an getrennte Einwölbung in den jeweiligen Bauzeiten gedacht werden kann. Die Pfeiler der Nikolaikirche haben die Form – achteckiger Kern mit angefügten Halbrunddiensten –, die schon in der Marienkirche anzutreffen war.

2. Ansicht der Nikolaikirche von Westen,
mit den Fleischscharren in der Poststraße.
Nach einem Gemälde
von Johann Heinrich Hintze, 1827

Die Bausituation an der Nikolaikirche im Jahre 1460 geht aus einer Ablaßurkunde des Bischofs Dietrich von Brandenburg vom 7. April ziemlich deutlich hervor. Von seinen Sünden sollte für vierzig Tage befreit werden, wer jede Art von Handreichung für das Anfahren von Baumaterial und für die Beseitigung von Schutt zum Neubau der baufällig gewordenen und nur notdürftig wiederhergestellten, nun abzureißenden alten Kirche leistet oder mit eigenen Schultern und Händen dafür arbeitet. Ob man auf Grund dieser Nachricht den Baubeginn des Langhauses der Nikolaikirche erst in die sechziger Jahre verlegen kann, sei dahingestellt. Schon 1452 hatte der Küchenmeister des Kurfürsten Ulrich Zeuschel eine Kapelle für die Marienbruderschaft gestiftet. Die Liebfrauenkapelle ist ein zweigeschossiger Anbau an der Südwestseite des Hallenlanghauses, der außen zu dem immer noch stehenden schmaleren Feldsteinturm mit einem Staffelgiebel reizvoll vermittelt und sich innen raumhoch zum Schiff hin öffnet; schwer vorstellbar, daß er schon vor dem Langhausneubau vorhanden gewesen sein soll.

Den Abschluß der mittelalterlichen Bautätigkeit an St. Nikolai könnte die neue Sakristei an der Nordseite des Chores gebildet haben, die, ebenfalls zweigeschossig und im Obergeschoß raumhoch mit dem Chorumgang verbunden, eine alte Sakristei an derselben Stelle ersetzte. Der Baublock der Sakristei, die ihren Staffelgiebel erst 1878 erhielt (1984 rekonstruiert), ist an den Ecken, wo noch an der Liebfrauenkapelle Strebepfeiler stehen, nur von Lisenenbändern eingefaßt, so daß die Außenerscheinung recht ungotisch wirkt und das architekturgeschichtliche Ende des Mittelalters anzeigt. Seine Anspruchslosigkeit läßt aber auch daran denken, daß der Stadt am Ende des 15. Jh. der baukünstlerische Schwung fehlte, der die früheren, von bürgerlich städtischem Selbstbewußtsein zeugenden Schöpfungen auszeichnete.

Ein ähnlicher Mangel an Vermögen zu architektonischer Realisierung war ja auch an dem schleppenden Zustandekommen des Marienkirchturmes zu beobachten. 1418 ist zum ersten Mal urkundlich vom Turmbau an St. Marien die Rede gewesen, als dafür ein Darlehen von den Kirchenvorstehern aufgenommen wurde. Ein 1420 bezeugter Sigismundaltar »under dem torme« und eine heute von der Orgel verdeckte Wandmalerei – eine Schutzmantelmadonna im Weichen Stil – machen die Vollendung der Turmhalle und damit auch der mit Netz- und Sternformen gewölbten Westjoche des Langhauses der Marienkirche, die damals erneuert und verlängert worden sind, in den ersten Jahrzehnten des 15. Jh. wahrscheinlich. Der Turm selbst sollte sich über den mächtigen Pfeilern und den kräftigen Gurtbögen erheben, die den mittleren Teil der Vorhalle von den seitlichen Raumkompartimenten trennen. Doch ging es mit dem Turmbau sehr stockend voran. Um 1470 behauptet der sonst in der Altmark, in Stendal, Werben und Tangermünde, auch in Brandenburg tätig gewesene Baumeister Steffen Boxthude in einem Bewerbungsschreiben an den Rat der Stadt Zerbst, daß unter den Türmen und Kirchen, die er gewölbt und gemauert habe, auch »in Berlin Unser Lieben Frauen Turm« gewesen sei. 1490 bat der Brandenburger Bischof die Gläubigen um Beihilfe, weil der angefangene Turm noch immer nicht vollendet war. Er muß aber kurz vor der Fertigstellung gestanden haben, denn man beabsichtigte gleichzeitig, eine Glocke anzuschaffen. 1514 oder 1518 brannte der Turm aus, und dieses Schicksal ereilte seinen hölzernen Abschluß mehrfach; den jetzigen mit Kupfer beschlagenen Aufbau trägt er seit 1790.

Der Rückgang baukünstlerischer Repräsentation im 15. Jh. hat seine Ursache in den Bedrückungen, denen die Stadt durch die neuen Landesherren aus dem Hause Hohenzollern in steigendem Maße ausgesetzt war. Als Burggraf Friedrich 1411 die Regentschaft übernahm und die brandenburgischen Städte ihm im Verlauf des Jahres 1412 huldigten, verband sich damit wohl die Hoffnung auf eine Festigung der Sicherheit im Lande. Die Herrschaft der mährischen Brüder Jost und Prokop hatte der Mark Unfrieden gebracht. Der einheimische Adel war im Pfandbesitz der landesherrlichen Burgen – Tangermünde und Spandau als Residenzorte ausgenommen – und bedrohte die Freizügigkeit des Handels. Vor allem die Quitzows auf Plaue bei Brandenburg waren durch das Raubwesen mächtig geworden. Das Vorgehen Friedrichs gegen den Adel – die Burg der Quitzows fiel 1414 durch den Einsatz eines »Faule Grete« genannten Geschützes – mußte von den Städten begrüßt werden. Bald aber zeichnete sich die Absicht des Hohenzollern ab, auch den Städten die unter den wechselnden Landesherren im 14. Jh. gewonnenen Rechte und Güter zu nehmen. Die Städte versuchten sich mit Hilfe eines 1431 geschlossenen Bundes zu wehren, wie bei früheren Bündnissen angeführt durch Berlin. Unter Ausnutzung von Machtkämpfen unter den sozialen Gruppen in der Stadt gelang es den Kurfürsten jedoch – von 1440 bis 1470 regierte Friedrich II. –, Berlin und Cölln als erste zu unterwerfen. Die Städte mußten die gemeinsame Verwaltung aufgeben und alle Bündnisse kündigen, sie verloren Gericht und Niederlage, sie mußten die Räte bestätigen lassen und Cölln schließlich den Werder, den Nordteil der Spreeinsel, für den Bau einer Burg zur Verfügung stellen, deren Grundstein am 31. Juli 1443 gelegt wurde; 1451 soll der Kurfürst die von der Stadt als »Zaum ihrer Freiheit« empfundene Zwingburg bezogen haben. Der als Berliner Unwille bekannte Aufstand konnte nichts dagegen ausrichten. Berlin begann, Residenzstadt zu werden, und die mittelalterliche Bürgerstadt geriet in deren Schatten.

Zur Burg gehörte eine Kapelle, die 1450 als »Ecclesia Sti. Erasmi in Castro Cölln« erwähnt ist. Sie war mit den Rechten einer Parochie ausgestattet und damit die vierte Pfarrkirche in Berlin und Cölln. Friedrich II. richtete 1465 ein Kollegiatstift an der Erasmuskapelle ein, das 1469 als Domstift bezeichnet wurde. Zugunsten des neuen Stiftes entzog der Kurfürst damals der Marienkirche die Einkünfte des »under dem torme« gelegenen Sigismundaltars und der Nikolaikirche die des Erasmusaltars. Die Entstehung des Berliner Domes vollzog sich also mit deutlichem Ausdruck der neuen Obrigkeitsverhältnisse in der Stadt.

Der alte Dom

Die Vorgeschichte des Berliner Domes beginnt mit der Errichtung der Dominikanerkirche am Nordrand der Inselstadt Cölln. Diese wohl noch vor 1300 entstandene langgestreckte dreischiffige Hallenkirche mit kurzem einschiffigem und polygonal geschlossenem Chor, querschifflos und ohne Türme, wird man sich ähnlich wie die Berliner Marienkirche vorstellen können; sie entsprach einem Typ von Dominikanerhallen, wie er zwischen den Mittelgebirgen und der Ostseeküste verbreitet war, und sie war wie viele von ihnen dem Apostel Paulus geweiht.
In den Auseinandersetzungen um die Parteinahme für oder gegen die Wittelsbacher als Landesherren im 14. Jh. standen die Mönche vom Orden des heiligen Dominikus auf päpstlicher Seite und waren in Berlin wohl gegen die Bürgerschaft eingestellt. 1345 trug ihnen der Brandenburger Bischof auf, die Absolution für die zwanzig Jahre zuvor erfolgte Ermordung des Propstes von Bernau anzukündigen und damit die Aufhebung des Interdikts einzuleiten. Im 15. Jh. begegnen Berliner Dominikaner als Inquisitoren gegen uckermärkische Waldenser – der Ketzer Matthias Hagen aus einem Dorf bei Angermünde wurde 1458 auf dem Neuen Markt verbrannt –, und sie verfügten gleichzeitig über eine Studieneinrichtung: eine Verbindung mit der 1506 gegründeten Universität in Frankfurt an der Oder ist anzunehmen. Johannes Tetzel soll 1517 dem Berliner Konvent angehört haben, der für seine unabdingbar treue Haltung zur alten Kirche bekannt war. Der in Frankfurt ausgebildete Rupert Elgersma gilt als namhafter Vertreter dieser Gegnerschaft zur Reformation.
Im 15. Jh. war das Kloster in unmittelbare Nähe der seit 1443 im Bau befindlichen hohenzollernschen Burg geraten. So lag es nahe, daß Kurfürst Joachim II. 1536 das von seinem Urgroßonkel Friedrich II. 1465 an der Burgkapelle eingerichtete Kollegiat- und spätere Domstift an die Klosterkirche übertrug. Obwohl der Konvent Berlin verlassen mußte – die Mönche übersiedelten nach Brandenburg –, übernahm Rupert Elgersma als zweiter das damals neu geschaffene Amt des Dompropstes; bis dahin war das Stift dem Berliner Propst unterstellt gewesen.
Joachim II. hatte ohne Zweifel als Vorbild für seine Neueinrichtung das Beispiel seines Onkels, des Kardinals Albrecht von Brandenburg vor Augen, der als Magdeburger Erzbischof in seiner hallischen Residenz 1521 ein Domstift am dortigen Dominikanerkloster gegründet und dessen Kirche mit Kunstwerken und Reliquien reich ausgestattet hatte. Die Einweihung der Berliner Dom- und Hofkirche erfolgte Pfingsten 1536 zu Ehren der heiligen Maria Magdalena und des heiligen Erasmus, Patrone, denen auch der hallische Dom gewidmet war. Und die Ausstattung mit Kostbarkeiten wurde von den Zeitgenossen als unvergleichlich gerühmt. Der Kurfürst hatte dafür Schätze aus den Klöstern der Mark zusammentragen lassen und angeblich auch nach dem Übertritt zum Protestantismus noch weitere erworben, eben aus dem 1541 aufgelösten Stift seines Onkels in Halle.
Es wurden bauliche Veränderungen an der alten Dominikanerkirche vorgenommen. Der bis dahin turmlose Bau erhielt eine zweitürmige Fassade. Über den Westjochen erhoben sich seitdem Turmaufsätze, quadratisch, dann achteckig, an jeder Seite mit einem Giebelchen abgeschlossen und darüber mit hoher achtseitiger Helmspitze bekrönt. Die Komposition, auf Ansichten von Merian (1652) und anderen Stechern recht gut erkennbar, hat wiederum in Halle das Vorbild, nämlich die »Blauen Türme« der Marktkirche aus dem Anfang des 16. Jh. In Berlin mußten sie in Holz ausgeführt werden, weil ein steinerner Aufbau von den Wänden und Pfeilern aus dem 13. Jh. nicht hätte getragen werden können. Damals waren auch die Seitenwände der beiden östlichen Langhausjoche durch Giebel mit Querdächern zusammengefaßt worden, wodurch der Eindruck eines Querhauses entstand. Den Kreuzungspunkt von Lang- und Querdächern markierte ein hoher Dachreiter. Durch diese Umbaumaßnahmen hatte die schlichte Klosterkirche die Gestalt einer Kathedrale angenommen, die als Haus- und Hofkirche den Kurfürsten gleichzeitig zum obersten Kirchenherrn zu machen scheint, eine Rolle, die er sich durch manche Enteignungsmaßnahme bereits zugelegt hatte und die ihm wenige Jahre später nach der Einführung der Reformation auch ohne Einschränkung zufiel.
Zu den Um- und Anbauten des Jahres 1536 gehörten noch die Errichtung eines Uhrenturmes in der Scheitelachse des Chores und der Ausbau eines seitlich stehenden Festungsturmes zum Glockenträger. Eine Glocke maß 2,70 m im Durchmesser und war von einem Andreas Kröpfel aus Lothringen gegossen worden. Die anderen des im ganzen zehn Glocken umfassenden Geläutes haben die Städte Bernau, Wilsnack und Osterburg beigesteuert; die aus Wilsnack bewahrt das Märkische Museum noch heute auf. Sie könnten auch den Gottesdienst Anfang November 1539 eingeläutet haben, bei dem durch den damaligen Brandenburger Bischof Matthias von Jagow das Abendmahl in beiderlei Gestalt, als Brot und Wein, gespendet worden sein soll. Das Datum gilt als Beginn der Reformation in der Mark Brandenburg.

Die Berliner Kirchen in der Zeit von Renaissance und Reformation

Reformation in Berlin

Dem Übertritt der Mark Brandenburg zur Lehre Luthers ging eine Zeit hartnäckigen Widerstandes gegen die Reformation seitens der Bischöfe und des Landesherrn voraus. Die Städte dagegen standen dem Luthertum aufgeschlossen gegenüber. Vor allem Studenten aus Wittenberg brachten das neue Glaubensgut in die Mark herüber, auch nach Berlin; es kam zur Verweigerung von Meßbesuch und Prozessionsteilnahme. Kurfürst Joachim I. aber verlangte von seinen Städten und ihren Räten, dem alten Glauben treu zu bleiben. Er verbot die Wittenberger Bibel in deutsch. In Worms war er der einzige der weltlichen Kurfürsten, der gegen Luther und seine Partei stand. Doch er verlor dadurch nicht nur seinen Sekretär Joachim Zerer, sondern auch seine Gemahlin Elisabeth von Dänemark schließlich an die neue Lehre; die Kurfürstin floh 1528 aus Berlin nach Torgau und hielt sich später in Wittenberg und Prettin, dazu oft in Luthers Nähe auf. Die Abneigung Joachims I. verhärtete sich zusätzlich durch familiäres Schicksal. In seinem Testament forderte er von seinem Nachfolger unbedingten Gehorsam gegenüber der rechten Lehre. Er starb am 11. Juli 1535.

Joachim II. scheint eine liberalere Haltung den reformatorischen Strömungen im Lande entgegengebracht zu haben. Mit der Neugründung des Domstiftes im Dominikanerkloster 1536 vollzog er allerdings einen Akt, der an einen baldigen Wechsel in den Glaubensauffassungen kaum denken ließ. Der erste Dompropst Wolfgang Redorfer entstammte dem Lebuser Domkapitel, seine Einweihungspredigt in Berlin soll Ausfälle gegen Luther enthalten und Unruhe unter den Zuhörern hervorgerufen haben. Die engeren Berater Joachims II. – hervorzuheben sind der spätere Kanzler Johann Weinleben, der Brandenburger Bischof Matthias von Jagow und der Berliner Propst Georg Buchholzer – versuchten den Kurfürsten auf den Weg einer Reformation zu drängen, die keine lutherische werden sollte – dafür hatte der Dominikaner und zweite Dompropst Rupert Elgersma ein Programm ausgearbeitet –, die aber unter den gegebenen Verhältnissen gar nichts anderes als eine solche werden konnte. Jedoch nicht Luther – er hat märkischen Boden nie betreten –, sondern Melanchthon, der dreimal am Berliner Hof zu Gast war, dürfte daran Anteil gehabt haben. Der offizielle Übertritt erfolgte schließlich im Jahre 1539. Der Ort und das genaue Datum sind umstritten. Am 14./15. September predigte Propst Buchholzer im Dom evangelisch. Der Kurfürst soll dort schon am 5. Oktober das Sakrament nach protestantischer Art empfangen haben, während am 1. November in Spandau der Adel von Teltow, Havelland und Barnim und am 2. November dann Rat und Bürgerschaft von Berlin und Cölln in der Nikolaikirche das Abendmahl in beiderlei Gestalt genommen hätten (W. Hoppe nach W. Dürks). Demgegenüber wird die ältere Meinung aufrechterhalten, daß der Kurfürst erst am 1. November zusammen mit dem Adel in Spandau öffentlich den Übertritt vollzogen und daß die Berliner Feier am Tag darauf nicht in St. Nikolai, sondern im Dom stattgefunden habe (Johannes Schulze). Auf jeden Fall stand das Kurfürstentum Brandenburg am Ende des Jahres 1539 im protestantischen Lager.

Martin Luther soll es mit Zurückhaltung aufgenommen haben, möglicherweise, weil er dem Gesinnungswechsel nicht traute und auch die tatsächlichen Änderungen als für eine Reformation in seinem Sinne nicht für ausreichend hielt. Geradezu feindselig ist seine Reaktion auf die im Jahre 1540 erfolgte Aufnahme Johannes Agricolas als kurfürstlicher Hofprediger gewesen. Agricola aber gewann in Berlin Einfluß und wurde bald zu einer führenden Persönlichkeit im kirchlichen Leben. Im März 1540 wurde die neue Kirchenordnung angenommen. Auf ihrer Grundlage wurde eine allgemeine Kirchenvisitation durchgeführt. Sie galt der Feststellung von Vermögen und Einkünften, der Besetzung der Pfarrstellen, der Regelung der Patronate, der Ordnung des Schulwesens und anderem ähnlicher Natur. Der Besitz der Klöster gelangte in die Hand des Kurfürsten. Blieben nach der Auflösung noch Mönche am Ort, so gewährte man ihnen Unterhalt auf Lebenszeit.

Das Graue Kloster

Im Berliner Franziskanerkloster soll schon am 8. Oktober 1539 eine evangelische Predigt gehalten worden sein. Nach der Aufhebung wurden am 19. August 1540 alle Kirchengeräte aus Edelmetall eingezogen. Den Mönchen, die im Kloster bleiben wollten, überließ man die Gebäude der Klausur. Der letzte Insasse namens Peter starb am 4. Januar 1571.

Im Sommer des gleichen Jahres zog der aus Basel gebürtige, zuletzt in Frankfurt an der Oder ansässige Leonhard Thurneisser zum Thurn im Kloster ein. Er war zum Leibarzt des Kurfürsten Johann Georg berufen, betätigte sich aber äußerst vielfältig als Naturforscher, Buchdrucker, Astrologe und Alchimist. Er richtete Laboratorien und Werkstätten im

Kloster ein, auch eine Druckerei mit Papiermühle und Schriftgießerei. Sein Wappen, ein viergeteilter Schild, dessen Felder über Kreuz je einen Turm und drei goldene Kugeln tragen, findet sich nicht nur auf den graphisch überaus reizvollen Titelblättern der bei ihm »zu Berlin im Grauen Kloster« gedruckten Bücher, sondern auch auf Kunstwerken, die er für die Kirche des ehemaligen Klosters stiftete. Inschriftlich hat er sich auf einem spätgotischen Schnitzwerk, auf einem Relief mit dem Bilde des Franziskanerheiligen Bernhardin von Siena verewigt. Der heilige Mönch hält in seiner rechten Hand das ihn kennzeichnende Attribut, eine Sonnenscheibe mit dem Namen Jesu, den Buchstaben ihs, in der linken ein aufgeschlagenes Buch, auf dem geschrieben steht: »Thurneisser hat mich new gemacht, Do ich war Alt und gar veracht. Anno 1584.« Durch diese Erneuerungsinschrift ist man versucht, in Thurneisser zusätzlich einen Restaurator und Denkmalpfleger zu sehen, um so mehr, als das wiederhergestellte Stück nach der Reformation seine kultische Bedeutung ja verloren hatte und Wertschätzung nur noch als Kunstwerk genießen konnte.

Seit 1574 war Thurneisser nicht mehr der alleinige Nutzer des ehemaligen Klosters. Der Kurfürst hatte auf Ersuchen seines Kanzlers Lamprecht Distelmeier und des Lehnssekretärs Joachim Steinbrecher »ein theill des grawen Closters zwe Berlin mitt der gantzen Kirchen, Kreuzgange, sambt dareinn gelegenen Gewelben, Gartten, Beichthausse, Kirchhoffe und andernn zubehorungen« dem Rat der Stadt zur Einrichtung einer gemeinen Schule übergeben. Der Bürgermeister als Bauherr wurde angewiesen, »daß nichts Unnötiges abgebrochen oder gebauet, sondern alles ordentlich gebessert und zugerichtet« werden solle. Hier ist in erster Linie wohl Sparsamkeit die Triebfeder für das Belassen der Substanz und die Beschränkung auf Reparaturen gewesen. Wenn es im gleichen Zusammenhang heißt, daß »die Kirche in bauliche Würden zu bringen« sei, dann wird man daraus schließen können, daß sie durch mangelnde Pflege, vielleicht wegen zu geringer Nutzung, bereits Gefahr lief, in Verfall zu geraten.

Seit der Aufhebung des Klosters war die Kirche Filial von St. Nikolai, und das Gymnasium wie auch sein Unterhalter, der Rat der Stadt, haben die ihnen vom Kurfürsten zugedachte Zuständigkeit für ihre Instandhaltung nie wahrgenommen. Joachim Steinbrecher äußerte 1577, sie sei der Erhaltung würdig, weil viele vornehme Personen in derselben begraben liegen, eine Aussage, die vom Geschichtsinteresse des Humanismus und der Renaissance geprägt ist. 1578 kam es dann tatsächlich zu einer ersten Reparatur am Treppenturm, und 1583/84 ist unter Thurneissers Anleitung und – was er selbst ausdrücklich behauptet hat – auf seine Kosten das Innere der Kirche »der heiligen Dreieinigkeit zu ehren« geputzt und die Ausstattung erneuert worden. Eine Quelle besagt weiter, daß Thurneisser »eine Empore gebauet, die Fenster gebessert, ein Taufstein hat machen lassen«; letzterer trug sein Wappen und war bis 1945 noch vorhanden. Trotz dieser Verdienste haftet Thurneisser das Odium eines abenteuernden Scharlatans an. Noch im gleichen Jahr – die Restaurierungsarbeiten waren »den 18. April anno 1584, gott sey ewiger dank, glücklichen verfertiget worden« – hat er, wie es heißt, wegen mißlicher persönlicher Umstände Berlin fluchtartig verlassen.

Die Pfarrkirchenn und ihre Kunstwerke

Nach der Einführung der Reformation erfuhr die Einrichtung der Pfarrkirchen manche Veränderung. Vor allem die Fülle der Altäre wurde vermindert. In der Nikolaikirche verblieben nur, so meldet es eine Quelle des 16. Jh., ein Lettner, der Hauptaltar und das Sakramentshaus. Auch aus der Marienkirche wurden einige Nebenaltäre entfernt, doch nicht alle, denn 1613 ist von der Beseitigung der restlichen die Rede; der mittelalterliche Hauptaltar soll sogar bis 1758 noch an seinem Platz gestanden haben, und zwei mit Szenen des Marienlebens, der Kindheit Jesu und der Passion bemalte Flügel, die noch in der Kirche vorhanden sind, werden für Teile von ihm gehalten.

Heute besitzt die Marienkirche nur mehr ein liturgisches Ausstattungsstück aus dem späten Mittelalter, den bronzenen Taufkessel, dessen Wandung durch die Reliefﬁguren Christi, der Maria und der zwölf Apostel geschmückt wird. Gegossen haben soll ihn ein Hinrich von Magdeburg, der 1434 eine ganz ähnliche Fünte für die Petrikirche geliefert hatte; die Marientaufe ist auf 1437 datiert. Die in niederdeutscher Sprache abgefaßte Inschrift des Inhalts »Ich habe eine Taufe zu vergeben, ich diene den Armen wie den Reichen« könnte ein Zeugnis dafür sein, daß es in der Entstehungszeit bereits um die Verteidigung städtischer Demokratie gegen landesherrliche Willkür ging.

Eine gleiche Tendenz ist ja auch in dem Wandgemälde in der Turmvorhalle der Marienkirche, dem Totentanz, enthalten, jenem einzigartigen, erst im vorigen Jahrhundert wiederentdeckten Bild von der Vergänglichkeit des Lebens, der alle Menschen, gleich welchen Standes, ausgesetzt sind. Ein predigender Franziskaner ist am Anfang des Bildstreifens dargestellt, vielleicht ein Hinweis auf das Bündnis zwischen den Mönchen in der Klosterstraße und den Bürgern der Stadt, das möglicherweise auch die Ursache für die Verwendung einer graphischen Bildvorlage aus dem Umkreis des Franziskanerordens gewesen ist. Angehörige aller geistlichen und weltlichen Stände schreiten im Reigen, wechselnd mit Toten im Leichentuch, vor einer sanften Hügellandschaft dem unausweichlichen Ende zu. Ein Text in niederdeutscher Sprache unterstützt die moralisierende und von gesellschaftskritischen

Aspekten nicht freie Bildthematik, charakteristisch für die sozial unruhige Zeit in den Jahrzehnten vor der Reformation. Das Wandgemälde wird in die achtziger Jahre des 15. Jh. datiert. Vielleicht haben die Ereignisse des Pestjahres 1484 die Entstehung des Bildes befördert.

Kunstgeschichtlich ist der Totentanz ein Beleg für niederdeutsche Einflüsse in der bildenden Kunst Berlins. Sie gingen den süddeutsch-fränkischen voran, die in der Zeit um 1500 die Oberhand gewannen. Sie lassen sich in und um Berlin mit mehreren bedeutenden Werken belegen und erklären sich aus den Beziehungen des Herrscherhauses zu Nürnberg und seinem Stammland in Schwaben. Ein Altarschrein in der Marienkirche mit den geschnitzten und gemalten Figuren der Heiligen Sippe – die Mutter Anna mit Maria und dem Jesusknaben, dazu Joachim und Joseph, eingefaßt von den Heiligen Barbara und Sebastian – zeigt sich beinahe fränkisch-würzburgisch. Zwei gemalte Epitaphien aus der Nikolaikirche, für die Familie Grieben und für einen unbekannten Stifter, stehen sogar dem Werke Albrecht Dürers nahe, vor allem das Griebensche mit der Darstellung der Beweinung Christi; sie ist dem Gemälde Dürers mit dem gleichen Bildthema in der Münchener Pinakothek, ursprünglich eine Stiftung für die Nürnberger Predigerkirche aus der Zeit um 1500, vergleichbar. Beide Tafeln werden einem Maler Nikolaus Winkler, der aus Nürnberg in die Mark gekommen und nach 1520 Bürger in Frankfurt geworden ist, äußerst vage zugeschrieben (Ekhart Berckenhagen). Sie zählen zu dem Bedeutendsten, was in Berlin an Tafelmalerei aus der Zeit des späten Mittelalters und der beginnenden Renaissance auf uns gekommen ist.

Um 1520 wird dann der Einfluß des seit 1505 in Wittenberg tätigen Lukas Cranach d. Ä. spürbar. Aus der Nikolaikirche stammen zwei Gemälde, die beide im engeren Umkreis der Cranachschen Werkstatt entstanden sein müssen, ein Gedächtnisbild mit der Geburt Christi und ein Bild vom Jüngsten Gericht. Dem Cranachschen Kreis nahe steht auch ein Beweinungsbild, dessen Hintergrund besonders deutlich die donauländische Herkunft der Landschaftsdarstellung verrät.

Es fällt auf, daß die Gemäldetafeln, die die mehrfachen Dezimierungen der Kunstschätze in den Berliner Kirchen überstanden haben, meist an bestimmte Stifterpersonen gebundene Gedächtnisbilder sind. Möglicherweise haben die Familien selbst für deren Erhaltung gesorgt. Nach Einführung der Reformation, als die bis dahin die Kirchen füllenden Nebenaltäre an Pfeilern und Wänden sowie in St. Nikolai aus den Randkapellen verschwunden waren, begannen Grabdenkmäler, gemalte und geschnitzte Epitaphien, auch Steintafeln, an ihre Stelle zu treten. Die Kapellen wurden zu Erbbegräbnisstätten mit unterirdischen Gruftgewölben für die vornehmsten und begütertsten Berliner Familien, sie machten die Nikolaikirche »mit der Zeit zu einem Pantheon Berliner Geschlechter und zu der vornehmsten Erinnerungsstätte für die geschichtliche Vergangenheit Berlins« (Richard Borrmann). Den Höhepunkt dieser Entwicklung bildete die Ausstattung der Pfarrkirchen mit den prunkvollen Grabdenkmälern des Barocks. Aber schon die Zeit der Renaissance hat beeindruckende Werke dieser Kunstgattung, die sich als neue Aufgabe für die Künstler stellte, hinterlassen.

Die Bildkunst des Protestantismus

Seit dem Ende der dreißiger Jahre des 16. Jh. haben offenbar sächsische Meister in Berlin gearbeitet. Mit Namen bekannt ist nur der aus Schneeberg stammende Hans Schenk, genannt Scheutzlich, doch dürften mit dem Baumeister Caspar Theiß noch weitere Steinmetzen, Bildhauer und auch Maler nach Berlin gekommen sein. Kurfürst Joachim II. hatte nach seinem Regierungsantritt damit begonnen, die alte Burg auf

3. Grabstein des kurfürstlichen Rates Gregor Bagius († 2. März 1549) von Hans Schenk-Scheutzlich

der Spreeinsel zu seiner ständigen Residenz als Renaissanceschloß umzubauen. Der kursächsische Hof in Torgau scheint ihm dabei Vorbild gewesen zu sein. Von dort berief er Caspar Theiß, einen Schüler des Konrad Krebs, der um 1535 den Johann-Friedrich-Bau des Schlosses Hartenfels errichtet hatte. Zeichnungen und Stiche, die das Aussehen des Berliner Schlosses vor dem barocken Neubau der preußischen Königsresidenz überliefern, zeigen eine dem Torgauer Schloß sehr ähnliche Anlage langgestreckter Gebäudeflügel mit Hofgalerien, Eck-Erkern und einem charakteristischen Wendelstein, dazu einen großen Aufwand an dekorativem Bauschmuck. Daß sich Auswirkungen dieser Schloßbautätigkeit in den Berliner Kirchen finden, soll wenig überraschen: es verdeutlicht die neue Situation in der nunmehrigen Residenzstadt.

Hans Schenk-Scheutzlich war 1543 Bürger von Berlin geworden und hat vermutlich bis zu seinem Tode gegen 1566 als Hofbildhauer des Kurfürsten, bisweilen auch im Auftrage in der Stadt ansässiger Hofbeamter und städtischer Würdenträger gearbeitet; selbst in Brandenburg haben mehrere Bürgermeisterfamilien ihre Epitaphien bei ihm bestellt. Wahrscheinlich hat er auch das Grabdenkmal für Caspar Theiß geschaffen, das im 18. Jh. in der Berliner Nikolaikirche noch vorhanden war. Heute tragen in der Nikolaikirche drei Grabplatten, die für Gregor Bagius († 1549), für Johann Zeideler († 1556) und für Paul Schultheiß († 1558), die Kennzeichen seines etwas bizarren, zum Manierismus neigenden Stils und seiner eigenwilligen allegorischen Bildsprache, die deutlich den Einfluß der lutherischen Rechtfertigungslehre spüren läßt, eindrucksvolle Zeugnisse protestantischer Ikonographie.

In der Marienkirche wird Hans Schenk das etwas bescheidenere Epitaph für Joachim Zerer († 1543) zugeschrieben. In flachem Relief ist das Porträt des kurfürstlichen Kammersekretärs dargestellt, mit einem Totenkopf in der Hand, auf den er den Betrachter zum Memento mori hinweist. Gerade in der Zurückhaltung an allegorischem Aufwand – mit dem Schenk die späteren Grabdenkmäler in der Nikolaikirche überladen hat – und der Verhaltenheit der moralisierenden Aussage ist das hohe künstlerische Vermögen zu erkennen, zu dem der Schneeberger Bildhauer fähig war.

Etwa gleichzeitig mit Hans Schenk war in Berlin ein Maler tätig, dessen noch recht zahlreich erhaltene Werke gleichfalls interessante Zeugnisse früher protestantischer Ikonographie sind. Als kurfürstlicher Hofmaler soll ein Michael Ribestein 1539 in Berlin das Bürgerrecht erworben haben. Seine Signatur, das Monogramm M R auf einem Reibestein, findet sich zuerst auf graphischen Blättern, auf Holzschnitten mit Bildnissen Kaiser Karls V., König Ferdinands und Herzog Johann Friedrichs von Sachsen, die 1547 nach der Niederlage des protestantischen Bundes im Schmalkaldischen Krieg entstanden sind. Man vermutet, daß Ribestein die Porträts im Lager des siegreichen Heeres vor Wittenberg aufgenommen hat.

Das einzige erhaltene Gemälde, auf dem das M R die Urheberschaft anzeigt, stammt aus der Nikolaikirche. Es ist in das Jahr 1562 datiert und wird als Kreuzigung bezeichnet. Es ist aber kein Kreuzigungsbild im herkömmlichen Sinne mit Maria und Johannes unter dem Kreuz. Hier stehen seitlich des die Bildmitte beherrschenden Kruzifixes Mose mit den Gesetzestafeln und Johannes der Täufer, der auf den Gekreuzigten weist, auf »Gottes Lamm, welches der Welt Sünde trägt«, wie es im Text auf der von ihm gehaltenen Schriftrolle heißt. Dies ist auch die Aussage jener Bilder, in denen Luthers Lehre von der Erlösung des sündigen Menschen durch den Glauben an den gekreuzigten und auferstandenen Christus eine szenisch-allegorische Darstellung gefunden hat. Es ist gleichsam eine katechetische Bildersprache, die um 1530 in Wittenberg, in der Cranachschen Werkstatt, von Künstlern und Theologen gemeinsam geschaffen und auf Gemäldetafeln, vor allem aber durch die Druckgraphik, in ganz Europa verbreitet wurde. Daß sie auch in die Epitaphkunst Eingang fand, ist bei dem Charakter des Inhalts nur allzu begreiflich. Die durch Mose und Johannes den Täufer auf Gesetz und Evangelium, auf Sünde und Erlösung Hingewiesenen sind die Angehörigen der unbekannten Stifterfamilie. Die prononcierte Betonung der lutherisch-wittenbergischen Lehre in unserem Bild könnte Ausdruck eines in Berlin verbreiteten Widerstandes gegen Johannes Agricola gewesen sein, in dessen Theologie die Bedeutung des alttestamentlichen Gesetzes für das christliche Heilsgeschehen in Frage gestellt worden ist (Gerlinde Wiederanders). Diese Abweichung des Agricola von Luthers Lehre war auch der Grund für sein Zerwürfnis mit dem Reformator.

Sosehr Ribesteins Gemälde auch mit der Wittenberger Ikonographie übereinstimmt, mit dem Wittenberger Stil hat es nichts gemeinsam. Die Zuordnung des Bildes zu einer sonst nicht näher bezeichneten Frankfurter Schule (Gustav Leh) ist insofern zutreffend, als unter den zahlreichen Epitaphgemälden aus der Frankfurter Marienkirche – sie befinden sich jetzt in der dortigen Gertraudkirche – einige dem Stil unseres Meisters sehr verwandt sind. Wir stehen mit dem Werk des Michael Ribestein vor der interessanten Tatsache, daß die Wittenberger Thematik von einem Meister, dem Cranachsche Werke sehr wohl bekannt waren, in einem völlig anderen Stil zur Darstellung gebracht worden ist. Immerhin hatten die Cranachs und ihre Werkstatt geholfen, das neue Schloß und den Dom Joachims II. auf das reichste auszustatten. Ribesteins Stil wird in den älteren Beschreibungen (Richard Borrmann, Max Osborn) als »in Tracht, Typen und in den Architektur-Hintergründen« unter dem Einfluß italienischer Kunst stehend charakterisiert. Neuere Bearbeiter sprechen von einer Schulung »an Niederländern der Richtung Maerten van Heemskerks« (Börsch-Suppahn), also von einer Vermittlung der offensichtlichen, bisweilen geradezu klassizistisch wirkenden Italianismen durch die Malerei der Niederlande.

Man wird Ribestein auch die Fähigkeit zum Finden eigener Lösungen für protestantische Bildthemen nicht absprechen können. Das stellen das signierte Gemälde, nicht zuletzt durch den kalten grauen Farbton, der zu der Didaktik der Szene die Dramatik des Karfreitagsgeschehens wachruft, und andere ihm zugeschriebene Bilder, die Auferweckung des Lazarus, Ezechiel sieht die Toten erwachen und Christus im Hause Simons, durchaus unter Beweis. Selbst wenn sich die Zuschreibungen an Michael Ribestein (Ekhart Berckenhagen) nicht immer als richtig erweisen sollten, steht hier doch ein Bilderschatz zur Verfügung, dessen noch ausstehende Erschließung zur Geschichte der Malerei in Berlin und für die Ikonographie des Protestantismus einen wichtigen Beitrag liefern würde.

Auf eine seltenere Darstellung sei in diesem Zusammenhang noch hingewiesen, auf das Glaubensbekenntnis, auch ein Ribestein zugeschriebenes undatiertes Tafelbild; es stammt aus der Wolfskehlschen Kapelle in der Nikolaikirche. Auf ihm sind mit einzelnen Bildzeichen die zwölf Sätze des apostolischen Credo illustriert, die Luther zu den Drei Artikeln geordnet hat. Die Szene, im Vordergrund, die Erschaffung Evas durch Gottvater im Paradies – nach ihr wird das Bild ebenfalls benannt –, steht für den ersten Artikel, für den zweiten die Kreuzigungsszene in der Bildmitte und die darüber schwebende Taube des Heiligen Geistes für den dritten Artikel. Dann aber fnden sich für die einzelnen Sätze des zweiten Artikels auf der linken Bildseite und in der Bildmitte folgende Szenen: für »empfangen vom Heiligen Geist« die Verkündigung, für »geboren von der Jungfrau Maria« die Geburtsszene im Stall mit den anbetenden Hirten, für »gelitten unter Pontius Pilatus, gekreuzigt, gestorben und begraben« die Geißelsäule, das Kruzifix mit den Begleitfiguren und die Szene der Grablegung, weiter am rechten Bildrand für »niedergefahren zur Hölle, am dritten Tage wieder auferstanden von den Toten, aufgefahren gen Himmel« Christi Höllenfahrt und die Befreiung der Ureltern, die Auferstehung und die Himmelfahrt, und schließlich in der linken oberen Bildecke für »sitzend zur Rechten Gottes, von dannen er kommen wird, zu richten die Lebendigen und die Toten« Christus neben Gottvater in den Wolken und Christus als Weltenrichter auf dem Regenbogen als Thron. Besonders interessant ist die Bildsprache des dritten Artikels: »eine heilige christliche Kirche« erscheint im Bilde eines Kirchengehäuses, in dem die Gemeinde dem Prediger zuhört, und die Beichtszene davor meint »die Vergebung der Sünden«. »Die Auferstehung der Toten« ist im Landschaftshintergrund der linken Bildhälfte zu erkennen, und der Ausblick auf die in blendendem Licht verschwimmenden Berge dürfte »ein ewiges Leben« symbolisieren. Gerade dieser Tafel ist anzumerken, welche Schwierigkeit es bereitet, einen an sich unanschaulichen, sinnlicher Wahrnehmung sich entziehenden Inhalt bildlich darzustellen. Aber die Kunst des Humanismus und der Renaissance gefiel sich ohnehin darin, abstrakte, bisweilen rätselhafte Begriffe allegorisch zu verbildlichen und dadurch sinnlich anschaubar zu machen. Davon konnte die Kunst des Protestantismus zehren und ihre lehrhaften Bilder schaffen.

Während die Epitaphien, Gemälde wie Bildhauerarbeiten, lediglich die Stelle der nach der Reformation »abgetanen« mittelalterlichen Meßaltäre einnahmen und den Kirchenraum erneut mit bunter Vielfalt füllten, brachten die Erbbegräbnisse, die in den Seitenkapellen der Nikolaikirche eingerichtet wurden, auch eine Veränderung des architektonischen Erscheinungsbildes mit sich. Die Kapelleneingänge erhielten zum Kirchenschiff hin prächtige Schauwände im Stil der Entstehungszeit, und auch am Außenbau zeigten sie sich mit neuen Architekturformen der Renaissance und des Barocks, die allerdings bis auf geringe Reste im vorigen Jahrhundert wieder in gotische zurückverwandelt worden sind. Zwei Renaissancekapellen sind erhalten geblieben, die des Kanzlers Lamprecht Distelmeier († 1588) und die des Kurfürstlichen Rates Johann Kötteritzsch († 1609), beide am südlichen Seitenschiff, letztere im Untergeschoß der Liebfrauenkapelle. Der runde Eingangsbogen der Distelmeierschen Kapelle ist gerahmt von Pilastern mit Blattranken im Stile des niederländischen Ornamentstechers Aldegrever, sie tragen ein Gebälk mit den acht Familienwappen, die farbig gefaßt auf goldenem Grund standen. Die Rahmung der Kötteritzschen Kapelle dagegen ist von bewegten Formen des manieristischen Spätstiles geprägt, mit Muschelnischen und Hermenpilastern, mit Rollwerkkartuschen und Diamantquadern durchsetzt. Im Inneren war das gotische Rippengewölbe mit Stuckreliefs verkleidet: zwischen Rollwerkornament geradezu verspielt wirkende figürliche Darstellungen allegorischen, auf Vergänglichkeit des Lebens hinweisenden Inhalts. Leider ist diese überaus reizvolle Dekoration ein Opfer des letzten Weltkrieges geworden.

Erhalten geblieben sind aus den beiden genannten Kapellen die Votivbilder mit den Porträts der Stifter und ihrer Familien. Kanzler Distelmeier und seine Frau, mit Söhnen und Töchtern unter dem Gekreuzigten kniend, blicken bitterernst, fast trostlos drein, trotz der Erlösung verheißenden Gebärden der Engel, von denen der eine das Blut Christi in einem Kelch auffängt, »welches vergossen ward für viele zur Vergebung der Sünden«. Rat Kötteritzsch und seine Gemahlin Caritas geborene Distelmeier knien zwischen Mose und Johannes dem Täufer, sind also einbezogen in die Erlösungsdramatik zwischen Gesetz und Evangelium, dabei angetan mit vornehmer Kleidung und Schmuck; Degen und Amtskette als Zeichen weltlicher Ehren sind deutlich sichtbar ins Bild gebracht. Die Porträts der Ehegatten in schon fortgeschrittenem Alter beeindrucken durch Unmittelbarkeit

und Realistik, zu denen die manieristisch verdrehten Haltungen der biblischen Figuren in eigenartigem Kontrast stehen. Als Maler wird ein Martin Schulz namhaft gemacht (Ekhart Berckenhagen), und das Entstehungsjahr 1616 ist an die Stufe des Taufgeheges auf der Darstellung des Kircheninneren von St. Nikolai im Hintergrund gemalt.
Dieses Bild vom Innenraum der Nikolaikirche aus dem Jahre 1616 ist eine »bis in alle Einzelheiten treue Wiedergabe seiner damaligen Beschaffenheit und Ausstattung, der wir geradezu urkundlichen Wert beimessen dürfen« (Richard Borrmann). Es kommt hinzu, daß die Kirche in voller Aktion dargestellt ist, und es liegt nahe, in den liturgischen Handlungen Stationen des Lebensweges der Eheleute Kötteritzsch zu sehen. Im Vordergrund vollzieht sich eine Taufe an dem 1563 von einem Stephan Lichtenhagen aus Schneeberg und seinem Gesellen Paul Hermann verfertigten zinnernen Becken; es diente seinem Zweck noch bis in dieses Jahrhundert und fiel erst der Vernichtung 1945 zum Opfer. Links im Bild scheint ein Beichtvater auf reuige Gemeindeglieder zu warten, oder handelt es sich bei dem Gehäuse um einen emporenartigen Einbau, eine Stube oder ein vom Gemeinderaum getrenntes Gestühl für eine vornehme Familie, für die Kötteritzschs selbst? Die Gemeinde lauscht im Kastengestühl, das um die Schiffspfeiler angeordnet ist, dem Prediger auf der Kanzel. Am kleinen Altar vor dem Choreingang spendet ein Geistlicher das Abendmahl. Über dem Durchgang zum Chor trägt eine Brüstung mit zwölf Figurenfeldern, wohl ein Apostelbalken, die spätgotische Triumphkreuzgruppe; in der Marienkirche zu Bernau ist ein ähnliches Interieur noch heute zu sehen. Im Chor möchte man den mittelalterlichen Hochaltar und das Sakramentshaus erblicken. Die Fenster sind farblos verglast, aber im unteren Teil mit figürlich bemalten Scheiben ausgestattet. An der südlichen Seitenschiffwand erkennt man die Distelmeiersche Kapelle, daneben die der Straubes, die damals eine ganz ähnliche Renaissanceverkleidung besaß, und am rechten Bildrand die Kapelle der Kötteritzschs mit dem schon zu barocker Fülle neigenden Dekor in vergoldeter Pracht. Emporen, die später umlaufend die Seitenschiffe füllten und den Raum einengten und verdunkelten, gab es noch nicht, die Wände aber waren übertüncht und besaßen – wohl seit 1613 – nicht mehr ihre mittelalterliche Farbigkeit.

Religionsstreit im 17. Jahrhundert

Vielleicht verdanken wir die Ausführlichkeit dieser Darstellung eines lutherisch geführten Gotteshauses nicht nur der zeitgenössischen Lust zu genrehaften Bildern von Kircheninterieurs, vielleicht meinte sie 1616 bereits ein konfessionelles Programm. 1613 hatte Kurfürst Johann Sigismund den Schritt vom Luthertum zum reformierten Bekenntnis getan, wohl in erster Linie aus Gründen politischer Zielstellungen im Jülich-Klevischen Erbfolgekrieg, der 1614 mit dem Erwerb von Kleve, der Mark Ravensberg und Ravenstein den Besitz der Hohenzollern am unteren Rhein begründete. Der Konfessionswechsel des Kurfürsten rief aber den Widerstand der ihm untertanen orthodox-lutherischen Geistlichkeit hervor, und dieser hingen auch die Magistrate und die Bürgerschaft von Berlin und Cölln an. Der Landesherr mußte auf die Durchsetzung der Formel »cuius regio, eius religio« in Stadt und Land verzichten. Nur der Hof stand unter calvinistischem Einfluß, und in der Hofkirche, dem alten Dom, wirkte sich das auch bald aus. 1615 wurde die prachtvolle Ausstattung aus der Zeit Joachims II. vernichtet; kaum glaublich, daß die wertvollen Kunstwerke, Bilder und Figuren, von denen die zwölf Apostel in Silber getrieben waren, in die Spree geworfen worden sind, wie es die zeitgenössischen Berichte behaupten. Der Bildersturm der Reformierten hat Aufruhr unter den Bürgern hervorgerufen, die seit 1608, als der Dom zur Oberpfarrkirche von Cölln, nun der Heiligen Dreifaltigkeit geweiht, erklärt worden war, das Gotteshaus und seine Einrichtung als zu ihrer Gemeinde gehörig betrachten mußten. Vor diesem Hintergrund könnte man die Darstellung des Kircheninneren von St. Nikolai als Demonstration des Willens verstehen, den lutherischen Kultus mit allem seinem Zubehör, auch den Bildern, zu verteidigen. Das weiße Chorhemd, das die Geistlichen über dem Talar bei ihren zahlreichen Amtshandlungen auf dem Kötteritzschen Gedächtnisbild tragen, würde mit zu dieser Aussage gehören.
Der Übertritt des Kurfürsten zum bislang in der Mark Brandenburg radikal bekämpften reformierten Bekenntnis brachte Unfrieden in das kirchliche Leben der Stadt. Aufforderungen zu Toleranz und Ausgleich waren bei der Pfarrgeistlichkeit vergeblich, obwohl Johann Sigismund dem Luthertum seinen uneingeschränkten Beistand zusicherte und sogar darauf verzichtete, dort, wo ihm das Recht dazu zustand, Prediger seiner Konfession und damit seiner Gunst einzusetzen; sein Sohn Friedrich Wilhelm und die kurfürstlichen Räte hielten sich weniger an diese Vereinbarungen, zu denen auch Johann Sigismund erklärt hatte, sie nur in der Hoffnung auf bessere Einsicht bei den Lutheranern getroffen zu haben. Im Einflußbereich des Hofes herrschten jedenfalls jetzt die Calvinisten. Die Universität in Frankfurt und das Gymnasium in Joachimsthal wurden zu Bildungsstätten für reformierte Theologen. Das Ergebnis dieser Vorgänge war ein konfessionell gespaltener Territorialstaat, neu in der deutschen Geschichte nach der Reformation und mit den Möglichkeiten zur Toleranz eigentlich die Voraussetzung für den weltanschaulichen Pluralismus als eine der Grundlagen, auf denen sich die Staatswesen des aufgeklärten Absolutismus aufbauen konnten.

Um die Zahl der Reformierten gegenüber den Lutheranern zu steigern, auch um dem nach dem Dreißigjährigen Krieg darniederliegenden Land wieder aufzuhelfen, rief Kurfürst Friedrich Wilhelm Ausländer, vor allem Niederländer, in die Mark. 1661 und, in größerem Maße, nach dem am 29. November 1685 erlassenen Edikt von Potsdam öffnete er den in Frankreich verfolgten Hugenotten die Mark. Allmählich bildete sich die Idee eines evangelischen Kirchenfriedens im Sinne einer Union der Protestanten heraus. Das Berliner Religionsgespräch von 1662 und das 1664 zur Wahrung und Hebung der Toleranz erhobene Verbot konfessioneller Polemik sollten bereits dem angestrebten Ziel eines Religions- und Profanfriedens dienen. Die orthodox-lutherische Geistlichkeit wollte sich jedoch nur zu einer politischen, nicht aber zu einer kirchlich-theologischen Toleranz bereitfinden. In den sechziger Jahren des 17. Jh. war Paul Gerhardt, seit 1657 wieder in Berlin als Diakon an St. Nikolai, Exponent der lutherischen Opposition. Zusammen mit den Pröpsten Lilie von St. Nikolai und Fromm von St. Petri weigerte er sich, das Edikt vom 16. September 1664 zu unterschreiben. Sie wurden ihrer Ämter 1666 enthoben, das Angebot zur Rückkehr lehnte Paul Gerhardt ab; er verließ 1669 Berlin und wirkte bis zu seinem Tode 1676 als Archidiakon in Lübben. Durch die Amtsenthebungen hatte der Kurfürst die Lutheraner gleichsam zur Toleranz gezwungen. In der Mark Brandenburg gaben sie zumindest den offenen Widerstand auf. Damit war der Boden bereitet für die Integration der französischen Réfugiés, die nach der Aufhebung des Edikts von Nantes, auf die das Edikt von Potsdam eine Antwort war, ins Land strömten.

Solange die Reformierten in der Minderzahl blieben, diente die Hof- und Domkirche als ihre Pfarrkirche, seit 1632 war sie durch kurfürstlichen Erlaß dazu bestimmt. Erst 1687 konnte eine reformierte Gemeinde ein neues Gotteshaus beziehen, und zwar nicht in Berlin oder Cölln, sondern in der westlich der Spreeinsel und des Schlosses entstandenen Dorotheenstadt, einem Stadtteil, der zu den Erweiterungen gehörte, die Berlin in einer Zeit beginnenden Aufschwungs nach dem Westfälischen Frieden erfuhr.

Neue Kirchen im Zeitalter des Barocks

Stadterweiterungen

Kurfürst Friedrich Wilhelm, der seit 1640 regierte und den man nach seinem Sieg über die Schweden in der Schlacht bei Fehrbellin 1675 den Großen Kurfürsten zu nennen begann, legte den Grund für den Ausbau Berlins zur barocken Residenzstadt, in deren Schatten die mittelalterliche Bürgerstadt bald verblaßte. Die im Dreißigjährigen Krieg arg mitgenommenen Städte Berlin und Cölln wurden zwar instand gesetzt und seit 1658 mit einem modernen Festungsgürtel außerhalb der alten Stadtmauer umschlossen, aber diese unter der Bauleitung des Festungsingenieurs Johann Gregor Memhardt begonnene und unter dem Oberbefehl des Feldmarschalls Otto Christoph von Sparr bis 1686 fertiggestellte Befestigung nahm bereits einen neuen Stadtteil westlich von Cölln am linken Spreeufer, den Friedrichswerder, in sich auf. Eigentlich war Friedrichswerder eine dritte Stadt, denn die seit 1658 unter Aufsicht des gleichen Johann Gregor Memhardt angelegte neue Bebauung erhielt 1662 Stadtrecht. Und in gleicher Weise verfuhr man mit den weiteren westlich der Festungswälle und Bastionen neu errichteten Stadtteilen oder Neustädten, der 1668 begonnenen Dorotheenstadt – sie wurde 1674 zur Stadt erhoben – und der Friedrichstadt, die bereits eine Gründung des Kurfürsten Friedrich III. aus dem Jahre 1688 war und 1692 ihr Stadtrecht erhielt. Die Vorstädte westlich der alten Stadt lagen auf landesherrlichem Grund und konnten deshalb zu selbständigen Städten werden, auch kam ihnen für den Aufbau die Protektion des Kurfürsten zugute. Erst 1709 wurden die insgesamt fünf Städte zu einer nunmehr königlichen Residenzstadt mit dem Namen Berlin vereint. Kurfürst Friedrich III. hatte sich 1701 zum König in Preußen krönen lassen, man nannte ihn seitdem Friedrich I.

Zur Dorotheenstadt gehört die Straße Unter den Linden, einst ein Reitweg zwischen Schloß und Tiergarten, den Kurfürst Friedrich Wilhelm 1647 befestigen und mit Linden in sechs Reihen bepflanzen ließ. Aus ihm wurde im 18. Jh. die Pracht- und Repräsentationsstraße der Residenz- und Hauptstadt. Sie findet ihren Abschluß durch das Brandenburger Tor, einem architekturgeschichtlichen Wahrzeichen Berlins. Es erinnert gleichzeitig an die Zoll- oder Akzisemauer, die

4. Ausschnitt aus dem perspektivischen Stadtplan von Johann Bernhard Schultz, veröffentlicht 1688

1732/34 unter dem Soldatenkönig Friedrich Wilhelm I. um die Stadterweiterungen gezogen worden war, zu denen sich inzwischen weitere außerhalb des schon bedeutungslos gewordenen Festungsgürtels gesellt hatten, die Spandauer Vorstadt, die Königstadt und die Stralauer Vorstadt rechtsseitig der Spree an Berlin sowie die Köpenicker Vorstadt linksseitig der Spree an Cölln grenzend. Die Akzisemauer bestand bis 1867/69. Sie umfaßte zunächst auch auf längere Zeit noch unbebautes Gelände. Über ihre Grenzen wuchs die Stadt erst seit Anfang des 19. Jh. hinaus. Heute erinnern nur mehr Ortsbezeichnungen an sie, wie etwa das Oranienburger oder das Frankfurter Tor.

Die Gemeinden der Neustädte setzten sich aus Lutherischen und Reformierten zusammen. Größeren Anteil hatten – verstärkt seit 1685 – französische Kolonisten. Es kam zur Bildung deutscher und französischer Gemeinden. Auf dem Friedrichswerder lebten 1697 ungefähr 700 Hugenotten. Doch weder die Deutschen noch die Franzosen hatten zu dieser Zeit eine neue Kirche. Erst 1701 wurde der von Martin Grünberg und Giovanni Simonetti dafür umgebaute und in zwei Hälften geteilte Lange Stall als Kirche für beide Gemeinden eingeweiht. Vorher hielten die Deutschen, lutherische und reformierte, Gottesdienst im Rathaus auf dem Werderschen Markt. Die Franzosen besuchten seit 1682 die Schloßkapelle und den Dom, seit 1688 auch die Dorotheenstädtische Kirche, die 1678/87 als erste Kirche in den Neustädten und überhaupt als erster Kirchenneubau nach dem Mittelalter in Berlin errichtet worden war und die 1688 durch kurfürstliche Order den Franzosen zur Mitbenutzung, 1698 sogar zum Mitbesitz übertragen wurde. Es war typisch für die kirchengeschichtliche Situation nach dem Ausgang der Religionsstreitigkeiten in Berlin, daß die neuen Kirchen simultan lutherischen und reformierten, bisweilen auch französischen Gemeinden dienen mußten, letzteren zumindest so lange, bis es ihnen gelang, eigene Gottesdienststätten durchzusetzen.

Die Bauausführung der Dorotheenstädtischen Kirche lag in den Händen von Michael Matthias Smids, die Pläne schreibt man Rutger von Langervelt zu. Beide waren Niederländer, die zu den Künstlern und Architekten gehörten, die Kurfürst Friedrich Wilhelm – seine erste Gemahlin Luise Henriette war die Tochter des Statthalters der Niederlande, des Prinzen Friedrich Heinrich von Nassau-Oranien – zum Aufbau seiner Residenz seit den vierziger Jahren des 17. Jh. nach Berlin hatte holen lassen. So standen Architektur und bildende Kunst in der Zeit des Großen Kurfürsten nahezu ausschließlich unter holländischem Einfluß. Johann Gregor Memhardt, der Baumeister der Berliner Festung und Autor des ältesten Stadtplans der Residenzstädte Berlin und Cölln, ist zwar als Sohn protestantischer Eltern 1607 in Lienz an der Drau in Österreich geboren, mußte aber mit seiner Familie nach den Niederlanden emigrieren und erhielt dort seine Ausbildung. Seit 1641 war er fest angestellter kurfürstlicher Ingenieur und seit 1650 in Berlin ansässig. 1669 übte er das Amt eines Bürgermeisters in Friedrichswerder aus, wo er sich auch sein Haus gebaut hatte. Als Kirchenbaumeister finden wir Memhardt nicht, wohl aber wird man in ihm nicht nur den Festungsingenieur, sondern auch einen Städteplaner sehen können. Michael Matthias Smids hat von Memhardt begonnene Werke nach dessen Tod 1678 fortgesetzt, darunter die Schloßbauten in Oranienburg und Potsdam, und 1666 den Aufsatz des Marienkirchturms neu gebaut, nachdem der spitze spätmittelalterliche Helm 1661 durch einen Blitz zerstört worden war. Die Fama sagt, Feldmarschall Sparr habe den brennenden Turmhelm mit Kanonen herunterschießen lassen, um zu verhindern, daß weiterer Schaden entsteht. Das Grabmal des erst 1668 verstorbenen Sparr im Chor der Marienkirche war übrigens schon 1663 in den Niederlanden, bei dem Bildhauer Artus Quellinus d. Ä. in Amsterdam, in Auftrag gegeben worden.

Zentralbauten

Auch die Kirchenbaukunst, die im ausgehenden 17. Jh. in der Mark Brandenburg wieder aufzuleben begann, bezog ihre Anregungen anfänglich aus den Niederlanden. Der Erstbau der Dorotheenstädtischen Kirche zeigte das sehr deutlich. Nach alten Ansichten und Beschreibungen war sie ein kreuzförmiger Zentralbau mit niedrigen Anbauten in den Ecken, wohl für die Treppen, die zu Emporen in den rechtwinkligen Kreuzarmen führten; der Altarraum hatte einen polygonalen Schluß. Diese Absetzung und Hervorhebung des Altarraumes von dem zentralen Raumteil um die Kanzel gilt eigentlich als ein Kennzeichen des protestantischen Kirchenbaues bei lutherischer Liturgie, während die Reformierten eines besonderen Raumes für die Spendung der Sakramente nicht bedurften. Kräftige Pfeiler sollen im Inneren ein schweres Gewölbe getragen haben, schreibt Friedrich Reinhard Stechow. Das Äußere war schmucklos bis auf Lisenenbänder an Kanten und Ecken. Die Fenster waren rundbogig und sollen Maßwerkteilung gehabt haben (Richard Borrmann). Ein Dachreiter saß über dem Kreuzungspunkt der Satteldächer. Friedrich Nicolai schreibt den Bauentwurf Rutger von Langervelt zu, der 1695 in der Dorotheenstädtischen Kirche beigesetzt worden war.

Stilistisch verwandt sind auf märkischem Boden die 1667/69 auch von einem Niederländer, von Cornelis Ryckwaert, erbaute ehemalige Guts- und Dorfkirche in Lindenberg bei Beeskow und die von Anton Reinhardt 1673/96 errichtete Stadtkirche in Neustadt an der Dosse. Als Vorbild für die Zentralform der in Rede stehenden Kirchengebäude werden immer wieder die Kirchen von Hendrik de Keyser oder

Hendrik Staets in Amsterdam genannt, was jedoch nur ganz allgemeine Gültigkeit beanspruchen kann, allerdings in dem Sinne, daß für die ersten protestantischen Kirchen nach dem Dreißigjährigen Krieg auch in der Mark Brandenburg und in Berlin die Zentralbauidee bestimmend war.

Den Grundriß eines Kreuzes erhielten in den Jahren um 1700 zwei weitere Kirchen, die Luisenstädtische Kirche von 1694/95 und die Garnisonkirche von 1701/03; beide sind auch, weil die Kreuzform nicht mehr ganz der griechischen entsprach, als Kreuzquerhauskirchen bezeichnet worden (Arthur Werner). Die erstere gehörte zu den Vorstadtkirchen, die, vor den Toren und der Befestigung gelegen, aus Fachwerk bestehen konnten oder mußten, denn die Bauordnungen für die Errichtung von Gebäuden außerhalb der Festungsanlagen schrieben Holz als Baustoff vor: sie sollten im Falle einer Belagerung schnell niedergebrannt werden können, um dem Feind vor den Mauern keinen Schutz zu bieten. So wurde auch die erste Kirche vor dem Köpenicker Tor für die am 2. Juli 1694 von St. Petri in Cölln abgetrennte Gemeinde der Cöllnischen Vorstadt ein Fachwerkbau. Sie erhielt den Namen Sebastiankirche, nicht nach dem Heiligen, sondern nach dem Ratsherrn Sebastian Nethe, der dem Bau Förderung zuteil werden ließ. Der Turmknopf konnte am 13. März 1695, ein halbes Jahr nach der Grundsteinlegung, aufgesetzt werden. In ihm fanden sich außer den üblichen Nachrichten auch eine Urkunde und eine Zeichnung mit Grundriß und Ansicht der Kirche, die Martin Grünberg als Baumeister nennen. Der aus Ostpreußen gebürtige Grünberg war mit 22 Jahren 1678 in Potsdam als Bauschreiber angestellt worden und erst allmählich ins praktische Bauwesen hineingewachsen. 1682/84 war er auf Reisen, sicher in Italien, nicht nachweisbar, aber vermutet, in Frankreich und in den Niederlanden. Auf jeden Fall war er mit den Holländern in Potsdam und Berlin in Berührung gekommen, und in seinen Bauten, den Kirchen vor allem, ist deren Einfluß deutlich spürbar. Auch die Sebastiankirche in der erst seit 1802 so genannten Luisenstadt zeigte ihn. Sie hatte rechtwinklige Kreuzarme, auf die Absonderung des Altarraumes wie an der Dorotheenstädtischen Kirche war verzichtet worden. Die Anordnung des Gestühls ließ eine Tendenz zum Querraum erkennen, an dessen Langseite der Altar und die Kanzel in einer Achse Aufstellung gefunden hatten. Wenn in der Folgezeit die Kreuzbauten aus dem berlinischen Kirchbaugeschehen verschwanden und reinen Quersaalbauten der Vorzug gegeben wurde, so dürfte die Dominanz reformierter Gottesdienstgebräuche dafür den Ausschlag gegeben haben. Es ist darin auch eine Kompromißgestalt gesehen worden, die wegen ihrer architektonischen und künstlerischen Neutralität – daher rührt das Zweckhaft-Profane ihrer Erscheinung – keiner der beiden Konfessionen Anlaß zur Kritik an den Gewohnheiten der anderen im Hinblick auf ihr Verhältnis zu den Künsten im Dienste der Religion gegeben hätte. Martin Grünberg hat einen solchen Quersaal zum ersten Mal in der Friedrichswerderschen Kirche, in dem für Lutherische wie Reformierte der deutschen Gemeinde bestimmten Teil des dazu umgebauten Langen Stalles, realisiert. Als die Sebastiankirche Mitte des 18. Jh. baufällig geworden war und ein Neubau anstand, erhielt er durch Christian August Naumann und Johann Andreas Büring ebenfalls die Gestalt eines Quersaales.

Eine betonte Hauptschauseite hatte die erste Kirche für die damalige Cöllnische und Köpenicker Vorstadt nicht. Das Fachwerk stand auf massivem Sockel und war bis auf die senkrechten Stiele »mit einem halben Stein verblendet«, wodurch eine Vertikalgliederung hervorgerufen wurde, durch hohe, mit einem Bogen geschlossene Fenster unterstützt. Weiter sagt die alte Beschreibung aus: »Inwendig war die Decke mit Brettern geschalt, auch nebst allen Wänden gerohrt und gegipst (was besagen will: mit Stuck verkleidet). Sämtliche Logen, Stühle und Chöre (das sind die Emporen) waren mit weißer Oelfarbe angestrichen und mit blaulichten Adern marmoriert. In denen Füllungen der Chöre waren auf blauem Grunde mit vergoldeten Buchstaben Biblische Sprüche gemahlet. In der Kirche waren 2 Haupt-Treppen zu denen Chören, eine desgleichen aber zu Ersparung des Platzes von außen in einem Winkel angebracht.« Man kann sich danach ein recht plastisches und auch farbiges Bild von der Innengestalt einer dieser Kirchen machen, die am Ende des 17. Jh. doch so etwas wie ein protestantisches Kirchenbauprogramm verwirklichten.

Der Grundstein zur ersten eigenen Kirche für das Militär in Berlin wurde am 24. September 1701 durch den damaligen Kronprinzen Friedrich Wilhelm, den nachmaligen Soldatenkönig, gelegt. Ihr Platz war auf der Bastion XII des Festungswerkes, dem Spandauischen oder Uffelschen Bollwerk. Die Einweihung fand am 1. Januar 1703 statt. Bis dahin hatte die Berliner Garnison ihre Gottesdienste in der Heilig-Geist-Kapelle gehalten.

Baumeister war wieder Martin Grünberg, und die Bilder, die vom Erstbau der Garnisonkirche überliefert sind, gleichen denen von der Luisenstädtischen Kirche zum Verwechseln: ein allerdings massiver und nicht hölzerner Bau auf dem Grundriß eines griechischen Kreuzes, die rechtwinkligen Flügel mit je drei Fensterachsen, über dem Schnittpunkt der Walmdächer ein Dachreiter, an der Ostseite ein quadratischer Anbau zur Aufnahme einer Treppe und vielleicht als Unterbau für einen Turm gedacht. Das Dachtürmchen jedenfalls sollte nicht Glockenträger sein, berichtet Johann Christoph Beckmann, »weil die Zeit des Gottesdienstes anfangs durch den Trommelschlag angedeutet wurde«. Und um den militärischen Formationen, die geschlossen an- und abrückten, gerecht zu werden, hatte die Kirche insgesamt elf

Portale erhalten, womit auch spätere Garnisonkirchen ausgestattet wurden. »Der äußerlichen Beschaffenheit nach war sie von gebakkenen steinen ohne strebepfeiler nach der neuen gothischen bauart aufgeführet«, schreibt Beckmann ebenfalls in seiner um 1750 verfaßten handschriftlichen Chronik von Berlin, was hinsichtlich der Anwendung des Stilbegriffs etwas überrascht. Sollte der Bau nicht verputzt gewesen sein, könnte das sichtbare Backsteinmauerwerk den Vergleich mit mittelalterlich gotischen Bauwerken in der Stadt herausgefordert haben; oder haben die hohen schlanken Fenster mit Schlußsteinen im Bogenscheitel dazu Anlaß gegeben (Günther Schiedlausky)?
1720 hat die Explosion des mit Munition gefüllten Mauerturmes vom ehemaligen Spandauer Tor den Grünbergschen Bau zerstört. Die neue Garnisonkirche, nun unter der Protektion Friedrich Wilhelms I. als König, bekam 1721/22 nach dem Entwurf von Philipp Gerlach nicht wieder kreuzförmige Gestalt, sondern die eines Quersaales.
Die erste Garnisonkirche ist der letzte in Berlin errichtete Kreuzbau gewesen. Martin Grünberg, dem 1695 nach dem Tode Arnold Nerings die Oberaufsicht über die kurfürstlichen Schloßbauten übertragen worden war, der aber das Amt des Hofbaumeisters 1698 niederlegte und sich mit dem eines Baudirektors in den Städten und auf dem Lande begnügte – vielleicht, weil sein niederländisch beeinflußter Stil dem in Mode kommenden französischen Barock am Hofe widersprach –, starb im Oktober 1706, und mit ihm scheint auch die Zeit des kreuzförmigen Zentralbaues zu Ende gegangen zu sein. Wenig später hat Leonhard Christoph Sturm sein Verdikt über die »Creutz-Figur« veröffentlicht und einem Grundriß in T-Form, eigentlich also dem Quersaal, vorteilhaftere Eigenschaften für den protestantischen Gottesdienst zugeschrieben. Kein Wunder, wenn die beschädigten oder baufälligen Kreuzkirchen nicht einfach repariert, sondern nach dem empfohlenen Muster neu gebaut wurden. Und man kann von Glück sagen, daß der Parochialkirche kein ähnliches Schicksal widerfahren und so einer der schönsten Zentralbauten auf kreuzförmigem Grundriß in Berlin erhalten geblieben ist.

Die Parochialkirche

Das Anwachsen der reformierten Gemeinden in Berlin und Cölln im Verlauf des 17. Jh. warf auch hier das Problem einer eigenen Gottesdienststätte auf. Konnte man in den neuen Städten und Vorstädten mit der Institution von Simultankirchen für Lutherische und Reformierte eine gottesdienstliche Heimat schaffen, so scheint dasselbe Prinzip in die alten Pfarrkirchen nicht eingezogen zu sein. Für die Reformierten in Cölln wurde 1632 die Hof- und Domkirche offiziell zur Verfügung gestellt, in Berlin aber fehlte eine entsprechende Nutzungsmöglichkeit am Ende des Jahrhunderts noch immer. Deshalb bemühten sich reformierte Gemeindeglieder um ein Grundstück für eine eigene Kirche, und mit kurfürstlicher Genehmigung erwarben sie 1694 das ehemalige Kunckelsche Anwesen zwischen Kloster- und Waisenstraße. Am 15. August wurde feierlich und unter Anteilnahme des Hofes der Grundstein gelegt.
Der Plan für die neue Kirche war bei Johann Arnold Nering in Auftrag gegeben worden, der seit 1691 das Amt eines Kurfürstlich Brandenburgischen Oberbaudirektors bekleidete und dem damals das gesamte Bauwesen des Staates unterstand. Der 1659 in Wesel geborene Nering war ein niederländisch geschulter Baumeister und Ingenieur, der, in Berlin 1675 erstmals genannt, zunächst aus der Zusammenarbeit mit Michael Matthias Smids bekannt geworden ist. Wie dieser hat er an den von Memhardt begonnenen Schloßbauten in Oranienburg, Potsdam und auch in Berlin mitgewirkt, später aber selbständig deren Gestalt entscheidend bestimmt. Er hat zahlreiche Nutzbauten, auch die Lange Brücke, entworfen und die Bebauung der Friedrichstadt geleitet. Er hat in Köpenick 1682/84 die Kapelle für das durch Rutger von Langervelt ab 1677 neu gebaute Jagdschloß geschaffen, und dieser Sakralbau ist das einzige Werk des wohl bedeutendsten Architekten in Berlin vor Andreas Schlüter, das unverändert überkommen ist. Gerade aber die Köpenicker Schloßkapelle zeigt, besonders im Inneren, wo ein geradezu römischer Klassizismus in den überaus reichen Stuckdekorationen vorherrscht, daß Nering trotz der niederländischen Lehre sich italienischen Einflüssen geöffnet hatte, wohl auf einer Reise, die für die Jahre 1677 bis 1679 zu vermuten ist.
Italienisch beeinflußt war auch Nerings Entwurf für die Parochialkirche. Die kreuzförmige Vierkonchenanlage, bei der die Exedren innen halbkreisförmig, außen polygonal geschlossen sind, stellt nicht nur die Reduktion eines niederländischen Bautyps dar, wie er durch die Neue Kirche im Haag von 1649/56 vertreten wird, sondern ist ebenso italienischen Zentralbauten der Renaissance verpflichtet. Mit vollem Recht ist auf Bramantes Kirche Santa Maria della consolazione in Todi hingewiesen worden (Richard Borrmann). Ursprünglich sollten die Konchen Kuppeldächer erhalten und in der Mitte von einem Dachturm bekrönt werden, der eher an Schöpfungen Berninis oder Borrominis als an die eines Niederländers erinnert hätte. An den Polygonecken der Konchen sollten korinthische Säulen stehen mit verkröpftem Gesims und einer hohen, in Felder geteilten Attika darüber, letzteres der Außengliederung in Köpenick nicht unähnlich wie auch die hohen rundbogigen Fenster.
Nering starb zwei Monate nach der Grundsteinlegung. Martin Grünberg übernahm die Bauleitung. Am 27. September 1698 stürzte der mittlere und östliche Teil der schon unter Dach gebrachten Kirche ein, angeblich, weil der Hofmaurermeister

5. Turm der Parochialkirche
vor der Zerstörung (1945)

Leonhard Braun entgegen Nerings Absicht, den Mittelturm nur mit einer hölzernen Kuppel zu decken, die Ausführung einer Massivwölbung durchgesetzt habe. Braun wurde verurteilt, den Schaden auf eigene Kosten zu beheben. Angeblich wurde der Bauplan erst jetzt geändert. Es spricht jedoch einiges dafür, daß Grünberg schon nach Übernahme der Bauleitung 1696 der Bauausführung eigene Pläne zugrunde gelegt hat (Günther Schiedlausky). Nach dem Einsturz hat auch Andreas Schlüter Beratung und Entwürfe beigesteuert, der Entscheid fiel aber erneut auf Grünbergs Projekt. Anstelle der Säulen an den Polygonecken wurden Strebepfeiler errichtet, die dem Architekturbild tatsächlich einen gotischen Einschlag geben. Das verkröpfte Hauptgesims und die entsprechende plastische Gliederung der

Attika entfielen. Aus den Kuppeldächern wurden polygonal abgewalmte Satteldächer, ihr Schnittpunkt blieb ohne Turm. Statt dessen war ein Turm, zweigeschossig und mit Volutenhaube, dem Augenschein nach eigentlich eine Adaption des Neringschen Zentralturmes, über der straßenseitigen Vorhalle geplant, die an die Stelle eines ursprünglich vorgesehenen Portikus getreten war. So ist die Parochialkirche – ihre Einweihung fand 1703 statt, eine Inschrift an der Eingangsseite nennt jedoch 1705 als das Jahr der Vollendung – mehr zu einem Werk Martin Grünbergs geworden, wenn auch die Idee der Schöpfung immer mit dem Namen Nerings verbunden bleiben wird. Grünberg hat von ihr sichtbarlich gezehrt, als er den Plan für die Neue Kirche in der Friedrichstadt entwarf. Ihm vorzuwerfen, er hätte Nerings Werk die Größe geraubt, wäre ungerecht. Er hat, ein Realist gegenüber den gegebenen Verhältnissen, das Machbare geleistet.
Die Anordnung der Eingangsfront mit dem Turm in der äußeren Krümmung des Straßenverlaufs war städtebaulich zweifellos günstiger als ein Turm über der Mitte des Bauwerkes. Die kräftig-plastischen Formen der mit Kolossalsäulen und -pilastern gegliederten Fassade, deren charaktervolle Monumentalität den gleichzeitigen Bauten des Hofes nicht nachstand, gehören zur besten Berliner Barockarchitektur der Zeit um 1700. Den Turmbau selbst erlebte Grünberg nicht mehr, und er folgte auch nicht seinem Entwurf. Das dritte, nur aus Ecksäulenstellungen bestehende Laternengeschoß trat zu seinem Entwurf hinzu, als König Friedrich Wilhelm I. 1713 der Kirche das Glockenspiel schenkte, das für den 1706 eingestürzten Münzturm bestimmt war, und auch die krönende obeliskartige Spitze – wie die Laterne aus Eichenholz bestehend und mit Kupfer beschlagen – war erst eine Kreation von 1713. Der neue Turm wies große Verwandtschaft mit den Entwürfen auf, die Jean de Bodt 1712 für einen neuen Dom angefertigt hatte, so daß man in ihm auch den Urheber des Modells sieht, das im Gemeindebüro in der Waisenstraße aufbewahrt wird und dem die Ausführung entsprach. Eine andere Version hält Philipp Gerlach für den Entwerfer, von dem man auch vermutet, daß er die Bauleitung beim Turmbau gehabt hat, letzteres wohl zu Recht, wenn man bedenkt, daß Gerlach, der Nachfolger Grünbergs im Amt des Baudirektors seit 1707, der Turmbaumeister des Soldatenkönigs geworden ist. Das erste Turmgeschoß hatte Grünberg wohl schon angefangen; für den Weiterbau prüften der Maurermeister Braun und der Zimmermeister Kemmeter die Fundamente und befanden sie für gut. Die Bildhauerarbeiten wurden an Johann Georg Glume und Johann Conrad Koch vergeben. 1715 war der Aufbau vollendet. Als die Kirche 1944 ausbrannte, stürzte auch der obere Turmteil ein, so daß heute nur mehr die auf Grünberg zurückgehenden Untergeschosse erhalten sind und gerade der Teil verlorenging, der mit dem Laternengeschoß römische Architekturformen – hingewiesen wurde zum Vergleich auf Carlo Rainaldis Fronttürme von Santa Agnese an der Piazza Navona (Rudolf Herz) – im evangelischen Kirchbau Berlins dokumentiert hat.

Die Kirchen in der Friedrichstadt

Die Grundrisse der Dorotheenstadt und der Friedrichstadt zeichnen sich durch ein regelmäßiges Netz von rechtwinklig zueinander verlaufenden Straßen aus. Zur Nordsüdachse beider Viertel wurde die von der Weidendammer Spreebrücke nördlich der Dorotheenstadt ausgehende Friedrichstraße, die weit im Süden auf einem runden Platz, dem Rondell, endet. Sie ist das Rückgrat der durch Parallel- und Querstraßen gebildeten Karrees, von denen drei zwischen Friedrichstraße und ehemaligem Wall- oder Festungsgraben für den Neuen oder Friedrichstädtischen und späteren Gendarmenmarkt (heute Platz der Akademie) von der Bebauung ausgespart blieben. Von diesem Platz, der im Verlauf von rund hundert Jahren Berliner Architekturgeschichte zu einem der schönsten Plätze Europas geworden ist und der seine im zweiten Weltkrieg zerstörte Gestalt durch die Wiederaufbauleistungen der siebziger und achtziger Jahre unseres Jahrhunderts zurückerhalten hat, wurden im Jahre 1700 der nördliche Teil der französischen und der südliche Teil der deutschen Gemeinde für neue Kirchen angewiesen. Beider Grundsteinlegung erfolgte 1701, die Einweihung der Französischen Kirche fand 1705 statt, die der Neuen oder Friedrichstädtischen Kirche erst 1708. Als Gottesdienststätte in der Friedrichstadt hatte bis dahin eine 1484 gestiftete und damals außerhalb der Stadt Cölln gelegene Wegekapelle gedient, die Jerusalemer Kirche, die nun vom Bebauungsgebiet der Friedrichstadt erfaßt worden war. Sie reichte trotz 1689 und 1695 vorgenommener Umbauten und Erweiterungen für die wachsende Zahl der Einwohner im neuen Stadtteil, darunter in steigendem Maße Hugenotten, nicht aus, und so sah sich der Kurfürst veranlaßt, Baugelände für neue Kirchen zur Verfügung zu stellen.
Baugeschichtlich interessant ist die Vorgeschichte der Bauplatzbestimmung. Zunächst sollten nämlich die Franzosen den südlichen Teil des Platzes, die Stelle eines »Schweitzer Kirchhofs«, erhalten. Die Deutschen aber hatten sich unmittelbar daneben niedergelassen. Doch am 27. April 1700 wurde entschieden, »denselben beyde Quartiere dergestalt anzuweisen, daß das von den Deutschen okkupierte Quartier an der Mitte ledig gelassen und die Deutschen dagegen den sogenannten Schweitzer Kirchhoff, die Franzosen hingegen das nach der Dorotheenstadt zu liegende Quartier bekommen mögen«. In dieser so festgelegten symmetrischen Anordnung zweier Kirchengebäude war ein Bebauungskonzept ent-

6. Gendarmenmarkt, Aufnahme um 1910

halten, das weiterreichende städtebauliche Absichten zu verraten scheint, vielleicht die Durchführung einer neuen Straßenachse (Peter Goralczyk). Die bescheidenen Bauten am Anfang des 18. Jh. machen das weniger glaubhaft, die grandiosen Turmbauten aber mit ihren von Säulenkränzen getragenen Kuppeln, die, 1780 bis 1785 errichtet, die Kirchen zu Domen gemacht haben, lassen erkennen, daß man sich dieser stadtgestalterischen Möglichkeit durchaus bewußt war.

Die beiden Kirchen selbst sind mehr oder weniger Zentralbauten, die französische rechteckig mit halbkreisförmigen Ausbauten an den Schmalseiten, die deutsche ein durch halbkreisförmige Erweiterungen an jeder Seite erweitertes Fünfeck, eine etwas aufwendigere, aber höchst originelle Schöpfung Martin Grünbergs. Baumeister der wesentlich einfacheren Hugenottenkirche war ein Franzose, Jean Louis Cayart. Vorbild soll ihm der Tempel von Charenton gewesen sein, der nach der Aufhebung des Edikts von Nantes im Jahre 1685 zerstört worden war. Ohne diesem Bau direkt zu gleichen, sollte die Berliner Kirche aber gewiß die Erinnerung an ihn wachhalten und Symbol für die Glaubensbeständigkeit der Hugenotten trotz Verfolgung und Exil sein. Die vom Vorbildbau her verbindlichen Emporen im Inneren bedingten zweigeschossige Fensteranordnung in den Umfassungswänden. Eingänge gab es an drei Seiten. Der einzige gestalterische Aufwand am Außenbau bestand in einer Putzquaderung der Risalite, die ursprünglich nur an den Schmalseiten übergiebelt waren. Die heute bedeutend reichere Außengestalt ist erst eine Folge der Erneuerungen von 1905 und 1977/83, die auch das Innere völlig veränderten. Einst bildeten Emporen auf hölzernen Stützen einen gestreckt achteckigen Raum. Altar und Kanzel standen an der nördlichen Schmalseite, das

Gestühl war hufeisenförmig auf die Kanzel ausgerichtet und sparte unmittelbar davor einen durch Schranken abgeteilten Bereich aus, das Parquet für die Kirchenältesten. Eine Orgel stand seit 1753 auf der Empore an der Südseite. In dieser Form der liturgischen Einrichtung widerspiegelte sich am deutlichsten die Bewahrung des Andenkens an die hugenottischen Kirchen in der französischen Heimat. Die in diesem Sinne von Cayart begonnene Kirche vollendete nach dessen Tod sein Landsmann Abraham Quesnay. Eingeweiht wurde die Französische Kirche in der Friedrichstadt am 1. März 1705.

Die Neue oder Friedrichstädtische Kirche für die deutsche Gemeinde auf der anderen Seite des Platzes war zu diesem Zeitpunkt noch im Bau, ihre Einweihung fand erst Ostern 1708 statt. Vielleicht war die längere Bauausführung durch die Kompliziertheit des Entwurfs bedingt, einer der letzten Martin Grünbergs und gewiß sein interessantester, was die angestrebte Raumkomposition anbetrifft. Doch soll davon einiges nicht zustande gekommen sein, etwa die Halbkuppelwölbung der fünf Exedren, die innen halbkreisförmig, nach außen aber als dreiseitiges Polygon in Erscheinung traten: die Decke bestand aus einer flach gewölbten Holzverschalung. Die Gliederung der Außenwände war schlicht, aber kraftvoll. Die Strebepfeiler, eine Notwendigkeit bei der beabsichtigten Wölbung – man erinnert sich an die Parochialkirche –, wurden später als störend empfunden. Originell wirkte das polygonal gebrochene Dach, »von Cammataro, dem Vater, angegeben und ausgeführt, von Kennern als ein Kunstwerk betrachtet« (Freiherr von Zedlitz). Ein geplanter Turm über dem westlichen Eingang ist nie fertiggestellt worden, möglicherweise, weil er zusammen mit der turmlosen Französischen Kirche das gewünschte einheitlich symmetrische Platzbild gestört hätte.

Die Exedren kamen innen räumlich nicht zur Geltung, weil zweigeschossige Emporen sie füllten und so einen fünfseitigen Binnenraum herstellten. Kanzel und Altar waren dem Eingang gegenüber angeordnet. Alles in allem war Martin Grünberg, der entwerfende Baumeister – die »Errichtung lag in der Direction des Hr. Joh. Simonetti Hoff Stuccator« –, noch stärker dem Zentralbaugedanken niederländischer Herkunft gefolgt, während die Franzosen mehr zum rechteckigen Saal tendierten, einer Form, die mit ihrer schlichten Art im Kirchenbau Berlins und der Mark Brandenburg vor allem unter der Regierung des sparsamen und dem reinen Zweck zugewandten Friedrich Wilhelm I. Schule machte. 1881/82 erfuhr die nun schon lange Deutsche Kirche genannte Predigtstätte einen als Restaurierung verstandenen Umbau, der ihren ursprünglichen Charakter jedoch gänzlich veränderte.

Die Friedrichstadt wurde unter Friedrich Wilhelm I. in ihrer endgültigen Ausdehnung 1732/34 durch den Verlauf der Akzisemauer festgelegt, dabei die schon vorhandenen Straßen entsprechend verlängert und neue, wie die Wilhelmstraße (die heutige Otto-Grotewohl-Straße), angelegt. Zur neuen Ost-West-Achse avancierte die von Cölln herkommende Leipziger Straße, die über die als ursprüngliche Westgrenze der Friedrichstadt vorgesehene Mauerstraße hinwegging und am Oktogon, dem Leipziger Platz, unmittelbar vor dem Tiergarten endete. Auf den platzartigen Erweiterungen, die beim Zusammenstoß der geradlinigen Parallelstraßen mit der im Bogen geführten Mauerstraße sich gebildet hatten, wurden um 1735 bis 1740 beiderseits der Leipziger Straße zwei Kirchen gebaut, südlich die Böhmische oder Bethlehemskirche, 1735/37 nach einem Entwurf des Bauinspektors Friedrich Wilhelm Dieterichs vom Hofmaurermeister Christian August Naumann dem Vater und dem Zimmermeister Johann Andreas Büring ausgeführt, nördlich die Dreifaltigkeitskirche, 1737/39 nach einem angeblich nicht ganz selbständigen Entwurf des 1737 aus Rotterdam an die Stelle von Philipp Gerlach als Oberbaudirektor nach Berlin berufenen Titus Favre, erbaut ebenfalls von Naumann d. Ä. Beide Kirchen waren von rundem Grundriß und besaßen eine große Kuppel, nur die Böhmische Kirche hatte ein vorgerücktes Portal; so lautet schon Friedrich Nicolais Beschreibung. »In letzterer haben die lutherischen und reformierten Böhmen ihren Gottesdienst sowohl in böhmischer als auch in deutscher Sprache.« 1829 wurde zum letzten Mal tschechisch gepredigt. Die böhmischen Emigranten hatten sich nach 1730 mit königlicher Genehmigung in der südlichen Friedrichstadt niedergelassen, den Namen für ihre Kirche wählten sie wohl in Erinnerung an die Bethlehemskapelle der Hussiten in Prag. – An der Dreifaltigkeitskirche war Friedrich Schleiermacher als Prediger angestellt, von 1809 bis zu seinem Tode 1834.

Beide Kirchen sind im zweiten Weltkrieg schwer beschädigt und später, 1947 und 1963, abgetragen worden. Gestalterisch bestand zwischen ihnen eine ähnliche Korrespondenz wie zwischen den Kirchen auf dem Friedrichstädtischen Markt. Die glockenartig steilen und ziegelgedeckten Kuppeldächer mit krönenden Laternen antworteten sich über die Straßenräume hinweg. Und doch zeigte sich jede von ihnen mit eigenem Charakter. Die Böhmische Kirche besaß Kreuzarme, die sich nach außen bis auf die halbrund geschlossene Altarnische als pilastergegliederte Portiken darboten und tatsächlich die Eingänge enthielten; der westliche mit dem Haupteingang trug einen Giebel. Sonst bestand die Wandgliederung aus Pilastern und flachen Putzspiegeln um niedrige Flachbogenfenster in der Sockelzone und hohe Rundbogenfenster darüber. Soweit hielt sich Dieterichs Entwurf beinahe noch in der Nachfolge Martin Grünbergs. Das Gestaltbestimmende aber war die Anhebung des Kuppeldaches über die Kreuzarme durch eine Attika, die, mit Rundfenstern für die Belichtung der Kuppelzone versehen, auch als Tambour zu verstehen war. Die Einrichtung bestand aus zweigeschossig

7. Böhmische Kirche, Ansicht von Süden, Aufnahme um 1910

umlaufenden Emporen. Die Kanzel war in Höhe der ersten Empore über dem Altar angebracht und das Gestühl konzentrisch auf sie ausgerichtet.
Die Dreifaltigkeitskirche war von gestraffterer Außengestalt. Flache, aber akzentuiert mit Doppelpilastern gegliederte Risalite boten zwar eine Reminiszenz an die Kreuzform, doch die zylindrische Erscheinung des Rundbaues dominierte. Eine kräftige Sockelzone mit liegenden Ovalfenstern und ein umlaufendes Gebälkgesims schlossen den Baukörper fest zusammen, dessen schmale Wandfelder zwischen Pilastern von hohen schlanken Rundbogenfenstern durchbrochen waren, im ganzen ein eleganteres, vornehmeres Aussehen, das man doch dem gerade erst in Berlin angekommenen Favre in Rechnung stellen möchte. Innen waren die Emporen in drei Rängen um die Achse von Altar, Kanzel und Orgel angeordnet. Obwohl in dieser Art einem im protestantischen Kirchenbau schon seit längerem üblichen Einrichtungsschema folgend – in Dresden war es kurz zuvor in der 1734 eingeweihten Frauenkirche von George Bähr baukünstlerisch zu höchster Vollendung ausformuliert worden und hatte wahrscheinlich nach Berlin gewirkt –, diente die Dreifaltigkeitskirche, wie die meisten in Berlin neu gebauten Gottes-

8. Böhmische Kirche, Innenansicht,
Aufnahme um 1910

häuser, einer lutherischen und einer reformierten Gemeinde gleichzeitig, war ein sogenanntes Simultaneum. Der König als Patron stiftete das Gerät, den Kelch, die Patene, die Oblatendose, zweifach. Die Weiheinschrift über dem Nordportal gab Auskunft über die Auftragssituation im Kirchbauwesen und über das Kirchenregiment im absolutistischen Staat: »Zur Ehre der heil Dryfaltigkeit haben Se. Königl. May. von Preußen Friedrich Wilhelm I. bei dem Anwachs der Friedrichstadt dieses Gotteshaus im Jahre MDCCXXXIX einweihen und die Dreifaltigkeitskirche benennen lassen.« Wie in allen anderen staatlichen Angelegenheiten, so entschied und bestimmte allein der Landesfürst die Geschicke der Kirche.

Es heißt, vor allem die Bethlehemskirche habe in ihrer Inneneinrichtung, in der Anordnung des Gestühls, in der axialen Stellung von Altar und Kanzel, eine Beziehung zu den Schriften aufgewiesen, die Leonhard Christoph Sturm über die Notwendigkeiten im protestantischen Kirchenbau verfaßt hatte. Seine beiden Traktate »Architektonische Bedenken

9. Dreifaltigkeitskirche,
Ansicht von Süden, Aufnahme um 1910

von Protestantischer kleiner Kirchenfigur und -einrichtung« und »Vollständige Anweisung aller Arten von Kirchen wohl anzugeben« waren 1712 und 1718 erschienen. Sturm, Architekturtheoretiker und von 1702 bis 1711 Lehrer an der Universität in Frankfurt an der Oder, sah sich seit 1712 als fürstlicher Baudirektor in Schwerin auch vor praktische Aufgaben gestellt. Er hatte ein Gutachten über die im Bau befindliche Schelfkirche, eine Anlage auf dem Grundriß eines griechischen Kreuzes, abzugeben, das ihm zu einer Ausarbeitung allgemeinerer Art geriet. Zur Kreuzform, die sich ja im protestantischen Kirchenbau einzubürgern schien, merkte er überraschenderweise das Folgende an: »Die an vorgelegten Dessein erwehlete Creutz-Figur ist von langer Zeit her unter den Protestanten sonderlich der Lutherischen Kirche so gar beliebt, daß ich ganz furchtsam bin, nach der Wahrheit davon zu urtheilen. Denn ich besorge billig, wenn ich sage, daß es die aller unbequemste unter allen Figuren sey.« Als Hauptproblem erkannte er, daß »jedermann die Functiones des

10. Dreifaltigkeitskirche,
Innenansicht,
Aufnahme um 1910

Gotteshauses alle, sonderlich aber den Prediger auf der Cantzel, sehen könne«, und er bestreitet diese Möglichkeit bei Kreuzkirchen, »wo man wolte zweymal übereinander Chöre oder (wie sie anderswo genennet werden) Empor-Kirchen haben«. Die von Sturm angebotenen Alternativlösungen sind quadratisch, oktogonal, rechteckig, rund, dreieckig und winkelförmig, sie zeichnen sich aus durch die zentrale Aufstellung der Kanzel über dem Altar und durch eine nahezu konzentrische oder symmetrische Ausrichtung des Gestühls auf diese Achse. Es waren aber nicht diese Zentralbauformen, auch nicht die des Rundbaues wie im Falle der Böhmischen und der Dreifaltigkeitskirche, die im Berliner Kirchenbau der ersten Hälfte des 18. Jh. den Vorrang gewannen, sondern die weit weniger repräsentative und vielleicht auch viel weniger sakrale Form des rechteckigen Saales, die Sturm als die beste empfohlen hatte.

Die Hedwigskirche

Nur ein Rundbau ist noch in Berlin gebaut worden. Er war aber einer ganz anderen, einer interkonfessionellen Intention entsprungen und ist in der Nachahmung eines bestimmten Vorbildes programmatisch so eindeutig, daß sich die Behauptung eines Zusammenhanges mit der landläufigen Entwicklung des Zentralbaues eigentlich verbietet. Die 1747 begonnene und 1773 eingeweihte Hedwigskirche, dem römischen Pantheon nachgebildet und dem Forum Fridericianum zugeordnet, sollte im Rahmen dieser dann Utopie gebliebenen Residenz eines absolutistischen Fürsten gewiß auch dessen Verständnis von der Rolle der Religion, besser der Religionen, zum Ausdruck bringen, nämlich alle zu vereinen, um ihre Anhänger zum Nutzen für seinen Staat und für seine Politik zu gewinnen. Die Idee Friedrichs II., den Religionen einen Tempel zu errichten, hat der französische Gelehrte Dieudonné Thiébault in seinen Erinnerungen an die Gespräche mit dem König überliefert. Er wäre die baukünstlerisch-repräsentative Konsequenz der legendären Marginalie geworden: »Die Religionen müssen alle toleriret werden und mus der fiscal nurmehr das auge darauf haben das Keine der andern abruch tue, den hier mus ein jeder nach Seiner Fassong Selich werden.« Absolutismus und Aufklärung begegneten sich im architektonischen Bild der Antike.
Es war reiner Pragmatismus, daß Friedrich II. nach seinen Siegen in den Schlesischen Kriegen den ersten Sakralbau unter seiner Ägide in Berlin für die Katholiken bestimmte. Es galt, den schlesischen Adel auf die Seite Preußens zu ziehen, darum sollte ihm in der Residenzstadt eine der Landesheiligen Schlesiens geweihte Gottesdienststätte geschaffen werden. Ein von katholischer Seite vorgelegter Plan, angeblich aus dem Umkreis von Philipp Gerlach, für eine Kirche mit zweitürmiger Fassade, die in der Leipziger Straße gebaut werden sollte, fand nicht die Zustimmung des Königs. Sein Einfluß auf die Wahl des Pantheons als Vorbild wird bei allem, was über die Entwurfsgeschichte bekannt ist, ausschlaggebend gewesen sein. Sie könnte auch als eine Vervollkommnung und Vervollständigung des Forums zu verstehen sein, das mit einem neuen Schloß, einer Oper und einer Akademie in der Mitte der Allee Unter den Linden entstehen und ein der Regierung, den Künsten und den Wissenschaften geweihtes Zentrum werden sollte, eine architektonisch und städtebaulich hochgreifende Idee, die vermutlich in der Gemeinschaft von König und Architekt, von Friedrich II. und Georg Wenzeslaus von Knobelsdorff, geboren worden war. Die Ausführung des Planes gelang nur zu Teilen; es unterblieb vor allem die Anlage einer vom neuen Schloß (später verkleinert als Palais für Friedrichs Bruder Heinrich errichtet, heutige Humboldt-Universität) ausgehenden großen Straßenachse nach Süden durch die Friedrichstadt, die an der Ostseite des Gendarmenmarktes vorbeigeführt und das ältere Platzensemble mit der Deutschen und der Französischen Kirche dem neuen städtebaulichen Konzept verbunden hätte.
Der Bau der Hedwigskirche währte bis 1773 und lag in den Händen des Oberbaudirektors Johann Boumann d. Ä. An den Entwürfen wird Knobelsdorff beteiligt gewesen sein, Jean Laurent Le Geay hat sie 1747 veröffentlicht, bisweilen

11. Hedwigskirche,
Stich von Jean Laurent Le Geay, 1747

schreibt man sie ihm auch selbst zu. Die merkwürdige Schräglage des Gebäudes ist bedingt durch die Festungsmauern, in deren Verlauf es errichtet wurde. So wendet dieser Kuppelbau seinen monumentalen Portikus mit dem von sechs Säulen getragenen Giebel der Mitte des Platzes zu und wirkt bis in den Straßenraum der Lindenallee. Am Ende des vorigen Jahrhunderts empfand man die Ausführung als notdürftig. Max Hasak vervollkommnete die Hedwigskirche 1886/87 nach dem Verständnis seiner Zeit. Das 1931 durch Clemens Holzmeister abermals veränderte Gebäude brannte 1943 aus.
Nach dem Wiederaufbau 1952/63 deckt es eine Stahlbetonkuppel, das Innere bietet eine Adaption der barocken Wandgliederung in modernen Formen.

Quersaalbauten

Noch bevor mit der Errichtung dieses Kuppelbaues nach römisch-antikem Muster begonnen wurde, waren in Berlin mehrere Kirchen nach dem Schema eines querrechteckigen Saales gebaut worden, nach jenem Bauschema, das Leonhard Christoph Sturm zum geeignetsten für den protestantischen, und er meinte wohl vor allem den reformierten, Kirchenbau erklärt hatte. Es war die »Invention« eines Baues auf rechteckigem Grundriß mit dem Turm über dem Eingang an der Mitte einer Langseite und mit Risalit an der Gegenseite. Das Innere war als Quersaal ausgebildet mit der Anordnung von Altar, Kanzel und Orgel im Risalit dem Eingang gegenüber, mit auf die Raummitte hin ausgerichtetem Gestühl und mit umlaufenden Emporen. Die Berliner Kirchen dieses Typs, die Sophienkirche, die zweite Garnisonkirche, die Petrikirche und die zweite Luisenstadtkirche, sind bezeichnenderweise bis auf die Petrikirche zunächst ohne Turm errichtet worden. Die Sophienkirche, die als einzige von ihnen erhalten geblieben ist, stiftete Sophie Luise, die dritte Gemahlin des ersten preußischen Königs, in der Spandauer Vorstadt 1712.
Die Berliner Vorstädte außerhalb des Festungswerkes waren der Kirche des Georgenhospitals vor dem Oderberger oder Königstor, wie dieses seit 1701 hieß, eingepfarrt, was sich bald als ungenügend herausstellte. Die Spandauer Vorstadt hatte schon am Anfang des 18. Jh. an die 500 Häuser, und der Wunsch nach einer eigenen Pfarre für Lutheraner und Reformierte wurde wach. 1711 trugen die Bürger ihr Anliegen gleichzeitig dem Magistrat und der Königin vor und baten um Unterstützung für eine neue Kirche. Die Königin gab 4000 Taler, verlangte dafür aber das Patronats- und Präsentationsrecht für sich und einen von ihr bestimmten Nachfolger. Dieses so ausdrückliche Verlangen hing möglicherweise mit der lutherischen Glaubenshaltung der Fürstin aus Mecklenburg-Schwerin zusammen, die vielleicht ein Übergewicht der in Berlin begünstigten Reformierten befürchtete. Sie stand allerdings dem Kreis um Philipp Jacob Spener, auch August Hermann Francke nahe, die beide als Pietisten die Konfessionsquerelen als gegenstandslos abzustreifen begannen und ein übergreifendes Glaubensverständnis anstrebten.
Der Grundstein wurde am 11. Juni 1712 auf dem Gelände gelegt, das nördlich an den jüdischen Friedhof in der Großen Hamburger Straße angrenzt und von dem ein Teil zur Verfügung gestellt worden war. Der eigentliche Bau begann am 3. Januar 1713 und war im November des gleichen Jahres abgeschlossen. Nach anderer Lesart muß schon 1712 gebaut worden sein, denn am 4. November soll bereits eine Taufe daselbst stattgefunden haben. Der Name des Baumeisters findet sich nirgends. Philipp Gerlach zu vermuten, der 1720 die Pläne für die neue Garnisonkirche in ähnlicher Form als Quersaal lieferte, liegt nahe; das Amt des Königlichen Baudirektors bekleidete er seit 1707. Vor der Errichtung des Turmes, der erst 1732/35 hinzugefügt wurde, war die Sophienkirche ein einfacher Saalbau auf rechteckigem Grundriß, mit hohen, in acht zu drei Achsen geordneten Rundbogenfenstern und Giebeln über den Schmalseiten; Eingänge gab es an allen Seiten. Das Innere war mit umlaufenden Emporen eingerichtet, die von Holzsäulen getragen wurden. Taufstein, Altar und Kanzel bildeten vor der südlichen Langseite die liturgische Achse, »an der für die gewählte Grundrißform zweckmäßigsten Stelle«, schrieb Richard Borrmann 1893 und hätte auch Christoph Leonhard Sturm 1712 schreiben können; die Theologen des 19. Jh. waren anderer Meinung und ließen 1834 die Einrichtung verändern. Doch hatte der Quersaalentwurf für die Sophienkirche das von Sturm empfohlene Muster ganz erheblich reduziert. Immerhin war von ihm ein Eingangsrisalit an einer Langseite vorgeschlagen, geeignet, einen Turm zu tragen, und ihm gegenüber ein Ausbau, in dem der Altar und die Kanzel ihren Platz finden sollten.
Wie schon bemerkt, trugen auch die Garnisonkirche von 1721/22 und die Sebastian- oder Luisenstädtische Kirche von 1753 äußerlich diesem Muster nicht voll Rechnung. Im Inneren aber gab die Garnisonkirche ein klassisches Beispiel der von Sturm inaugurierten Einrichtung: umlaufende Emporen auf Stützen, die gleichzeitig die flache Decke trugen, die Kanzel an der nördlichen Langseite in Emporenhöhe, ihr gegenüber an der Eingangsseite die königliche Loge. Eine Bauinschrift berichtete: »Unter König Friedrich Wilhelm I. Regierung ist die Garnisonkirche unter Direction des Gouverneurs der Residenc . . ., des Commandanten . . . auch Ober-Bau-Director Gerlach erbaut und von Propst Gedicken eingeweiht worden den 31. Mai im Jahr 1722.« Und Freiherr von Zedlitz fügt in seinem Conversations-Handbuch 1834 hinzu: »Bis zum Jahre 1806 war sie mit einer großen Zahl von eroberten Fahnen, Standarten und Siegeszeichen

verziert, und in der Gegenwart schmücken ihr Chor noch 5 große Gemälde von B. Rode zum Andenken an preußische Helden.« Die Zahl der Sitzplätze war sehr hoch, acht Pforten öffneten sich den anrückenden Truppen. Dem Äußeren des Gebäudes wurde 1893 Schwerfälligkeit und der Eindruck profaner Einförmigkeit vorgeworfen, offensichtlich eine dem Quersaal immanente Eigenheit, die »seine Bestimmung (nämlich die sakrale) nicht leicht verräth«. »Dem Mangel von Thürmen« begegnete man erst um 1900 mit einem neubarocken Dachturm. Nach einem Brand 1908 wurde die Kirche wieder instand gesetzt. 1945 brannte sie bis auf die Umfassungsmauern aus, und die Ruine in der Achse der Spandauer Straße wurde 1960/61 abgetragen.

Die Kirche in der Luisenstadt, die 1751/53 durch Hofmaurermeister Christian August Naumann d. Ä. und Hofzimmermeister Johann Andreas Büring neu gebaut worden ist, war auch ein querrechteckiger Saalbau und ersetzte wie die neue Garnisonkirche einen kreuzförmigen Vorgängerbau. Sie unterschied sich von den älteren Saalbauten jedoch durch den Turm an der Mitte der nördlichen und durch die Sakristei an der Mitte der südlichen Langseite. Die Anlage entsprach dem Sturmschen Muster vollkommen, auch mit der Aufstellung von Kanzel und Altar dem Eingang unter dem Turm gegenüber, wobei die Kanzel im Verband mit den umlaufenden Emporen stand. Der Turm blieb jedoch 1753 unvollendet, erst 1845 vervollständigten August Soller und Wilhelm Berger, der Schwiegersohn Schinkels, das fragmentarische Architekturbild. Wie die Garnisonkirche ist auch die Luisenstädtische Kirche ein Opfer des zweiten Weltkrieges und 1964 abgetragen worden.

Die barocke Petrikirche, ebenfalls ein Quersaal, brannte 1809 nieder. Sie ist keine hundert Jahre alt gewesen, denn erst 1730 war die mittelalterliche Kirche, auch infolge eines Feuers, zerstört worden. Die Baufälligkeit des im Kern noch auf die Stadtgründungszeit zurückgehenden Turmes hatte der Rat von Cölln schon 1663 angezeigt. Cornelis Ryckwaert, der in Küstrin ansässige niederländische Baumeister und Festungsingenieur, sollte einen neuen Turm bauen. Es kam nicht dazu. 1706 erhielten Andreas Schlüter und Eosander von Göthe den Auftrag, Turmentwürfe zu liefern. Doch erst Friedrich Wilhelm I. trieb die Dinge energischer voran. 1717 hatte der Schüler und Mitarbeiter Schlüters Martin Heinrich Böhme zunächst die Inneneinrichtung zu erneuern. Dann entwarf er Risse und Modell für den Turmneubau, die aber erst 1725, schon nach seinem Tode, dem König vorgestellt wurden. Philipp Gerlach wartete mit Gegenentwürfen auf, doch der König entschied für Böhmes Plan. Erst im Verlauf der Bauarbeiten ging man von diesem ab und holte neue von Gerlach und dem jungen Johann Friedrich Grael, einem Schüler Böhmes, ein. Und diesmal fiel die Wahl Friedrich Wilhelms I. auf des letzteren Entwurf, nach dem auch gebaut wurde, und zwar unter Gerlachs Leitung. In die Helmstange des fast fertigen, aber noch nicht ausgerüsteten Turmes schlug am 29. Mai 1730 der Blitz ein und setzte alles in Brand. Die durch Einsturz und Feuer zerstörte Kirche wurde völlig beseitigt und ein Neubau sofort in Gang gesetzt; Gerlach und Grael blieben daran weiter beteiligt. Ein Gutachten von Matthäus Daniel Pöppelmann aus Dresden verhalf Graels Neubauplänen zum Durchbruch, und schon 1733 konnte die neue Kirche eingeweiht werden.

Für den regierenden Friedrich Wilhelm I. war die Petrikirche ein besonderes Anliegen. Schon für den ersten Turmbau – noch an der mittelalterlichen Kirche vor 1730 – zeigte er großes Interesse, und eine überlieferte Äußerung läßt seine Ambitionen erkennen. Unter den Entwurfskonkurrenzen soll sich auch ein Modell von einem gewissen Pfeiffer befunden haben, über das der König gesagt haben soll: »Ich will nicht hoffen, daß die Petrikirche solcher Gestalt werde gebauet werden, denn das Modell ist wie eine Dorfkirche und will ich nicht haben, daß die Petrikirche danach soll gebauet werden.« Der so sparsame Potentat wünschte sich für seine Residenz nichts Dörfliches! Den großartigen Plan für einen neuen Dom auf einem Place Royal hat er fallenlassen; seine Kirchbaupolitik war auf die praktische Versorgung der Bevölkerung seiner wachsenden Stadt mit möglichst vielen Plätzen in geeigneten Gotteshäusern gerichtet. Aber für schöne und hohe Türme entwickelte er eine besondere Vorliebe. Und als der erste neue Turm der Petrikirche in Flammen aufgegangen war, soll er geäußert haben, der neue Turm möge so hoch und noch höher als das Straßburger Münster werden. Tatsächlich bekam Grael eine vierwöchige Studienreise zugebilligt nach Dresden, Halberstadt, Frankfurt am Main und auch nach Straßburg, wo er sich eine Woche aufhalten sollte. Aber so schnell man mit dem Kirchenbau auch voranging, mit dem Turm sah man sich vor. Seit dem Einsturz des Schlüterschen Münzturmes stand kein guter Stern über dem Drang zu repräsentativen Höhendominanten im Stadtbild. Doch alle Vorsicht war vergebens. Am 28. August 1734 stürzte der bis zum zweiten Geschoß gediehene Turm der neuen Petrikirche ein. Grael traf der Schuldspruch einer Untersuchungskommision, er fiel in Ungnade und mußte schließlich Berlin verlassen.

Gerlach stellte die beim Einsturz beschädigte Kirche bis zum nächsten Jahr wieder her. Auch für den Neubau des Turmes machte er Entwürfe, doch zur Ausführung kamen sie nicht. Am 14. März 1737 hat Gerlach um seine Entlassung gebeten, angeblich aus gesundheitlichen Gründen – er starb erst 1748 –, und gleichzeitig, nach Auskunft der Akten schon Anfang März (Rudolf Herz), ging sein Amt als Oberbaudirektor an den zugereisten Titus Favre über, der auch gleich die Bauleitung an St. Petri erhielt, den Turm aber angeblich nicht zügig genug baute – vielleicht hat er sich mit dem überaus

12. Entwurf für den Turm der Petrikirche von Johann Friedrich Grael oder Titus Favre, nach 1730

massigen Unterbau, wenn auch aus gutem Grund, zu lange aufgehalten –, so daß ihm 1742 Friedrich II. die Leitung abnahm und sie Georg Wenzeslaus von Knobelsdorff übertrug, was jedoch ebensowenig Erfolg hatte. Der Petriturm blieb unvollendet, nicht höher als bis zum Dachgesims aufgeführt und provisorisch abgedeckt.

Insgesamt sollte er fünf Geschosse haben, die beiden unteren mehr zu kubischer Geschlossenheit und die oberen mit reichen Ecksäulenstellungen, laternenartig aufgelockert, zu schwebender Leichtigkeit neigend; als Abschluß war eine zierlich geschwungene Haube vorgesehen. Es ist die Komposition des Schlüterschen Münzturmes, die im Entwurf zum Petriturm nachwirkte. Der unter der Urheberschaft Titus Favres geführte Riß läßt die Kirche fast nur als Sockel für den Turm erscheinen, von Säulen dorischer Ordnung umstellt, die ein verkröpftes Gebälk und eine hohe Attika mit dem darüber aufsteigenden schiefergedeckten Walmdach tragen. Vom Typ her war die barocke Petrikirche ein Quersaal in T-Form mit außen rechteckig, innen im Halbkreis geführten Endungen der Flügel, dem auch die Emporen folgten; die in den Eckzwickeln entstehenden Mauerpfeiler enthielten die Treppen. Dem Eingang unter dem Turm, der zur Brüderstraße hin an der nördlichen Langseite lag, stand innen die Kanzel gegenüber, eine Anordnung, die das Sturmsche Programm erkennen läßt. Doch hatte die Gestaltung im ganzen zu einer Monumentalität gefunden, die die Petrikirche des 18. Jh. zu einem auch baukünstlerisch führenden Werk in der Geschichte des protestantischen Kirchenbaues Deutschlands macht. Es nimmt nicht wunder, daß Graels Entwurf in Dresden Zustimmung fand, wo gleichzeitig George Bähr mit seiner Frauenkirche die architektonische Alternative des Protestantismus zu Rom schuf.

Und um auf Grael oder Titus Favre als Entwerfende des nicht vollendeten Turmes zu kommen: bei den Ähnlichkeiten zwischen dem zuletzt geplanten Petriturm und dem ausgeführten Turm der Sophienkirche gibt es eigentlich keinen Zweifel, daß Favre den Entwurf Graels benutzt hat. Friedrich Nicolai schreibt zu Favre, er habe sich »der Einsicht geschickter Berlinischer Künstler bedient, deren Erfindungen unter seinem Namen gingen«. Mag dieses Urteil auch zu hart und ungerecht sein, im Falle des Petriturmes hat es Wahrscheinlichkeit. Der Sophienkirchturm steht mit seinen nur vier Geschossen den Münzturmentwürfen näher als die Entwürfe für den Petriturm, aber in der Gestrafftheit der Säulenbündelungen, die seiner Erscheinung Schlankheit und Kraft der Vertikalbewegung verleihen, ist auch konstruktive Stabilität enthalten, mit der Grael die Lehren aus der Einsturzkatastrophe des Schlüterschen Werkes gezogen zu haben scheint. Der Turm der Sophienkirche ist einer der wenigen Türme des Barocks, die in Berlin zustande kamen, und der letzte von ihnen, der erhalten geblieben ist. Als Ursache dafür kann gelten, daß er von Stein gebaut ist, selbst in den oberen laternenartig aufgelösten und von Säulen umstandenen, sonst meist aus Holz gebauten Geschossen; nur die kräftig geschwungene Haube ist kupfergedeckte Zimmermannsarbeit. 70 m ist der Turm hoch, immer wieder in die zeitgenössische Umgebungsbebauung integriert, ein einmaliges berlinisches Architekturbild, das heute auch für die in Potsdam einst in reicherer Fülle vorhandenen Türme von den gleichen Baumeistern steht. Dresdener Einfluß ist vermutet und der Entwurf deshalb nicht vor der Studienreise Graels 1731 datiert worden (Rudolf Herz), 1734 war der Turm vollendet. Er fand seinen Platz nicht an einer Langseite der schon seit 1713 bestehenden Quersaalkirche, sondern an deren westlicher Schmalseite; der Bautyp erwies sich als flexibel, wenn besondere, wir vermuten städtebauliche, Gründe eine andere Turmstellung notwendig machten. Möglicherweise hat die so bewirkte Verlegung oder Herstellung eines Haupteinganges an der westlichen Schmalseite die Orientierung der Einrichtung im 19. Jh. herausgefordert und unterstützt.

Der neue Dom

Kurfürst Friedrich Wilhelm hatte bei seinem Regierungsantritt die Residenzstädte Berlin und Cölln ruiniert vorgefunden. Während des Dreißigjährigen Krieges soll die Zahl der bewohnten Hausstellen und der Einwohner um mehr als die Hälfte zurückgegangen sein. Der Große Kurfürst sorgte mit seinen holländisch geschulten Architekten und Ingenieuren für Wiederaufbau und Erweiterung. In seinem Todesjahr 1688 veröffentlichte Johann Bernhard Schultz den bekannten Kupferstich, der Berlin aus der Vogelschau darstellt, von Westen gesehen als Festung mit sternförmigen Fortifikationen, umzogen von Wassergräben und Wällen und mit sechs Toren zwischen jeweils zwei Bastionen. Der Friedrichswerder und die Dorotheenstadt sind schon als ausgebaute Erweiterungsstädte zu erkennen, die spätere Friedrichstadt war noch freies Feld. Der Schultzsche Kupferstich wollte zeigen, was in der Nachkriegsägide geschaffen worden war. Friedrich III., der Sohn des Großen Kurfürsten, vollzog den weiteren Schritt und gab der Residenz des aufblühenden absolutistischen Staates die nötige baukünstlerische Repräsentanz.

Deutlich ist inmitten der Ansicht der Gebäudekomplex des Schlosses auszumachen und dabei die zweitürmige Dominikanerkirche, die seit 1536 als Dom fungierte und dafür erweitert und umgebaut wurde. In dieser Gestalt überliefern auch mehrere andere Ansichten den alten Dom, dessen Ostseite sich mit dem Chor und einem mächtigen Glockenturm dem Schloßplatz zwischen Breiter Straße und Spree zuwandte und durch die Stechbahn, eine Bogengalerie, mit dem Schloß platzraumschließend zusammengefaßt war. Diese Konzeption verschaffte der Breiten Straße eine Achsbeziehung zum Schloß – Memhardt hatte in ihr ein Triumphtor zum Schloßhof angeordnet – und ebenfalls der Oderberger oder Georgenstraße mit der Langen Brücke eine Ausrichtung auf den Dom. Nering baute die Brücke 1692/95 neu, und er sah auf ihrer Brüstung nicht nur Statuen, sondern auch den Platz für ein Standbild des Regenten vor; 1706 fand hier das bronzene Reiterbild für den Großen Kurfürsten von Andreas Schlüter Aufstellung. Es handelte sich nicht einfach um die Neugestaltung eines Flußüberganges, sondern um die Schaffung des Höhepunktes einer Via triumphalis, einer Pracht- und Triumphstraße. Diese sollte ihr Ziel im Dom haben, der in seiner alten Gestalt aber dieser Aufgabe, die im Dienste absolutistischer Repräsentation stand, nur unbefriedigend gerecht werden konnte. Seit dem Ende des 17. Jh. sind Pläne für einen neuen Dom nachweisbar.

Jean Baptiste Broebes, ein aus Paris gebürtiger und seit 1692 in Berlin mehr als Zeichner und Kupferstecher tätiger Architekt mit einem ausgeprägten Sinn für stadtgestaltende Planung, bearbeitete die Schultzsche Vogelperspektive im Sinne einer Aktualisierung. Sein Kupferstich trägt zwar kein Datum, aber er zeigt die Friedrichstadt bereits in Quartiere abgesteckt und teilweise bebaut, allerdings mit zum Zeitpunkt der Entstehung nur geplanten Gebäuden. Die Kirchen auf dem mittleren Markt, dem späteren Gendarmenmarkt, fehlen noch, ein dann nicht gebautes Invalidenhaus ist dort dargestellt. Broebes' Ansicht ist also vor 1700 entstanden. Das Verblüffendste auf dem sogenannten ersten Broebesplan (Peter Goralczyk) ist jedoch, daß neben dem alten Renaissanceschloß ein neuer Dom steht, an derselben Stelle wie der alte, am westlichen Ende des Schloßplatzes und in der Achse der Langen Brücke. Ein neuer Dom war geplant, ein kreuzförmiger Zentralbau mit hoher Kuppel auf von Säulen umstandenem Tambour, mit klassischen Giebelportiken und vier niedrigen Eckkuppeltürmen, als Hauptbau der Residenz und architektonischer Akzent der Stadt. Hier manifestierte sich nicht nur der baugestalterische Wille des absolutistischen Herrschers, hier drückte sich in der Kirchenarchitektur wie in der Stadtbaukunst das hochgesteckte politische Ziel des brandenburgischen Kurfürsten aus, nämlich die Königswürde zu erlangen. Friedrich III. erreichte es 1701. Am 15. Januar wurde die Erhebung des Herzogtums Preußen zum Königreich ausgerufen, und am 18. Januar krönte sich der Kurfürst selbst zum König in Preußen, dessen Titel die Hohenzollern fortan führten.

Der Krönungsakt vollzog sich in Königsberg (heute Kaliningrad), wohin der Berliner Hof schon am 17. Dezember 1700 aufgebrochen war. Erst am 6. Mai 1701 kehrte man wieder nach Berlin zurück, es heißt, die Glocken hätten von den Kirchen geläutet und die Geschütze von den Bastionen gefeuert. Der König hielt seinen Einzug durch das Oderberger oder Georgentor und die Oderberger oder Georgenstraße (heute Rathausstraße), die von nun an Königstor und Königsstraße genannt wurden. Der Triumphzug Friedrichs I. – so der neue Name des ehemaligen Kurfürsten – führte über die schon neu gebaute Lange Brücke (heute Rathausbrücke) – die Plätze der noch nicht fertigen Statuen sollen vorerst jeweils von spalierbildenden jungen Leuten eingenommen worden sein – zum noch alten Dom, denn der erste Broebesplan war Utopie geblieben wie dann auch ein zweiter prächtigerer, der ein neues Schloß mit ins Bild brachte; 1699 war Andreas Schlüter zum Schloßbaudirektor ernannt und mit Neubauentwürfen beauftragt worden. Der zweite Broebesplan zeigt den Place Royale de Berlin von Osten gesehen in der Achse

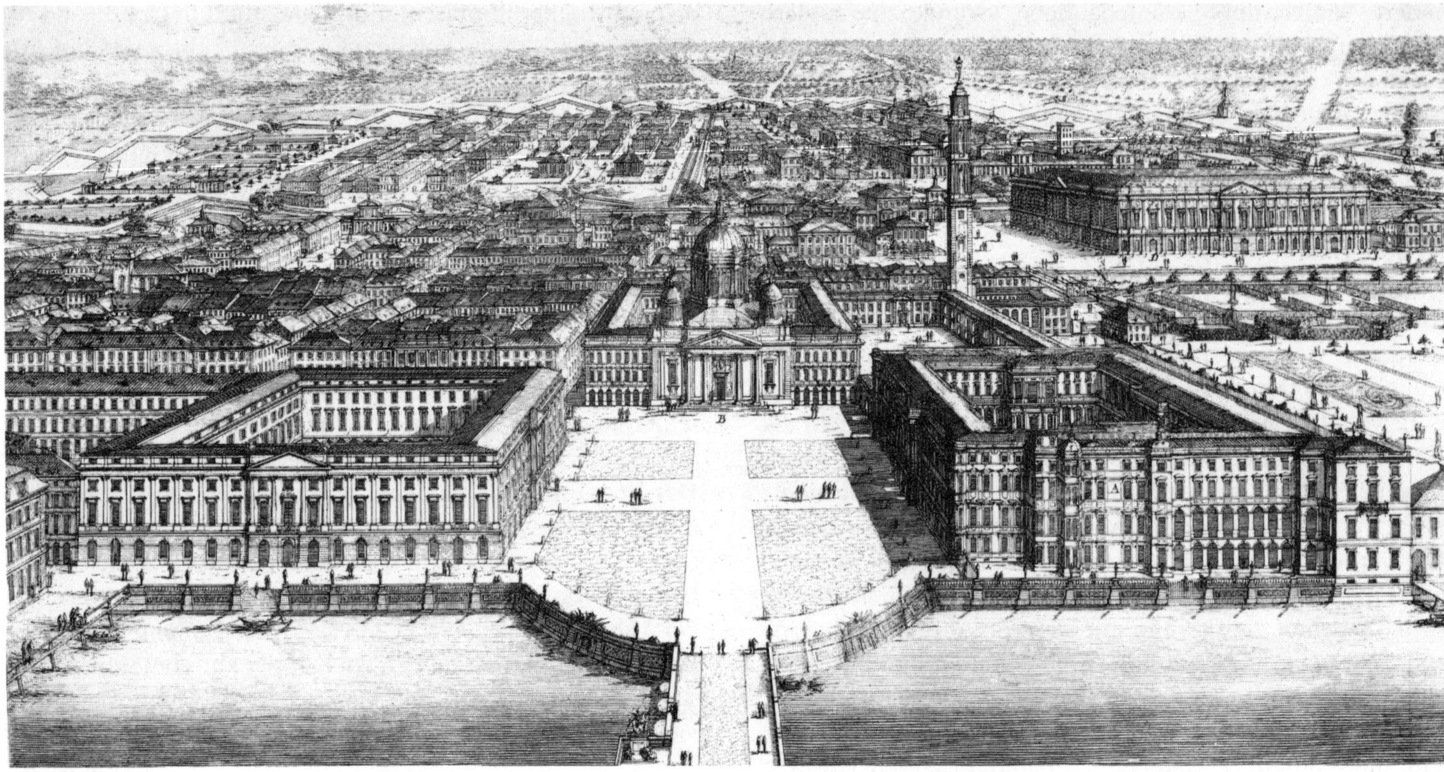

13. Place Royale de Berlin,
Stich von
Jean Baptiste Broebes

14. Rechte Seite:
Entwurf für eine Domfassade mit zwei Türmen,
von Jean de Bodt, um 1712

der Langen Brücke, symmetrisch eingefaßt von Schloß und Marstall und am westlichen Ende begrenzt vom Kuppelbau des Domes zwischen mehrgeschossigen Gebäudetrakten, die, nach Beispielen in England und Frankreich zu urteilen, welche der ganzen Planung als Vorbilder zweifellos zugrunde gelegen haben, wohl als Invalidenhaus hätten dienen sollen. Rechts nach den Linden zu ragt der nie Wirklichkeit gewordene Münzturm empor, im Hintergrund stehen bereits die Kirchen auf dem Friedrichstädtischen Markt. Nie Wirklichkeit geworden ist auch der Kuppeldom an diesem Platz, und die Ursachen dafür könnten mit dem Schicksal des Münzturmes zusammenhängen. Die Einsturzkatastrophe des vielleicht etwas hypertroph geplanten Monumentes – angeblich wegen zu schneller Belastung eines sich noch nicht ausreichend gesetzten Fundamentes – führte 1706 zur Abberufung Schlüters, dessen Genie man ja auch die Idee zum Domneubau in römischer Kuppelgestalt letzthin zuschreiben möchte. Schlüters Nachfolger im Amt des Schloßbaudirektors, Johann Friedrich Eosander von Göthe und Martin Heinrich Böhme, erweiterten das Schloß um einen zweiten Hof nach Westen und machten damit den Dom an dieser Stelle städtebaulich wertlos und unmöglich. Die Idee zur Kuppel im Schloßbereich blieb aber wirksam, schlug sich in Entwürfen zu Kuppelturmüberbauungen des westlichen Schloßportals, des Eosanderportals, nieder und wurde schließlich in der Kuppel der Schloßkapelle von Friedrich August Stüler, angeblich nach einem Entwurf Schinkels, 1845/53 Realität.

1712 forderte der König abermals Pläne für einen neuen Dom, der diesmal wohl schon nicht mehr am alten Platz stehen sollte. Geliefert wurden sie von Jean de Bodt. Der auf Umwegen über die Niederlande und England nach Berlin gekommene Hugenotte war schon 1698 leitend ins Bauwesen berufen worden und am Zeughaus tätig gewesen, dessen endgültige Gestalt wesentlich auf ihn zurückgeht. Wieweit er sich an den Erweiterungsplanungen für das Schloß beteiligt hat, sei dahingestellt. Sein Domentwurf sah wiederum einen Kuppelbau vor, dessen dominante Wirkung aber durch zwei flankierende Türme von besonderer Höhe – im Aussehen dem Turm der Parochialkirche verwandt – zurückgedrängt wurde. Für die Fassadenkomposition hat – verglichen mit Christopher Wrens St.-Pauls-Kathedrale in London – de Bodt wohl auf Erfahrungen seines englischen Aufenthaltes zurückgegriffen, während die gleichfalls nicht von der Hand zu weisende Ähnlichkeit mit St. Agnese in Rom nur mittelbarer Anregung zu verdanken sein dürfte und vielleicht dem Schlüterschen Entwurf folgte. Die Türme sollten eine Predigtkirche zwischen sich nehmen und die Kuppel eine Grab- und

CONSECRATVM . TEMPLO . SALOMONIS . COMPARANDVM

15. Entwurf für einen Dom als Kuppelbau, von Jean de Bodt, um 1712

Gedenkkirche krönen. Seit 1545 war der Dom die Begräbnisstätte der Hohenzollern, und die Prunksarkophage Andreas Schlüters fanden ihren Platz noch in dem mittelalterlichen Gebäude neben älteren Grabdenkmälern wie dem des Johann Cicero aus der Nürnberger Gießhütte der Vischer, das sich bis zu seiner Überführung nach Berlin im Kloster Lehnin befunden hatte. Jean de Bodts Dom blieb Entwurf, aber er war eine Antizipation der Dombaugeschichte bis zum Ende des 19. Jh.

Nach dem Tode Friedrichs I. im Jahre 1713, unter der sparsamen und strengen, aufs Nützliche und Militärische gerichteten Regierung seines Sohnes, unterblieben viele der großzügigen und luxuriösen Vorhaben in der Architektur und den bildenden Künsten. Architekten und Bildhauer verließen Berlin. Schlüter folgte einer Einladung nach Petersburg, und offenbar gingen mehrere mit ihm. Einige, darunter Eosander und später auch de Bodt, nahmen sächsische Dienste an, und es ist gewiß kein Zufall, daß sich manche baukünstlerische Idee aus Berlin in Dresden wiederfindet, wo sich die sächsischen Kurfürsten als Könige von Polen ihre Barockresidenz ausbauten und ihr jene Triumphstraße gaben, die an der Spree unvollendet blieb: die Via triumphalis über die Brücke mit dem Reiterbild des Herrschers und mit der Hofkirche als Ziel des einziehenden, in der Fremde gekrönten Königs. In Berlin dagegen wurde die Schloßerweiterung bis 1716 zu Ende gebracht und die 1697 abgetragenen baufälligen Domtürme des 16. Jh. 1718 durch Böhme barock erneuert. Weiteres geschah im Schloßbereich nicht. Die Bauleidenschaft Friedrich Wilhelms I. blieb auf die Vorliebe für hohe Türme beschränkt, im übrigen lenkte er die Bautätigkeit auf die Befriedigung des Notwendigen. Erst sein Sohn entwickelte wieder Sinn für staatliche Repräsentation durch die Architektur, und ihm zur Seite stand der befreundete Georg Wenzeslaus von Knobelsdorff. Und selbstverständlich trat in diesem Zusammenhang auch wieder das Domprojekt ins Blickfeld, nicht nur, weil das mittelalterliche Gebäude baufällig war. An eine Erneuerung, auch an einen Neubau am angestammten Ort wurde jetzt nicht mehr gedacht, sondern an die Verlegung in den Lustgarten ans Ufer der Spree. Nicht zufällig, denn inzwischen war die Straße Unter den Linden zum hauptstädtischen Prospekt gewachsen, der alle anderen, das Schloß städtebaulich einbindenden Achsen an Bedeutung übertraf. Die Sichtachse der Lindenallee traf die Lustgartenfassade des Schlosses diagonal, um so mehr konnte und sollte der Dom als Querbau mit Kuppelturmakzent die abschließende Begrenzung der sich diesseits der Brücke platzartig weitenden Straße werden. Diese Plazierung, die dem Dom bis heute geblieben ist, möchte man Knobelsdorff zuschreiben, weniger die Gestalt, die das Bauwerk schließlich durch Johann Boumann d. Ä. erhalten hat.

Der letzte Gottesdienst im alten Dom wurde am 16. Juli 1747 gehalten, dann erfolgte der Abriß. Gleichzeitig begann der Neubau, seine Einweihung fand am 6. September 1750 statt. Das Ergebnis war ein Quersaal nach Sturmschem Muster, durch die Formgebung – zwischen Pilastern hohe schlanke Fenster mit Rocailleschmuck über dem runden Bogenschluß, glattes Gebälk und Attikabrüstung mit Vasenbekrönung – aber eher einem Parkschloß in Sanssouci ähnlich als einem Sakralbau. Der Mittelrisalit mit drei Eingängen zwischen Doppelsäulen trug den Kuppelturm, proportional dem Gebäude entsprechend, jedoch im ganzen nicht geeignet, städtebaulich dominant zu wirken.

16. Stadtplan von Berlin aus dem Jahre 1748. Gezeichnet von Hildner. Auf dem mittleren Bild am unteren Bildrand ist der neue Dom von Johann Boumann d. Ä. dargestellt.

Innen war der Boumannsche Dom eingerichtet, wie Sturm es verlangt hatte: die Kanzel dem Eingang und der Königsloge gegenüber an der östlichen Langseite, die umlaufenden Emporen von einer korinthischen Säulenstellung getragen. Wer für den bildnerischen und malerischen Schmuck sorgte, ist nicht überliefert. Immerhin gab es am Außenbau allegorische Figurengruppen und die Vasen auf der Attika. Ähnliche Arbeiten sind zumindest an der Königsloge und im Kanzel- und Altarbereich zu vermuten. Im übrigen wird der friderizianische Dom ebenso wie die unter Friedrich Wilhelm I. entstandenen Kirchenbauten kaum reich an bildkünstlerischer Ausstattung gewesen sein.

Barockausstattung in den alten Pfarrkirchen

Anders hat es sich in den alten Stadtkirchen verhalten. Sie bekamen im Zeitalter des Barocks ihre zahlreichen plastischen Grabdenkmäler wohlhabender Berliner Bürger, in deren Auftrag bedeutende Bildhauer bis hin zu Andreas Schlüter gearbeitet haben. Es soll hier nicht alles aufgezählt werden, vieles hat auch der Krieg vernichtet. Die namhaftesten in der Nachfolge Schlüters arbeitenden Bildhauer waren Johann Georg Glume d. Ä. und Bartholomé Damart. Damart wird das pompöse Grabdenkmal für Bürgermeister Lizmann († 1712) in der Marienkirche, an der Südwand des Chores, zugeschrieben. Glume hat das Grabmal für den Minister von Kraut in dessen Gruftkapelle im Nordturm der Nikolaikirche signiert und 1725 datiert. In der Zeit des Mangels an Aufträgen hat Glume Orgelprospekte geschnitzt, so 1720/21 den für die Marienkirche. Am Ende seines Lebens, als ihm schon sein Sohn Friedrich Christian am Hofe Friedrichs II. den Rang abgelaufen hatte, arbeitete er 1763 das Grabmal für Adam Otto von Viereck in Buch, das den Altmeister Berliner Barockplastik noch im vollen Besitz seiner künstlerischen Fähigkeiten zeigt: ein wandhoher Aufbau mit der rocaillegerahmten Inschrift wird von Tugend- und Zeitallegorien umgeben und von der Büste des Verstorbenen in der Pose à la Louis XIV. bekrönt. Ganz ähnlich ist das Krautsche Grabmal in der Nikolaikirche gestaltet, nur noch nicht von den Formen des Rokoko berührt und in eine Architektur Schlüterschen Charakters gestellt. Schlüter selbst hatte für die Nikolaikirche das Grabmal für den 1701 verstorbenen Berliner Goldschmied Daniel Männlich wohl noch zu dessen Lebzeiten um 1700 gearbeitet. Es handelt sich um einen Grufteingang, der vor den südlichen Durchgangsbogen zwischen Langhaus und Westbau der Kirche gestellt war. Die Torpfosten stemmen sich pylonenhaft gegen das überaus schwere, volutenartig geschwungene Gebälk, auf dem die freiplastischen Figuren eines Jünglings und des Todes, der nach einem Kinde greift, lagern, wohl Allegorien von Kindheit, Jugend und Tod, die aber durch eine bewegte Gestik zu einer dramatischen Szene verbunden scheinen; zwischen ihnen die Urne mit dem Bildnismedaillon des Ehepaares.

Das bedeutendste Werk aber, das Schlüter für die Stadt geschaffen hat, ist die Kanzel in der Marienkirche. Eine Frau Fehr und ihr Sohn George haben sie gestiftet, und Schlüter hat sich an den Kosten beteiligt. Am 4. Juni 1703 ist der neue Predigtstuhl eingeweiht worden. Er stand damals in der Mitte des Hallenschiffes am oder besser unter dem zweiten Nordpfeiler, von Westen gerechnet, und wandte sich der südlichen Langseite zu. Diese Aufstellung war vom Konzept eines Quersaales beeinflußt, und in einen solchen sollte der mittelalterliche Raum umfunktioniert werden. Das Gestühl und auch Emporen wurden entsprechend angeordnet. Nur der Chor blieb ganz im Sinne lutherischer Kircheneinrichtung weiterhin abgesondert mit dem bronzenen Taufkessel, der noch von einer Einfriedung umgeben war, und dem spätgotischen Schnitzaltar. Letzterer stand bis 1758 und wurde durch den 1762 geweihten neuen Altaraufbau des Architekten Andreas Krüger mit den Gemälden von Christian Bernhard Rode ersetzt.

Schlüter hatte für seine Kanzel den unteren Teil des Gewölbepfeilers gleichsam weggeschnitten und vier jonische Säulen statt dessen gestellt, an denen der alabasterverkleidete Eichenholzkern des Korbes und der hölzerne Schalldeckel verankert sind. Der Kanzelkorb ist kräftig gegliedert mit Konsolen, wulstigen und verkröpften Gesimsen und geschwungenen Bändern; scheinbar tragen ihn zwei freiplastische Engel am Fuße des Pfeilers an weit ausschwingenden Voluten. Auf dem Schalldeckel drängen sich musizierende und jubilierende Engelputti vor einem Himmelsgewölk in der Strahlenglorie. Die Formensprache Schlüters hat seinem Werk Kritik von seiten der Protestanten eingebracht. Zweifellos hat Schlüter auf Anregungen zurückgegriffen, die er auf seiner Italienreise 1695/96 erhalten hatte, aber der durchaus zutreffende vergleichende Hinweis auf die Cathedra Petri des Gian Lorenzo Bernini ist eher als Peinlichkeit denn als Legitimation für ein großes Kunstwerk empfunden worden. Zu groß war die protestantische Reserve gegenüber den Formen der gegenreformatorischen Triumphalkunst des Barocks. Dabei steht das inhaltliche Programm der Kanzel in fester protestantischer Tradition. Mehr noch, das Schlütersche Werk ist ein Beweis dafür, daß die bildlich-allegorische Darstellung der lutherischen Lehre kein Hindernis für einen großen künstlerischen Wurf sein mußte, was vielfach behauptet wird.

Von den drei Reliefs am Kanzelkorb stellt das mittlere eine Szene dar: um eine zeushaft thronende Gestalt sind mehrere Personen versammelt, die durch ihre Gesten bekunden, daß sie auf etwas reagieren, doch wohl auf eine Botschaft, die von dem Thronenden ausgeht. Er ist mit einem Fellumhang bekleidet und hält im Schoß das Lamm mit der Siegesfahne, das Agnus Dei, auf das er mit dem Finger weist. Es ist Johannes, der predigende Täufer, der die Erlösung durch den kommenden Christus verheißt. Seine Zuhörer scheinen es nachdenklich, zweifelnd, aber auch hoffend und dankbar aufzunehmen – der Gebetsgestus mit erhobenen Händen galt im Frühchristentum als Zeichen des Dankes. Was es mit der Predigt des Johannes auf sich hat, sagen die Inschriften auf dem Schalldeckel aus. Auf der linken Seite halten Engel die Gesetzestafeln Moses, auf der rechten Seite ein aufgeschlagenes Buch mit dem Text aus dem Johannesevangelium 1,17: »Denn das Gesetz ist durch Mose gegeben, die Gnade und die Wahrheit ist durch Jesum Christum worden.« Welche heilsgeschichtliche Rolle Johannes dem Täufer zwischen Gesetz und Evangelium zukommt, sagt Luther: »Die Schrift zeiget Johannem also an, daß er stehe im Mittel des Alten und Neuen Testaments, nämlich daß er sei ein Mittler zwischen Mose und Christo. Denn Johannes erkläret das Gesetz: da sehen wir denn, daß wir nichts sind, und weist uns Christum, unsere Seligkeit. Streckt seine Finger aus und weiset auf das Lamm Gottes, und sagt: Siehe, das ist Gottes Lamm, welches der Welt Sünde trägt.« Diese Grundinhalte der lutherischen Glaubenslehre sind seit dem 16. Jh. allegorisch dargestellt worden. Die Konfrontationen Gesetz und Evangelium, Alter und Neuer Bund, Mose und Johannes der Täufer begegnen schon auf den Bildern des Michael Ribestein in der Marienkirche, und auch an einer Kanzel ist die lutherische Lehrallegorie nicht zum ersten Mal dargestellt, was wenig überrascht, wenn man Luthers Wort über die Aufgabe der Geistlichen kennt: »Wir Pfarrer und Prediger sind zu unserer Zeit das, was Johannes der Täufer zu seiner Zeit gewesen ist ... Wir weisen auf Christum!«

An der Schlüterkanzel sind diese Bildinhalte mit den drei Glaubenstugenden verbunden. Das mittlere Relief wird flankiert von den Allegorien Fides und Caritas, von Glaube und Liebe, weiblichen Figuren mit den Attributen des Kreuzes und des Kelches sowie mit zu nährenden Kindern. Die Predigtszene in der Mitte zwischen ihnen muß also Spes, die Hoffnung, meinen, damit die Gruppe vollständig wird. So ist die Schlüterkanzel in der Marienkirche nicht nur ein Werk höchsten künstlerischen Ranges, das sich neben den Königssarkophagen des Meisters in der Domgruft behauptet, sondern es ist auch ein einmalig zu nennendes Werk protestantischer Bildkunst, das die Fähigkeit zu schöpferischer Leistung trotz eines vorgegebenen und traditionsgebundenen Lehrprogramms beweist. Daß dem Schlüterschen Werk keine Nachfolge beschieden war, lag an dem Wandel religiösen Verständnisses, der sich in der Kirchengeschichte mit dem Aufkommen des Pietismus am Ende des 17. Jh. anbahnte.

Pietismus und Aufklärung

Pietismus, Aufklärung und Rationalismus haben das kirchliche Leben des Protestantismus im 18. Jh. grundlegend verändert, und Berlin ist ein Mittelpunkt dieser geistlichen Bewegungen gewesen. Philipp Jakob Spener, der von 1691 bis zu seinem Tode 1705 Propst an St. Nikolai war, gilt als Begründer des Pietismus. In Reden und Schriften wie in beispielgebender Lebensführung war es ihm und seinen Anhängern darum zu tun, die in orthodoxen Lehrzwängen erstarrte lutherische Kirche zu erneuern und wieder zu beleben. Den Glauben lebendig zu machen, das Erleben an die Stelle des Dogmas zu setzen, alles Tun und Denken des Menschen von den christlichen Tugenden, vor allem der Liebe, zu durchdringen, das war das Ziel des Pietismus. Der einzelne war wieder angesprochen, es ging um die Wiedergeburt des inneren Menschen. Erbauliche Andachten mit Liedern voller Gefühl und mit tiefempfundenen Gebeten wurden in geistlicher Versammlung mehr geschätzt als die Aktion des Liturgen. Das Darstellende trat im Gottesdienst zurück, und gewiß hat diese Haltung auch das Verhältnis zu Architektur und Kunst bestimmt. Um so mehr erstaunt es, während der Zeit, da Spener in Berlin wirkte, die Schlüterkanzel in St. Marien mit dem traditionellen Programm protestantischer Ikonographie entstanden zu sehen, eigentlich eine Apotheose orthodox-protestantischer Bildkunst. War sie gegen den Pietismus gerichtet, dem man seinerzeit bereits Kunst- und Bildfeindlichkeit nachsagte? Spener hat sich zu Fragen des Kirchenbaues und seiner Ausstattung geäußert. Ihm genügte der schlichteste Raum zur Andacht und Predigt, er empfahl, jegliche Auszierung zu vermeiden. So gesehen, müßte die neue Kanzel der Marienkirche Speners Befremden hervorgerufen haben, doch gibt es entsprechende Zeugnisse nicht. Da das ikonographische Programm der Kanzel durchaus eine Steigerung des Herkömmlichen darstellt durch die Verbindung der Rechtfertigungslehre mit den theologischen Tugenden und durch den so deutlichen Bezug auf das Amt des Predigers und auf die Predigt, ist die Vermutung aufgekommen, Spener oder ein seiner Gedankenwelt Nahestehender könne sogar der Urheber dieser Bereicherung des Bildprogrammes gewesen sein (Margarete Kühn), ein Gedanke, der den Pietisten in der Bilderfrage Liberalität bescheinigen würde, auch in dem Sinne, daß der Deutung der Bilder im Dienste der Andacht und der Verkündigung ein offenes und freieres Feld zu lassen sei.

Konfessionelle Polemik hatte im Programm des Pietismus keinen Platz. Von Spener stammt der Ausspruch: »Unser Herr Christus wäre ein armer Mann, wenn nur die orthodoxen Lutheraner selig würden.« Berlin, wo die Streitigkeiten zwischen Reformierten und Lutherischen unerträgliche Formen angenommen hatten und nur mit Hilfe von Toleranz-

edikten beruhigt werden konnten, war deshalb ein guter Boden für die neue Religionsauffassung und Frömmigkeit. Der Hof zeigte sich aufgeschlossen, Pietisten wie August Hermann Francke waren seine Berater.
Obwohl Aufklärung und Rationalismus dem Pietismus entgegengesetzt scheinen, fußen sie doch auf gleichen Voraussetzungen, auf dem christlichen Naturrecht, auf den Erkenntnissen der aufblühenden Naturwissenschaften und – für unseren Zusammenhang eminent bedeutungsvoll – auf den Anfängen einer kritischen Geschichtswissenschaft. So konnte die Vernunft die Stelle des Gefühls einnehmen und die Religion ein Gegenstand rationaler Erkenntnis werden. Christliche Tugend sollte die Frucht jeder Erbauung sein. Der Gottesdienst war zu einer Schule der Moral und der Sittlichkeit geworden. Man war der Überzeugung, daß Glauben und Vernunft keine Widersprüche sind, daß im Gegenteil eins das andere bestätigt und daß dadurch das Offenbarungsverständnis richtig, eben vernünftig begründet und vertieft werden könne. Der Phantasie und dem Empfinden als der Grundlage bildlich anschaulicher Darstellung waren enge Grenzen gezogen, die Bildkunst im kirchlichen Raum trat in den Hintergrund und war auf Allegorisches und Emblematisches eingeschränkt. Die Kirchbaukunst entbehrte des sakralen Anscheins, wir haben die Beispiele betrachtet.
Eine Folge des rationalistischen Glaubensverständnisses war die Befürwortung einer Unterordnung der Kirche unter den Staat. Aufklärungstheologie konnte die kirchliche Ideologie des aufgeklärten Absolutismus werden. Sie erlitt auch unter dem Einfluß der am Hofe Friedrichs II. in Mode stehenden religionsskeptischen Auffassungen keinen Schaden. Konservativ, wie sie war, hatte sie Unkirchlichkeit nicht im Gefolge. Gerade in diesem Sinne aber wurde sie gegen Ende des 18. Jh. durch Johann Christoph Wöllner denunziert. Das unter Friedrich Wilhelm II. 1788 erlassene Wöllnersche Religionsedikt war gegen die zügellos genannte Freiheit der Aufklärung gerichtet, um Unglauben, Aberglauben und Sittenverfall entgegenzutreten. Proteste der aufgeklärten Mitglieder des Konsistoriums blieben zwar erfolglos – Johann Joachim Spalding, seit 1764 Propst an St. Nikolai und führender Rationalist unter den Geistlichen Berlins, trat zurück –, aber das Edikt hatte kirchenpolitisch wenig Wirkung; 1797 setzte es Friedrich Wilhelm III. wieder außer Kraft. Doch der Schlußpunkt unter die Aufklärungstheologie war gesetzt, die Romantiker begannen sich zu formieren.

Protestantischer Kirchenbau im 19. und 20. Jahrhundert

Um 1800

Mit der Romantik gewann das Erlebnis des Unendlichen, des Transzendenten, des Kosmisch-Universalen neue Bedeutung, das sehnsuchtsvolle Streben nach dem rational nicht Erreichbaren erfüllte die gefühlsgeladene Gedankenwelt, und der Sinn für das Irrationale wurde charakteristisch für die Frömmigkeit der ersten Generation des 19. Jh. Geschichtsbewußtsein als Frucht wissenschaftlichen Interesses der Aufklärung verband sich mit einem religiös motivierten Engagement für die Nation. Vorbereitet durch die romantischen Literaten, Philosophen und Theologen, nahm dieses Denken in der Zeit napoleonischer Besatzung den Charakter einer patriotischen Bewegung an. Ältere, noch dem Rationalismus des 18. Jh. verbundene Geistliche hielten die Tatsache, »daß die berlinischen Kirchen sonntäglich gedrängt voll sind«, für eine vorübergehende Aufwallung, wie aus einem Brief des Königsberger Pfarrers Borowski vom 29. Juni 1814 hervorgeht. Nationale Befreiung, religiöse Erweckung und die Wiederbelebung großer Vergangenheit wurden auch zum Inhalt von bildender Kunst und Architektur. Ihr Exponent in Berlin war der junge Karl Friedrich Schinkel. Durch die Zeitereignisse ist ihm das praktische Bauen bis in sein viertes Lebensjahrzehnt verwehrt gewesen, aber er hat bis dahin Architekturbilder geschaffen, die ihn nicht nur als hervorragenden Maler ausweisen, sondern die ihn als einen engagierten Patrioten zeigen, der seiner Mitwelt, ähnlich wie die Literaten der Romantik, die Vision eines an der Geschichte orientierten Reiches der Zukunft zu bieten vermochte. Wohl geschult an den kunstkritischen und kunstgeschichtlichen Arbeiten der Brüder Friedrich und August Schlegel, vielleicht auch beeinflußt von den vehementen Ideen eines Novalis, auf jeden Fall Achim von Arnim und Clemens Brentano nahestehend und sichtlich getragen von Hoffnungen, die durch Reformen und Reformversprechen in seiner Generation geweckt waren – Hardenberg und die Humboldts gehörten zu seinen Gönnern und Freunden –, entwarf er in Gemälden und Zeichnungen gleichsam architektonische Geschichts- und Gesellschaftsmodelle, bildete er Denkmale der Nation. Als für Schinkel die Zeit des praktischen Bauens anbrach, mußte er sich den Realitäten beugen, und das bedeutete am Ende des zweiten Jahrzehnts gegen 1820 Abkehr von den Reformen und Verzicht auf die anvisierte Konstitution, das hieß, eine Architektur für die monarchisch-staatliche Repräsentation zu schaffen, auch neue, aus der Entwicklung der Stadt resultierende Bauaufgaben zu bewältigen und dabei eine auf äußerste Sparsamkeit bedachte Ökonomie zu beachten. Unter diese neuen Aufgaben fiel auch der Kirchenbau.

In der Zeit der Aufklärung und des Rationalismus war die Bautätigkeit in Berlin nahezu erloschen. Auf die Errichtung der 1739 eingeweihten Dreifaltigkeitskirche in der Friedrichstadt folgte erst nach 75 Jahren wieder ein Kirchenneubau, der Zeugnis der weiter über ihre Grenzen hinauswachsenden Stadt war: 1833/35 die Elisabethkirche vor dem Rosenthaler Tor. Aber es hatte bis dahin schon baukünstlerische Maßnahmen an den älteren Kirchen Berlins gegeben. Das spektakulärste Unternehmen war ohne Zweifel die Hinzufügung der beiden Turmbauten an die Deutsche und die Französische Kirche auf dem Gendarmenmarkt 1780/85, eigentlich keine kirchliche, sondern eine staatliche Baumaßnahme, die auf königlichen Wunsch zum Ziel hatte, der Residenz das Aussehen einer europäischen Hauptstadt zu geben. Wohl deshalb hat Friedrich Nicolai 1786 geschrieben: »Der Hauptplan ist von zwei Marienkirchen auf dem Platze del Popolo in Rom genommen, nur daß die hiesigen Türme noch mit einem runden Säulengange oder dem Dom vermehrt wurden.« Gerade der säulenumstandene Tambour mit dem Kuppeldach über dem von klassischen Giebelportiken umgebenen quadratischen Sockelbau stammt jedoch nicht aus Rom, sondern folgt eher einem Vorbild in Paris, der 1764 nach Plänen von Jaques-Germain Soufflot begonnenen Kirche Ste-Geneviève, dem heutigen Pantheon. Das Werk des Architekten Karl von Gontard in Berlin hat bereits stilistisch einen klassizistischen Zug, erweist sich aber mit dem reichen, die Silhouette verunklärenden Statuenschmuck und nicht zuletzt durch die symmetrische Gestaltung des Platzraumes als noch ausgesprochen barock-absolutistische Schöpfung.

Es war ein Charakteristikum spätfriderizianischer Baukunst, sich in der Rezeption älterer und fremder Vorbilder zu gefallen. Neben Gontard waren die Baumeister Georg Friedrich Boumann d. J., Johann Gottfried Büring, Andreas Ludwig Krüger, Carl Gotthard Langhans, Heinrich Ludwig Manger und Georg Christian Unger nach Friedrichs II. Anweisungen damit beschäftigt, Gebäudefassaden meist römischen Musters zu kopieren, auch nach des Königs Geschmack historische Stile anzuwenden. Boumann d. J. und Unger bauten so 1774/80 die neue Königliche Bibliothek am Opernplatz (heute August-Bebel-Platz) nach einem Entwurf für den Michaelertrakt der Wiener Hofburg von Joseph Emanuel Fischer von Erlach, und Carl Gotthard Langhans errichtete schon unter Friedrich Wilhelm II. 1789/91 das Brandenburger Tor, das den Propyläen der Akropolis von Athen, so wie man sie damals aus Stichwerken kannte, nachgebildet sein sollte. Langhans galt als ein besonderer Könner bei der Anwendung verschiedener Stile aus der Vergangenheit, und so konnte er auch der Urheber des ersten Werkes neugotischer Kirchenarchitektur in Berlin werden. Der Turmaufsatz der Marienkirche von Michael Matthias Smids war baufällig geworden. Er wurde 1789/90 durch einen neuen, mit Kupfer beschlagenen zweigeschossigen Aufbau nach Langhans' Entwurf ersetzt. Mit Säulenpaaren an den Ecken und geschwungenem Gebälk zeigt sich noch der barock geschulte Architekt. Aber die Öffnungen der Laterne sind spitz- und kielbogig und mit gebogenen Stäben maßwerkartig gefüllt. Diese Assoziation gotischer Formen war gewollt, war als Angleichung an die mittelalterliche Kirche und ihren Turm gedacht, die »im Wendischen Stil, der sehr nahe mit dem gotischen Stil verwandt ist, gebauet sind«, wie es eine zeitgenössische Schrift ausdrückt. Hier begegnet, zum ersten Mal schriftlich belegt, die bewußte Wiederaufnahme eines historischen Stils zur Vervollständigung eines mittelalterlichen Bauwerkes. So zopfig und spätbarock im einzelnen der Marienkirchturm auch sein mag, er signalisiert das Ende einer kontinuierlichen Stilentwicklung. Fortan lebte die Baukunst, die kirchliche ganz besonders, was die äußere Form, was den Stil angeht, von der Retrospektive.

Karl Friedrich Schinkel

Durch Vermittlung Wilhelm von Humboldts war Schinkel seit Mai 1810 als Assessor bei der Oberbaudeputation angestellt, einer seit Anfang des Jahrhunderts bestehenden Aufsichtsbehörde über das Bauwesen im Königreich Preußen. Ihm war das ästhetische Fach anvertraut, Neubauentwürfe unterlagen seiner Begutachtung. Im November 1810 wurden die Zeichnungen des Oberlandbaumeisters Colberg für den Wiederaufbau der Petrikirche eingereicht. St. Petri hatte erneut eine Brandkatastrophe heimgesucht, sie war in der Nacht vom 19. zum 20. September 1809 vollständig abgebrannt. Schinkel nahm die Colbergsche Vorlage zum Anlaß, einen eigenen Entwurf auszuarbeiten. Unter Ausnutzung der Grund- und Umfassungsmauern des Graelschen Baues, soweit sie erhalten geblieben waren, verfolgte er die »Anlage eines Domes« – also einer Kuppel, wie sie »den Hauptteil der Kirche, das Kreuz, als dem Mittelpunkt auszeichnen soll – auf die nämliche Weise, wie diese Einrichtung an der Peterskirche zu Rom statthat«. Ihn hat dabei auch »die Betrachtung geleitet, daß es einer so bedeutenden Stadt wie Berlin bis jetzt an einer der Würde des Gegenstandes angemessenen Kirche von bedeutendem Umfange fehlt und daß selbst die äußere Ansicht der Stadt, welche sich wenig zu ihrem Vorteil in der Ferne auszeichnet, gewinnen soll«. Schinkel hat damit ein baukünstlerisches Programm für die Kirchenarchitektur Berlins vorgegeben, das seine Erfüllung erst im Berliner Dom am Ende des 19. Jh. fand. Bis dahin war es immer wieder versucht worden und hatte auch mit der 1845/53 von Friedrich August Stüler nach Schinkels Plan errichteten evangelischen Schloßkirchenkuppel über dem Eosanderportal wie auch mit der katholischen Michaelkirche 1851/56 in der Luisenstadt von August Soller bereits stadtbildprägende Dimensionen angenommen. Schinkels Kuppelentwurf für St. Petri aber wurde nie Realität.

Als 1813 die Klosterkirche einer Instandsetzung unterzogen werden sollte, um der seit 1809 noch immer heimatlosen Petrigemeinde ein neues Domizil zu schaffen, versuchte Schinkel seinen Plan für die Petrikirche noch einmal ins Spiel zu bringen, mußte sich aber der Weisung des damals für den Kultus zuständigen Innenministers Schuckmann beugen und Entwürfe für eine neue Einrichtung der Klosterkirche erarbeiten. Er wählte dafür den gotischen Stil, in dem die Kirche gebaut war, aber mit jenem Detailreichtum, wie wir ihn von seinen Plänen für einen Dom zum Andenken an die Befreiungskriege kennen; zur Ausführung kam es nicht. So konnte Schinkel 1814 noch einmal einen Neubauentwurf für St. Petri vorlegen, wiederum als Antwort auf das Projekt eines anderen, Louis Catel, jetzt als dreischiffige, kreuzrippengewölbte gotische Halle mit hohen wimpergartigen Giebelfronten an den Schmal- und mit Giebelrisaliten an den Langseiten. Im beigefügten Erläuterungsbericht hat Schinkel Catel gegenüber einen hochfahrenden Ton angeschlagen, so daß dieser sich zu einer 1815 im Druck erschienenen Gegenschrift über »Grundzüge einer Theorie der Bauart protestantischer Kirchen« veranlaßt fühlte. Es war die erste einer ganzen Reihe solcher Bemühungen während des 19. Jh., der Petrikirche kamen sie nicht zugute. Friedrich Wilhelm III. befahl am 6. März 1817 den Abriß der Ruinen und die Anlage eines freien Platzes, auf dem erst 1846/52 wieder eine Kirche, dann aber nach dem Entwurf von Heinrich Strack, errichtet wurde.

Das Jahr 1817, das Jubiläumsjahr der deutschen Reformation, hatte anderen Kirchen jedoch zu notwendigen Erneuerungen verholfen, Schinkel war mittelbar und unmittelbar mit jeder von ihnen betraut. Die Garnisonkirche erhielt im nämlichen Jahr eine klassizistische Innengestalt. Hofbauinspektor Friedrich Rabe machte aus den hölzernen Pfosten, die bislang die Emporen trugen, durch Gipsumkleidungen kannelierte dorische Säulen mit schwerem Gebälk und einer Felderdecke darüber. Und die Nikolaikirche wurde ihrer barocken Emporen entledigt, bis zur Pfeilerflucht zurückgenommene mit neugotischer Brüstung traten an ihre Stelle; der Chor blieb auf Schinkels Rat völlig frei. Den Restaurierungsplan hatte Stadtbaurat Langerhans ausgearbeitet, er mußte ihn aber der Oberbaudeputation zur Begutachtung vorlegen, weil die Nikolaikirche zu denjenigen öffentlichen Gebäuden zählte, die durch Kabinettsordre vom 5. Oktober 1815 zu Denkmälern erklärt worden waren, deren beabsichtigte Veränderung dem Staate gemeldet werden mußte und bei Ausführung behördlicher Aufsicht unterlag. Erneuerungen historischer Bauwerke waren so zu Maßnahmen staatlicher Denkmalpflege geworden, deren Beginn in Preußen mit dem Reformationsjubiläum von 1817 zusammenfiel. Am 29. Oktober wurde die restaurierte Garnisonkirche, am Tage darauf St. Nikolai feierlich eingeweiht.

Weniger mit der Denkmalpflege, um so mehr aber mit dem Jubiläum des Protestantismus hing der Umbau des Domes am Lustgarten zusammen, die Absicht dazu läßt sich schon seit 1815 nachweisen. Wieder wollte Schinkel zunächst einen großen klassizistischen Kuppelbau in Vorschlag bringen, den er bald reduzierte, als ihm die sparsamen Vorstellungen des Königs bekannt wurden. Man begann mit den Veränderungen im Inneren. Aus dem Quersaal Boumanns d. Ä. entstand ein längsgerichteter Raum, gedeckt von einem kassettierten Tonnengewölbe, das von langen Reihen korinthischer Säulen getragen wurde, zwischen die Emporen gespannt waren. Der Altar stand an der südlichen Schmalseite, die Kanzel blieb an der ursprünglichen Stelle im Quersaal an der Mitte der östlichen Langseite, dem Haupteingang gegenüber. Der König soll am 26. Oktober 1817 seine Zufriedenheit bei einer Vorbesichtigung geäußert haben, so daß am Reformationsfest die Weihe vollzogen werden konnte. Die Veränderung des Äußeren zog sich noch bis 1821 hin. Nun war aus dem locker gegliederten Baukörper ein streng geschlossener Block geworden. Hochrechteckige Fenster fanden zwischen dorischen Pilastern auf geradlinig umrandeten Wandfeldern Platz. Den Mittelrisalit bildete ein tempelartiger Portikus, über dem ein hoher Tambour mit Kuppeldach aufragte, seitlich begleitet von zwei kleineren Kuppeltürmen.

Schinkel hatte an die Stelle der spielerischen Heiterkeit des Rokoko den Ernst klassizistischer Formen gebracht und damit nach dem Verständnis seiner Zeit dem sakralen Bauwerk eine würdevollere Erscheinung gegeben. Dies muß eine wesentliche Intention zur Erneuerung der Domkirche durch Schinkel gewesen sein. Befriedigt hat sie offenbar nicht, sie galt wohl immer als Provisorium. Noch in den zwanziger Jahren tauchten die ersten Neubaupläne auf, als altchristliche Basilika nach römischem Muster, hinter denen der Kronprinz als Mitinitiator stand. Angeregt wurde der spätere König Friedrich Wilhelm IV. durch die Studien von Carl Josias Bunsen über die Basiliken des christlichen Roms und durch die Veröffentlichung der zeichnerischen Bauaufnahmen von Johann Gottfried Gutensohn und Johann Michael Knapp. Es

17. Dom am Lustgarten,
nach dem Umbau durch K. F. Schinkel,
Aufnahme vor dem Abriß 1893

war der Anfang der Entwurfs- und Baugeschichte des eigentlichen Berliner Domes. Schinkel selbst hat der Idee eines monumentalen Domes für Berlin immer wieder zeichnerische Gestalt gegeben. Ein Denkmaldom sollte auf dem Potsdamer Platz stehen, wo schon Friedrich Gilly das Denkmalforum für Friedrich II. konzipiert hatte. In reduzierter Form war etwas Ähnliches für den Spittelmarkt gedacht. Unter Schinkels Plänen für eine neue Spittelmarktkirche von 1819 war der Entwurf im altdeutschen Stil für eine Ausführung »bis auf die Fenstereinfassungen und Skulpturen in den Ausfüllungen der Bögen ganz in Backstein« vorgesehen, »was eine Schule guter Maurer geben kann, so sie sich auf die Fabrikation vorzüglicher Ziegel mit großem Nutzen fürs Allgemeine gründen läßt«. Hier begann die Wiederbelebung der Backsteinbauweise, die Schinkel dann 1825/31 mit der neuen Kirche am Werderschen Markt und 1831/36 mit der Bauakademie zu ihren ersten Höhepunkten im 19. Jh. führte.

Das Jubiläumsjahr 1817 hatte noch eine weitere Frucht getragen. Hofprediger Eylert in Potsdam hatte am 27. September 1817 die konfessionelle Union von Lutheranern und Reformierten im preußischen Staat verkündet und damit den schon seit dem 17. Jh. vorhandenen Wunsch nach kirchlicher Einigung zu erfüllen versucht. Eine Kabinettsordre zur Vereinigung zu einer »neu belebten evangelischen christlichen Kirche« lag dem Aufruf zugrunde. Auch wenn die Union nicht sogleich zu voller Wirkung kam – eine zweite Kabinettsordre vom 28. Februar 1834 mußte die Anerkennung der Bekenntnisschriften garantieren –, war der Grund zur Bildung der evangelischen Landeskirchen gelegt. Schleiermacher hat 1821 seine Glaubenslehre nach den »Grundsätzen der evangelischen Kirche« ausgearbeitet, denn ihm schien »keine dogmatische Scheidewand zwischen beiden Kirchengemeinschaften zu bestehen«. Im wörtlichen Sinne fiel diese Scheidewand in der Baugeschichte der Friedrichswerderschen Kirche Schinkels: sie wurde die erste evangelische Kirche Berlins.

Das von Grünberg und Simonetti um 1700 zur Kirche für Friedrichswerder ausgebaute Reithaus war hundert Jahre später baufällig geworden. Seit 1811 hatte Stadtbaurat Langerhans den Auftrag, sich um eine Reparatur zu bemühen, und die Oberbaudeputation war von Anfang an mit in die Geschichte des Neubaues der Kirche auf dem Werderschen Markt einbezogen, so auch Schinkel. Ein erster Vorschlag von ihm rührt aus dem Jahre 1817. Zwei gleichgestaltige Gebäude sollten für die beiden Gemeinden, die deutsche und die französische, östlich vom alten Bau am Wasser, in der Nähe des Alten Packhofes, wo später die Bauakademie stand, beiderseits des Spreearmes derart errichtet werden, daß sie ein »Wassertor für die Schiffe« gebildet hätten, eine Anlage, von deren städtebaulicher Wirkung namentlich in der »Perspektive von der Hundebrücke aus« sich Schinkel viel versprach. Schinkel ließ auch weiterhin nicht davon ab, für einen Neubau und nicht für eine Erneuerung der alten Kirche zu plädieren. Von 1821 bis 1824 legte er die verschiedensten Entwürfe vor, in Form eines »nach Vitruv Pseudoperipteros« genannten römischen Tempels, wobei ihm »eins der schönsten Monumente des Altertums, die sogenannte Maison Carrée zu Nîmes«, nach seinen eigenen Worten als Vorbild gedient hat, ferner in Form einer Kuppelhalle »in antikischem Stil«, Entwürfe im »Mittelalterstil« mit einem, zwei und vier Türmen, und noch einmal im antikischen Stil, dorisch und korinthisch, zur Auswahl für den König. Dessen Genehmigung fiel auf den Entwurf im Mittelalter-, also im gotischen Stil mit zwei Türmen, nicht ohne zusätzliche Wünsche damit zu verbinden. Die Bauausführung begann mit dem Legen der Fundamente 1825, und am 10. Juli 1831 wurde das schon im Herbst 1830 vollständig fertiggestellte und eingerichtete Gotteshaus eingeweiht.

Der zur Verfügung stehende Bauplatz an der Stelle der niedergelegten alten Kirche ließ nur einen einschiffigen Bau zu. Die Pfeiler, die die Kreuzrippengewölbe tragen, »sind mit den Frontmauern vollkommen verbunden; es sind aber, sowohl im unteren Kirchenraum als auf den Emporen, die zwischen den Pfeilern eingebaut sind, Verbindungstüren gelassen«. Auch die Zweiturmfront begründete Schinkel damit, »daß sie weniger Grundfläche einnähme als ein quadratischer Mittelturm beanspruche, und eben wegen der sehr geringen Grundfläche jedes dieser Türmchen ... würde die Aufführung einer verhältnismäßigen Spitze kleinlich ausgefallen sein«. Schinkel zog es deshalb vor, »diese Türmchen oben in ihrer vollen Breite gegen die Luft enden zu lassen ... Die zierliche Einfassung dieser Flächen mit durchbrochen gearbeiteten Geländern, die sich an zugespitzten Eckpfeilern anschließen, bezeichnet hinreichend die Endigung dieser Gebäude.« Die nachfolgende Architektengeneration war da ganz anderer Meinung, und Ludwig Hesse und Friedrich August Stüler versuchten immer wieder, und zwar unter der nicht zutreffenden Berufung auf Schinkel, durchbrochene Helmspitzen aus Eisen mit Zink, wie sie in den vierziger Jahren in Mode kamen, aufzubringen, was jedoch am Widerstand des Königs scheiterte. Schließlich hat auf nochmalige Anfrage hin der Berliner Stadtbaurat Hermann Blankenstein 1875 mit dem Hinweis auf die Pflicht zur Erhaltung der von Schinkel geschaffenen Form die Angelegenheit endgültig aus der Welt geschafft. Schinkel war überzeugt, daß seine Lösung viel dazu beitrug, »die Wirkung reicher zu machen«. Man kann sich davon nach der Wiederherstellung von 1984/85, die den Schinkelschen Entwürfen folgt, ein überzeugendes Bild machen. Ausdrücklich ging Schinkel in seinen Texten darauf ein, »daß die Konstruktion überall in einem sorgfältig und für jeden Bauteil eigens zweckmäßig behandelten Backsteinmaterial sichtbar gelassen werde«. Es wurde von der Feilnerschen Fabrik und von der Königlichen Ziegelei in Joachimsthal geliefert.

Wie der Vorgängerbau sollte auch die neue Friedrichswerdersche Kirche innen in zwei Abschnitte durch eine raumhohe Trennwand geteilt werden. Es war eine Ausführung in Holz vorgesehen, um »eine künftig etwa eintretende Vereinigung möglich« zu machen. Offensichtlich rechnete man mit einer solchen, und Schinkel vertrat sie schon während des Baues mit dem Hinweis auf die immer kleiner werdende und vom Aussterben bedrohte französische Gemeinde, vor allem wünschte er sie sich für die voll wirksame Schönheit seines Raumes. Als die beiden Gemeinden mit einer wechselweisen Nutzung des Gebäudes einverstanden waren, genehmigte Friedrich Wilhelm III. 1829 den Wegfall der Trennwand, ein Ergebnis, das wie eine Demonstration der gewünschten evangelischen Union aller protestantischen Christen anmutet. Weitere Inhalte sind in der Baugestalt der Friedrichswerderschen Kirche erkannt worden. Schinkel erklärte mit rein praktischen Gründen – die Enge der Gegend, die geringe Baufläche –, warum ihm für den gotischen Entwurf englische Kapellenbauten des Mittelalters, Chapels, zum Vorbild gedient haben, noch nicht aus eigener Anschauung – seine Englandreise fand erst 1826 statt –, sondern nach Kupferstichwerken. Aber auch märkische Backsteinbauten des Mittelalters dürften Anregungen gegeben haben. Das Laufgangsystem zwischen nach innen gezogenen Strebepfeilern – außen treten sie nur als flache Lisenenbänder in Erscheinung – erinnert an die Katharinenkirche des Hinrich Brunsberg in Brandenburg. Neuerlich hat man auch eine Vorbildwirkung der Kapelle der Marienburg (heute Malbork) und der Schloßkirche in Wittenberg postuliert (Hans Joachim Kunst) als Zeichen der Verbundenheit mit ordenspreußischer und reformatorischer Geschichte als den Grundlagen einer nationalprotestantischen Gesinnung, wie sie am Hofe gepflegt wurde. Solche Interpretationen entsprechen durchaus Schinkelschem Architekturverständnis. Ihm galt – seit den frühen Jahren unter dem Einfluß der Romantiker – die gotische Baukunst des Mittelalters als die Architektur des echten Christentums, der wahren Religion.

18. Friedrichswerdersche Kirche,
Innenansicht,
Aufnahme um die Jahrhundertwende

Ihr Sinn sei »die Darstellung einer freien Idee, die sich emporhebt über die nackte Bedürftigkeit..., über die physische Zweckmäßigkeit..., und die auf das Unendliche und das Ewige« hindeutet.
Wie nüchtern pragmatisch, weit mehr der Befriedigung nackter Bedürftigkeit als der Darstellung einer freien Idee dienend, erscheinen dagegen Planung und Ausführung der Kirchen für die im Norden Berlins entstandenen Vorstädte, die man 1828 zum ersten Mal von ihm forderte, billig hinsichtlich der Kosten und groß im Hinblick auf das Fassungsvermögen, »ganz einfach ohne besondere Verzierungen und ohne Türme... auf 3000, mindestens auf 2500 Sitzplätze«, wie es in den entsprechenden Weisungen hieß. Aber Schinkel widmete sich dieser neuen Aufgabe mit dem gleichen ihm eigenen Engagement. Er entwarf die Kirchen »im Rechteck, mit Vorhalle, in Kreuzform, im Kreisrund, mit vier Türmen«. Für die bis zu drei Geschosse zählenden Emporen sollten Eisenkonstruktionen angewendet werden, eine bautechnische Neuerung, die Schinkel auf der Englandreise kennengelernt hatte. Als Baumaterial war Backstein vorgesehen, der in den Außenansichten unverputzt bleiben sollte. Die Entwürfe entbehren nicht der Faszination, sie bezeugen ein auf die Zukunft gerichtetes Architekturgefühl wie so mancher Entwurf Schinkels aus dieser Zeit, von denen die Bauakademie an erster Stelle zu nennen ist. Die meisten blieben Utopie wie auch die in Rede stehenden Kirchen. Nur die Kirche mit Vorhalle, die Elisabethkirche, begann man vor dem Rosenthaler Tor zu bauen. Ursprünglich war für eine zweite dieser Großraumkirchen ein Bauplatz in der Oranienburger Vorstadt nach dem Wedding zu vorgesehen, aber man ging von diesen Plänen ab zugunsten von drei kleineren Bauten in den damaligen Randgebieten Moabit, Wedding und Gesundbrunnen. Auch für diese kleinen Vorstadtkirchen verlangte man von Schinkel Entwürfe, der nun Saalbautypen in Vorschlag brachte, mit Giebelfronten an den Schmalseiten, von denen die eine mit den Eingängen, die andere mit der halbrunden Altarnische versehen war, die Fensteranordnung an den Langseiten zweigeschossig entsprechend der Emporenanlage, die Öffnungen rechteckig oder rundbogig, die Dächer flach geneigt und meist mit Zinkblech beschlagen. Im Frühjahr 1833, nach einer Unterbrechung der schon begonnenen Arbeiten an der Elisabethkirche, waren alle vier Gotteshäuser im Bau, und im Sommer 1835 konnten sie eingeweiht werden. Ihre Benennungen wurden erst jetzt festgelegt, die Kirche vor dem Rosenthaler Tor in der Äußeren Spandauer Vorstadt erhielt den Namen der Elisabeth, die Kirche am Gesundbrunnen (Berlin-West) den des Apostels Paulus und die Kirche in Moabit (Berlin-West) den des Evangelisten Johannes; die Kirche auf dem Wedding (Berlin-West) heißt seitdem Nazarethkirche. Die Innengestalt dieser Kirchen assoziiert Frühchristlich-Basilikales durch die betonte Längsausrichtung auf den Altar – die Kanzel hatte jetzt seitlich am Apsisbogen ihren Platz –, durch die die Emporen tragenden Stützreihen, durch die flachen Felderdecken oder offenen Gebälke der Dachstühle. Damit war bereits der Ton angeschlagen, der den Kirchenbau in der Ära Friedrich Wilhelms IV. beherrschte. Die Einrichtungsgegenstände waren ebenfalls von Schinkel entworfen, sie konnten gleichsam in Serie – die Taufständer aus Eisenguß – für mehrere Kirchen angefertigt werden. Schinkels Vorstadtkirchen waren die ersten neuen Kirchen seit dem 18. Jh. in der wachsenden Stadt. Sie haben der weiteren Stadtentwicklung nicht lange standgehalten, sie mußten erweitert und umgebaut, sie sollten auch durch Türme und Bogenhallen verschönert werden. Von ihren Gemeinden trennten sich bald Tochtergemeinden mit dem Wunsch nach eigenen Gotteshäusern, und die bescheidenen Schinkelschen Werke gerieten in den Schatten anspruchsvollerer kirchlicher Bauunternehmungen des prosperierenden Gemeinwesens.

Neue Gemeinden und ihre Kirchen

Die Errichtung der Vorstadtkirchen zeigte an, daß die Stadt erneut begonnen hatte, sich auszudehnen. War um 1800 die Besiedlung außerhalb der seit 1734 bestehenden Akzisemauer noch recht gering, so war sie nach 1820 im Norden vor dem Rosenthaler, Hamburger und Oranienburger Tor, wo schon seit 1752 aus Sachsen stammende Bauarbeiter sich niedergelassen hatten – die Äußere Spandauer Vorstadt wurde teilweise das Neue Vogtland genannt –, und weiter auswärts, wo seit 1820 das Vorwerkgelände auf dem Wedding in Parzellen erworben werden konnte, derart dicht geworden, daß der Wunsch nach neuen Kirchen laut wurde. 38 000 Seelen zählte 1827 die bis dahin allein zuständige Sophienpfarrei. Nach der Einweihung der Vorstadtkirchen im Sommer 1835 wurden die vier neuen Gemeinden gebildet und von der Massenparochie getrennt. Solche Gemeindeteilungen erfolgten von nun an in allen Stadtteilen mit dem ständigen Anwachsen nach allen Himmelsrichtungen.

Berlin war im 19. Jh. nicht mehr allein eine Stadt des Königs. Im Rahmen der vom Freiherrn vom und zum Stein in Gang gesetzten Reformen wurde am 19. November 1808 die Städteordnung erlassen, die der Stadt zu relativer Selbständigkeit und einer den eigenen Interessen gemäßen Entwicklung verhalf. Nach Paragraph 85 der Ordnung sollten die Wahlen zur Stadtverordnetenversammlung mit einem Gottesdienst eingeleitet werden, wie es heißt, auf ausdrücklichen Wunsch Steins, was dem romantisch-religiös bestimmten Zeitgeist entsprungen sein dürfte und wohl die Popularisierung des Reformgedankens zum Ziel hatte. In Berlin fanden auch die ersten Wahlen selbst in den Kirchen statt, vom 18. bis 22. April 1809, und am 6. Juli des gleichen Jahres folgte die Einführung des neuen Magistrats in der Nikolaikirche, womit die kommunale Stellung der ältesten Berliner Kirche noch einmal, vielleicht zum letzten Mal in ihrer Geschichte, in Erscheinung trat. Obwohl die Wirkung der Stein-Hardenbergschen Reformen mit der Konsolidierung der Monarchie nach dem siegreichen Ende der Befreiungskriege wieder eingeschränkt wurde, haben sie doch die Voraussetzungen für das Wachstum Berlins geschaffen. Bevölkerungszustrom und industrielle Entwicklung gingen Hand in Hand. Die »obeliskartigen Schornsteine mit ihren hoch empor wirbelnden Rauchsäulen« waren nach dem Zeugnis der Spenerschen Zeitung vom 22. Januar 1840 das hervorstechende Kennzeichen eines Blickes auf Berlin. Im Osten sah sich der Besucher in einer Fabrikstadt, im Norden hatten Eisengießereien und Maschinenbauanstalten ihren Sitz genommen, nur der Westen war noch schwächer besetzt und bezeichnete die »Grenzen der großartigen Betriebsamkeit«. Berlin begann Industriestadt zu werden. Aus Heimarbeitern und kleinen Handwerkern wurden Fabrikarbeiter, entstand das Proletariat. Staat und Stadt waren den auftretenden sozialen Problemen, der Wohnungsnot, der Krankenfürsorge gegenüber unvorbereitet und hilflos. Die Kirche war es nicht weniger. Sie erkannte ihre Aufgabe zunächst wohl nur in ausreichender Seelsorge und versuchte dem Bevölkerungswachstum mit der Gründung von neuen Gemeinden und dem Bau neuer Kirchen gerecht zu werden. So waren die Vorstadtkirchen Schinkels nur der Anfang eines erneuten Aufschwungs in der kirchlichen Bautätigkeit, die schließlich mit einem Höhepunkt um 1900 zu Ende ging.

Nach der Abzweigung der vier Vorstadtgemeinden trennten sich von der Sophienparochie noch 1851/52 die Philippus-Apostel-Gemeinde, die sich in der nördlich des Schiffbauerdamms seit 1825 auf noch unbebautem Gelände innerhalb der Akzisemauer entstandenen Friedrich-Wilhelm-Stadt gebildet hatte, und 1856 die Gemeinde der Johannes-Evangelist-Kirche in der Auguststraße. Während letztere damals nur eine bescheidene Backsteinkapelle erhielt – der stehende Bau nach einem Entwurf in neuromanischen Stil von Max Spitta stammt erst aus den Jahren 1897 bis 1900 –, sorgte ein Bauverein für einen größeren Kirchenbau in der Philippstraße, der schon am 17. Oktober 1852 eingeweiht werden konnte (im zweiten Weltkrieg zerstört). Ähnlich verhielt es sich bei der Matthäuskirche am Tiergarten (Berlin-West), einem 1844/46 von Friedrich August Stüler entworfenen, wegweisenden Bau, deren Gemeinde von der Dreifaltigkeitsparochie in der Friedrichstadt abgeteilt worden war. Ebenfalls in der Äußeren Friedrichstadt wurde 1859/61 nach Stülers Entwurf die Lukaskirche in der Bernburger Straße (Berlin-West) als Filiale der Matthäuskirche durch Bauinspektor Gustav Möller errichtet.

Die Luisenstadt verfügte über das umfangreichste unbebaute Land, das Cöpenicker Feld, innerhalb der Akzisemauer. Oberbaurat Schmidt hatte schon 1825 den Auftrag erhalten, einen Bebauungsplan zu erstellen, zu dem Schinkel zehn Jahre später Stellung nahm und in dessen Bearbeitung 1840 der Gartengestalter Peter Joseph Lenné eingriff. Zur Ausführung kam eine nochmalige Überarbeitung durch die Baubehörde. Sukzessive waren zusätzlich Kirchen in den Bebauungsplan aufgenommen worden, eine katholische, die von August Soller 1851/56 errichtete Michaelkirche, und zwei neue evangelische, die Jakobikirche in der Oranienstraße, als Emporenbasilika im altchristlichen Stil nach Stülers Entwurf 1844 begonnen, und die Thomaskirche am Mariannenplatz (Berlin-West), 1864/69 von Friedrich Adler erbaut; die zugehörigen Gemeinden lösten sich aus dem Verband der alten Luisenstadtparochie. Die Michaelkirche und die Thomaskirche haben städtebaulich exponierte Plätze erhalten, die erste in der Achse, die zweite am Bogen des später zugeschütteten und in Straßen verwandelten Luisenstädtischen Kanals.

Beide Kirchenbauten zeigten sich auch aufwendiger in Gestalt und Stil als die vorangegangenen von Schinkel und

19. Rechte Seite:
Matthäuskirche, Aufnahme um 1935

Stüler. Sie kündigten die Blüte des späten Historismus nach 1870 an.
Im Osten entstanden für die Stralauer Vorstadt neue Gemeinden aus der Teilung der alten Georgenparochie, die Markusgemeinde mit einer 1848/55 errichteten Kirche in der Weberstraße (1945 zerstört und 1957 abgetragen), einem der seltenen Zentralbauten Stülers, die Andreasgemeinde mit einer von Heinrich Strack entworfenen, 1856 eingeweihten Kirche am Stralauer Platz (1945 zerstört und 1949 abgetragen) und die »Parochie der Kirche am Königstor«, deren von Friedrich Adler nach Stülers Entwurf gebautes Gotteshaus bei der Einweihung am 13. November 1858 den Namen des Apostels Bartholomäus erhielt. Im Norden bildete sich 1864 eine Gemeinde aus Teilen der Elisabeth- und Bartholomäusgemeinde, die ihr Kirchengebäude mit der 1868/73 nach Entwürfen von Gustav Möller und August Orth erbauten Zionskirche bekam. Die Zionskirche, auf dem Rand des ins Spreetal abfallenden Barnimhanges weithin sichtbar und dann auf einem Platz mit auf ihn zuführenden Straßenstrahlen freigestellt in den Hobrechtschen Bebauungsplan einbezogen, sollte eigentlich eine Stiftung zum Dank für die Rettung des Königs Wilhelm I. bei dem 1861 in Baden-Baden auf ihn verübten Attentat sein, eine Votivkirche, wie sie auch andere europäische Herrscherhäuser, in Wien oder in Petersburg, aus gleichen Anlässen haben erbauen lassen.
Im Süden vor dem Halleschen Tor (Berlin-West) war es die Gemeinde Zum Heiligen Kreuz, die sich aus Teilen verschiedener anderer Parochien zusammensetzte. Eine repräsentative Kirche wurde ihr erst 1885/88 zuteil, nach Plänen von Johannes Otzen, einem strengen Historisten, der hier einen Kuppelbau über griechischem Kreuz wagte, in Formen, die der klassischen Frühgotik entlehnt sind, und in einer vieltürmigen Gesamterscheinung, die später 1891/95 von Max Spitta mit seiner Gnadenkirche am Invalidenpark (1945 zerstört und 1967 abgetragen) im spätromanischen Stil wiederholt worden ist. So wuchs mit der Stadt und der Vermehrung ihrer Kirchgemeinden die kirchliche Baukunst in den späten Historismus hinein, dessen Architekten den gewählten Stil so rein wie möglich zur Anwendung bringen, ihn auch steigern und, wie sie meinten, weiterentwickeln wollten, wenn der Auftrag und der Rang der Aufgabe es ihnen abzuverlangen schienen. Es entstanden jene Kirchen in historischen Stilen, die schon bald nach ihrer Fertigstellung in den Geruch des Eklektizismus, ja des baukünstlerisch Wertlosen gerieten. Bei notwendigen Baureparaturen sind die nachfolgenden Generationen wenig respektvoll mit den architektonischen Leistungen ihrer Väter und Großväter umgegangen. Erst neuerlich ist man bereit, die Werte dieser Baukunst des ausgehenden 19. Jh. wieder anzuerkennen, im Hinblick auf die Formgebung in historischen Stilen ebenso wie auf die Findung der Gesamtgestalt, die keine Vorbilder in der Vergangenheit hatte und die vor allem der Schaffung großer repräsentativer Räume dienen mußte, und ganz besonders im Hinblick auf die einfühlsame Bewältigung städtebaulicher Erfordernisse.

Neue Kirchbautheorien

Baustil, Raumgestalt und Stellung im Stadtbild waren im 19. Jh. wieder zunehmend Gegenstand theoretischer Erörterungen geworden, an denen sich Theologen und Architekten gleichermaßen, schließlich auch Kunsthistoriker beteiligten. Es ist dabei interessant festzustellen, daß die Meinung vorherrschte, seit der Reformation sei für die Ausbildung protestantischer oder evangelischer Kirchenformen nichts Anerkennenswertes geschehen. Eine erste Abhandlung hat Louis Catel 1815 verfaßt, als er seinen als römisch-klassisch bezeichneten, aber eher an Mustern der französischen Revolutionsarchitektur angelehnten Zentralbauentwurf für die Petrikirche gegen Schinkels gotisches Konzept verteidigte. Seine »Grundzüge einer Theorie der Bauart protestantischer Kirchen« gipfelten hinsichtlich der Stilfrage in der Ablehnung der altdeutsch-katholischen, also der gotischen Bauart und in der Befürwortung des durch griechische Säulenordnungen bereicherten römischen Kuppelbaues.
Schinkel hat alle seine Kirchenentwürfe mit Erläuterungen der jeweils gewählten Gestalt und für die praktische Nutzung versehen, ohne daraus Regeln allgemeingültiger Art abzuleiten. Bei der Arbeit für die Vorstadtkirchen hat er aber Maßstäbe gesetzt, die, wären sie nicht aufgegeben worden, der Entwicklung des Kirchenbaues im 19. Jh. eine ganz andere Richtung gegeben hätten. Sein Ziel waren dem Zweck entsprechende Nutzbauten, in der Intention dem Gedankengut Christoph Leonhard Sturms vom Anfang des 18. Jh. nicht unähnlich, im Stil frei, aber in der Gesamtgestalt durch Formgebung und Maßverhältnisse durchaus von sakraler Würde und nicht ohne monumentale Wirkung, wie es die Elisabethkirche an der Invalidenstraße und die Nazarethkirche auf dem Wedding (Berlin-West) noch heute beweisen. Schinkel hatte für ländliche Siedlungen auf königlichen Wunsch einen variablen Gebäudetyp, eine Normalkirche, entworfen. Man wird in den Vorstadtkirchen die Entsprechung für städtische Verwendung sehen dürfen.
1842 hat Christian Karl Josias Bunsen, Theologe und von 1824 bis 1837 preußischer Gesandter beim Vatikan, zu einer neuen Auflage des Abbildungswerkes römischer Kirchen von Gutensohn und Knapp eine Schrift über die »Basilika des christlichen Roms nach ihrem Zusammenhang mit Idee und Geschichte der Kirchenbaukunst« beigesteuert, die gleichsam die theoretische Voraussetzung war für den Grundsatz Friedrich Wilhelms IV., er baue nicht im gotischen

Stil, sondern behalte die Basilika und den Rundbogen bei. Und so nannte man denn die schon im frühen Klassizismus und in zahlreichen ausgeführten oder geplanten Werken Schinkels vorbereitete Bauweise des mittleren 19. Jh., die Assoziationen an die altchristliche wie an die mittelalterliche Baukunst Italiens wecken sollte, den Rundbogenstil; er war das Ideal des Königs und seines Architekten Friedrich August Stüler. Nahezu jeder Kirchenbau aus der Zeit zwischen 1840 und 1870 ist mit dem Namen Stülers verknüpft. 1843 hatte Stüler auf der zweiten Versammlung deutscher Architekten und Ingenieure in Bamberg einen »Cyklus von Plänen zu protestantischen Kirchen, theils für ländliche, theils für kleinere und mittlere städtische Gemeinden« ausgestellt, die einer »zweckentsprechenden und zugleich würdigen Ausbildung protestantisch-kirchlicher Gebäude« dienen sollten. Angeblich waren darin Erfahrungen einer Englandreise enthalten, die Stüler zusammen mit Johann Heinrich Strack im Jahr zuvor absolviert hatte. Es handelte sich vorwiegend um gestreckte Rechteckbauten, einschiffig mit einer Apside oder dreischiffig basilikal mit drei Apsiden als östlichem Abschluß, an der Westseite ein mittlerer Turm, von Vorhallen flankiert. Emporen bedingten eine zweigeschossige Fensteranordnung an den Langseiten. Der runde Bogen herrschte vor für Fenster und Portale. Als Baumaterial sollte immer unverputzter Backstein verwendet werden. Hinsichtlich der Anwendung eines historischen Stils aber waren diese Kirchenbauvorschläge trotz der scheinbaren Italianismen ebenso frei wie die Vorstadtkirchen Schinkels, und so konnte es auch spitzbogig-gotische Ausführungen geben; die Bartholomäuskirche ist dafür ein Beispiel.

Die Stülerschen Ideen wurden aufgenommen in die 1852 durch die Oberbaudeputation erarbeitete Sammlung von Vorschlägen zum Bau von Kirchen, Pfarr- und Schulhäusern. Sie war – ergänzt mit einer Denkschrift der beiden zuständigen Ministerien für Handel, Gewerbe und öffentliche Arbeiten sowie für geistliche, Unterrichts- und Medizinal-Angelegenheiten – an sämtliche königliche Konsistorien gerichtet. Darin stehen die Forderungen nach monumentaler Konstruktion und größter Sparsamkeit einander gegenüber, der Anschluß an die Kirchenformen früherer Jahrhunderte ist als verbindliche Richtlinie formuliert. Doch erst im Eisenacher Regulativ, angenommen von einer Sitzung der Kirchenkonferenz am 5. Juni 1861, gelang es zum ersten Mal, Bauregeln für den evangelischen Kirchenbau aufzustellen, die bis in die neunziger Jahre und darüber hinaus Gültigkeit besaßen und die Anwendung geschichtlich entwickelter christlicher Baustile festschrieben; die kirchliche Architektur vermochte sich nur schwer wieder aus solchem amtlich verordneten Stilzwang zu lösen. In 16 Sätzen war empfohlen worden, daß jede Kirche mit dem Altar nach Osten gerichtet sein und der Haupteingang an der westlichen Schmalseite liegen müsse, woraus sich als angemessenste Grundgestalt ein längliches Viereck ergibt, daß dauerhaftes Material verwendet, daß der erhöhte und hinreichend geräumige Altarplatz auf jeden Fall massiv gewölbt werde, daß ein Turm nicht fehlen solle, daß die Kanzel an einem Pfeiler des Chorbogens oder des Langhauses und daß die Orgel über dem Haupteingang zu stehen habe, daß die Ordnung des Gestühls ermöglichen solle, Kanzel und Altar während des Gottesdienstes zugleich zu sehen, und daß Emporen nur anzubringen seien, wo sie unumgänglich sind. Obwohl sich das Regulativ auf das Urteil von Stüler, Conrad Wilhelm Hase in Hannover, Christian von Leins in Stuttgart und Dombaumeister Ernst Friedrich Zwirner in Köln stützte, hatte das preußische Kultusministerium unter Berufung auf den verstorbenen König Friedrich Wilhelm IV. nur mit Vorbehalten zugestimmt. Diese bezogen sich auf eine weniger festgelegte Grundrißgestalt und auf eine flexiblere Stellung des Turmes, wobei Geländebedingungen und eine freiere landschaftliche, man könnte auch sagen, städtebauliche Gruppierung der Gebäudemassen, die einer streng architektonischen vorgezogen werden sollte, Berücksichtigung fanden. Auch einer seit dem 18. Jh. üblichen Stellung der Kanzel hinter dem Altar wollte man nicht unbedingt absagen. »Nach Bunsen würde diese Stellung dem altchristlichen Gebrauch entsprechen, nach welchem der Bischof von seinem Sitz hinter dem Altar aus zur Gemeinde sprach.« Ob solche Argumentation zu Recht bestand oder nicht, man hielt sich in liturgischer Hinsicht und was die Gesamtgestalt der Bauerscheinung anbetrifft in Preußen, so auch in Berlin, vom Eisenacher Regulativ verhältnismäßig unabhängig. Und in Fragen des Stils bewahrte sich der in seiner Grundhaltung klassizistische Rundbogenstil – eingeschlossen die spitzbogigen Varianten – bei einigen vor allem Stüler verbundenen Architekten bis in die neunziger Jahre des vorigen Jahrhunderts; genannt seien als späte Beispiele die Zwölf-Apostel-Kirche in Schöneberg (Berlin-West), 1871/74 von Hermann Blankenstein sehr wahrscheinlich nach einem Plan Stülers, und die Emmauskirche am Lausitzer Platz (Berlin-West), 1890/93 von August Orth errichtet. Man verharrte zunächst in einer gewissen Stilneutralität, die so etwas wie ein Berliner Lokalkolorit in der Baukunst des 19. Jh. bewirkte; der unverputzt sichtbare Backstein und eine möglicherweise materialbedingte Zurückhaltung an äußeren Formen und Gliederungen hatten daran entscheidenden Anteil.

Die neugotische Petrikirche

Wie eine Vorwegnahme des Eisenacher Regulativs mutet die in den vierziger Jahren des 19. Jh. erneut einsetzende Baugeschichte der Petrikirche an. Im Conversationshandbuch

des Freiherrn von Zedlitz hieß es noch 1834: »Wie bekannt besteht dieses Gotteshaus nicht mehr, sondern nur die nach ihr benannte Gemeinde, welche in der Domkirche ihre kirchlichen Verrichtungen hält.« Gerade zu der Zeit, als die seit 1842 in Gang befindliche Restaurierung der Klosterkirche, die schon 1813 zugunsten der Petrigemeinde erfolgen sollte, zum Abschluß kam, tauchte auch der Wunsch nach einer neuen Petrikirche am alten Platz auf. 1844 schrieb der Kirchenvorstand einen Wettbewerb für die Entwürfe aus, und der Aufruf enthält interessante Formulierungen über Ansprüche an den zeitgenössischen Kirchenbau. So heißt es, daß die Wahl der äußeren Form und des Baustils selbstverständlich den Architekten überlassen bleibe, daß sie aber »der Räumlichkeit der zu bebauenden Stelle und den Verhältnissen einer Kirche der Haupt- und Residenzstadt entsprechen« müsse. Ein »massiver Turm von angemessener Höhe«, fähig, ein Geläut von vier Glocken mit einem Gesamtgewicht von annähernd 100 Zentnern zu tragen, war gefordert. Es wird anheimgestellt, mehrere Türme zu projektieren. Auf keinen Fall aber dürften die Turmspitzen aus Holz konstruiert sein. Der Kirchenraum sollte 1500 Sitzplätze enthalten und in der Lage sein, insgesamt 3000 Personen zu fassen. Emporen waren an drei Seiten vorgesehen. Heizungsanlagen im Souterrain, »um die Kirche im Winter mäßig erwärmen zu können«, gehörten zur Bauaufgabe. Die Orgeltribüne sollte 100 Musiker und Sänger aufnehmen können. Zweigeschossige Anbauten für Sakristei und Registraturen kamen zusätzlich ins Programm. Für die Außenerscheinung wurde am Schluß darauf hingewiesen, »daß die Mittellinie des Gebäudes auf die Brüderstraße« treffen müsse, »um von der letzteren aus eine Hauptansicht zu gewinnen«, eine städtebauliche Forderung, deren Notwendigkeit man bei der gegenwärtigen Situation sehr gut nachempfinden kann. Die Pläne sollten mit einem Motto versehen eingereicht werden, in Aussicht gestellt waren 500, 200 und 100 Goldtaler für diejenigen, die den Beifall der ausschreibenden Behörde finden würden. Den ersten Preis erhielt der Wettbewerbsbeitrag mit dem Motto »Wo der Herr nicht das Haus bauet, so arbeiten umsonst, die daran bauen«. Die Entwürfe stammten von dem damaligen Hofbauinspektor Johann Heinrich Strack. Zur Ausführung kamen sie von 1846 bis 1852.
Strack hatte sich an Schinkels gotische Konzeption von 1814/15 angelehnt mit dem rechteckigen Grundriß, mit der Hallenform, mit der turmflankierten Giebelgestalt in der Achse zur Brüderstraße. Mit dem schlanken Westturm von über 100 Meter Höhe, zu seiner Zeit der höchste Turm in Berlin, war eine Wettbewerbsforderung erfüllt. Als Baumaterial kam Backstein zur Anwendung, der in großen glatten, an den polygonalen Flankentürmen scharfkantig gebrochenen Flächen unverputzt zur Schau gestellt wurde. In all dem folgte Strack noch der klassizistischen Grundhaltung seiner Lehrer und Zeitgenossen, mit den Stildetails aber, die er der hochgotischen Hausteinarchitektur entlehnt hatte und jetzt teilweise auch in Sandstein ausführen ließ, tat er einen ersten und dann in Berlin in dieser Konsequenz so bald nicht wiederholten Schritt in die Richtung exakter Stilrezeption. Da war selbst Schinkel in seinen romantisch-gotischen Kirchenentwürfen mit den Vorbildformen weitaus freier umgegangen. Die Wimpergportale, das Fenstermaßwerk, die eiserne, zinkbeschlagene Helmspitze, die einen maßwerkdurchbrochenen, mit Krabben besetzten und von einer Kreuzblume bekrönten Turmhelm deutscher Gotik vorstellen sollte, setzte ein geradezu kunstwissenschaftlich determiniertes Sammeln von Mustern voraus; auch die Ausstattung des sterngewölbten Inneren legte davon Zeugnis ab. Der seit 1842 wieder im Bau befindliche Kölner Dom mag Pate gestanden haben, verwandt sind Arbeiten des Dombaumeisters Zwirner, der wie Strack als Schüler Schinkels dessen romantischem Gotikverständnis wie auch dem klassizistischen Grundverhalten geschichtlichen Baustilen gegenüber verbunden war. Ob in beider Gotikkonzeption – während des Vormärz – auch noch jener revolutionär-demokratische Impuls enthalten war wie am Anfang des Jahrhunderts, sei als Frage aufgeworfen. Ohne Zweifel war Stracks Petrikirche eine ganz wesentliche Schöpfung der Neugotik des 19. Jahrhunderts. 1945 wurde sie durch Bomben und Artilleriebeschuß schwer getroffen, die Reste sind 1964 abgetragen worden.

Kirchenbau des späten Historismus

Was gleichzeitig mit der neuen Petrikirche und auch noch geraume Zeit danach von Strack selbst, von August Soller, von dem jüngeren Friedrich Adler und dem weiterhin führend bleibenden Stüler gebaut wurde, blieb hinsichtlich des Stils weitaus neutraler. Ihre Werke können nur mit Hilfsbezeichnungen charakterisiert werden, frühchristlich-italianisierend, rundbogig-romanisierend, spitzbogig-gotisierend. Ehestens ist es Adlers Thomaskirche von 1864/69 abzuspüren, daß die Entwicklung zu deutlicherer Stilrezeption um repräsentativerer Wirkung willen gehen wird. Auch die 1866/73 von dem mit Adler altersgleichen und dem Rundbogenstil an sich eng verhafteten August Orth erbaute Zionskirche zeigt das Bemühen um beinahe kathedrale Wirkung durch die volle Entfaltung alles dessen, was mit dem hier polychrom ver-

20. Rechte Seite:
Thomaskirche,
Blick in die Kuppel
und in die Altarapsis,
Aufnahme um 1930

GOTT DIE WELT GELIEBET, DASS ER SEINEN EINGEBORENEN SOHN GAB AUF DAS
ICH BIN DER WEG UND DIE WAHRHEIT UND DAS LEBEN

wendeten Ziegelmaterial überhaupt möglich ist. Doch gab Orth erst 1891/93 seiner Gethsemanekirche in der Stargarder Straße ein verbindlicheres Stilkleid, vor allem mit dem Turm kam er den Mustern der zeitgenössischen Neugotiker nahe. Doch lag Orths Verdienst für den Kirchenbau nicht sosehr in der Findung stilreiner Baugestalt, sondern in der Schaffung großer Räume, die möglichst mehr als eineinhalbtausend Sitzplätze umfassen konnten, was ihm allerdings nur unter Umgehung der für Emporen gegebenen Empfehlung im Eisenacher Regulativ gelang. Weiträumig und von schlanken Säulen getragen, überspannen die Gewölbe den von geschwungenen Emporen umgebenen zentralgestaltigen Raum.
Der erste Architekt, der den Stilneutralismus der letztlich immer noch Schinkel nachfolgenden Berliner Schule, der »die Nüchternheit der Stüler-Schinkelschen Richtung« – so wertete man seinerzeit diese Tradition – auch im Kirchenbau konsequent verließ, war Johannes Otzen, ein offenbar streitbarer, auf stilistische Reinheit drängender Historist. Als der Berliner Stadtbaurat Hermann Blankenstein 1876 seinen Restaurierungsplan für die Nikolaikirche veröffentlichte, polemisierte Otzen auf den Sitzungen des Berliner Architektenvereins gegen dessen auf Stüler zurückgehenden Entwurf eines neugotischen Turmaufsatzes mit zwei hohen Helmspitzen. Otzen publizierte Gegenentwürfe, deren Formenaufwand sich weit fremder in Zusammenhang mit dem spätgotischen Bauwerk ausgenommen hätte, als es Blankensteins Schöpfung tut. Mit der Kuppelkirche »Zum Heiligen Kreuz« am Halleschen Tor (Berlin-West) 1885/88 und mit der neuen Georgenkirche nahe dem Alexanderplatz 1894/98 (1945 zerstört und 1950 abgetragen) zeigte sich Otzen als höchst eigenwillig im Umgang mit den von ihm bevorzugten Formen des »deutschen Übergangsstiles«.
Gotischer gab sich Gotthilf Ludwig Möckel, kein Berliner, seinerzeit in Bad Doberan ansässig. Seine 1894 eingeweihte Samariterkirche im Stadtbezirk Friedrichshain, eine mäßig gestreckte kreuzförmige Anlage mit ausgeprägtem Querhaus und durch Pfeilergiebel akzentuierten Kreuzarmen, erscheint an den Langseiten im Charakter klassischer Hochgotik. Innen erweist sich die Kreuzform als für einen Zentralraum genutzt. Möckel hatte sein eigenes Stütz- und Wölbsystem entwickelt, bei dem sich die ein mittleres Quadrat einschließenden und bis zum Wandsockel geführten Gurtbögen in den Eckzwickeln durchkreuzen und damit die Überspannung größerer Distanzen ermöglichen, eine geistreiche, ästhetisch originelle und vor allem akustisch äußert befriedigende Ingenieurkonstruktion, die der Architekt mehrfach zur Anwendung brachte und die im gotischen Stilkleid über jeden Verdacht, sakraler Würde zu entbehren, erhaben war. Möckel war auch als Turmbaumeister ein Könner, wofür der wirkungsvoll in die Blickachsen des Wohnviertels gestellte Turm der Samariterkirche beredtes Zeugnis ablegt.
Während Otzen und Möckel Backstein bevorzugten, bauten Franz Schwechten und Max Spitta die Gedächtniskirchen für das erste Kaiserpaar, die Kaiser-Wilhelm-Gedächtniskirche (Berlin-West) und die Gnadenkirche am Invalidenpark zur Erinnerung an die Kaiserin Augusta, nach dem Vorbild rheinischer Spätromanik in Haustein; das Bonner Münster und die Stadtkirche zu Gelnhausen galten als die Muster. Ihnen folgte 1898/1900 Christoph Hehl mit der katholischen Herz-Jesu-Kirche in der Fehrbelliner Straße, die mit ihrer hausteinverkleideten Straßenfront in Formen der Romanik des 12. Jh. einen fremden Klang in das traditionelle Berliner Architekturbild brachte. Die meisten Architekten und Baufirmen, die sich an dem nach 1890 einsetzenden Aufschwung im Kirchenbau beteiligten, hielten zwar am Backsteinbau fest, aber die einmal aufgekommene Vorliebe für Hausteinquaderverblendungen verlor sich in Wilhelminischer Zeit so schnell nicht, zumal der Backstein als ärmliches Surrogat schon seit 1870 in Verruf geraten und ihm die Erzielung von Monumentalität bestritten worden war. Die Verklärungskirche in Adlershof, die Glaubenskirche am Roedeliusplatz in Lichtenberg, die Friedenskirche in Grünau, die Christuskirche in Oberschöneweide, die Dorfkirche in Rosenthal, die Bethanienkirche am Mirbachplatz in Weißensee, sie alle zeigen sich – um und nach der Jahrhundertwende entstanden – mit schweren rustikalen Kalksteinverblendungen, ganz offensichtlich auf monumentale Wirkung bedacht, die um so urtümlicher in Erscheinung tritt, als periphere Bauteile – Giebel, Turmaufsätze und Details – in Ziegeln ausgeführt sind. Interessant ist dabei zu beobachten, wie sich schon um die Jahrhundertwende der Geschmacks- und Stilwandel vom späten Historismus zum Jugendstil auch im Kirchenbau vollzog.
Die mit dem Stadtwachstum einhergehende umfangreiche kirchliche Bautätigkeit am Ende des 19. Jh. wurde getragen von dem 1888 gegründeten und unter dem Protektorat des Kaiserpaares stehenden Evangelisch-Kirchlichen Hilfsverein. Der Ideologe und Chronist dieser »Allerhöchsten« Kirchenbaupolitik, der Freiherr von Mirbach, schrieb 1901 recht bezeichnend: »Die Kirchenbauten des Hülfsvereins übten einen maßgebenden Einfluß auf die Schönheit des Baustils. Waren die ältesten Kirchen Berlins, die Heiligegeist-, Nikolai-, Marien- und Klosterkirche, zu den Kunstwerken zu zählen, so konnte man dies von den meisten späteren Bauten nicht mehr sagen. Mochten auch manche in Zeiten äußerlicher Noth entstanden sein, so war doch manche der neueren Kirchen auch Ausdruck des Mangels an Kunstsinn.« Mirbach meinte in diesem Zusammenhang, daß die Versuche, einen »rein protestantischen Baustil auszubilden, als mißlungen, unkünstlerisch und unschön angesehen werden« müßten. Gewiß waren das mit Motivationen für die Umgestaltung der schlichten Barockkirchen auf

dem Gendarmenmarkt oder der Sophienkirche im Sinne einer Verschönerung und Monumentalisierung. Vor allem aber galt es dem Freiherrn als Sakrileg, von den »alten herrlichen Mustern des romanischen und gotischen Baustils« abzuweichen. Es ist deutlich, daß hier ein weitaus stärkerer Stilzwang ausgeübt wurde als durch das Eisenacher Regulativ. Und auf den Vorwurf zu großen materiellen Aufwandes für »kunstvolle Kirchenbauten mit werthvoller künstlerischer Ausstattung« angesichts dringend anstehender sozial-karitativer Leistungen antwortete Mirbach geradezu mit der Überzeugtheit und dem Selbstbewußtsein eines gründerzeitlichen Unternehmers: »Alle neuesten Berliner Kirchenbauten verzeichnen einen Aufschwung der Baukunst ... In zehn Jahren ist mehr geleistet worden als in Jahrhunderten vorher. Gerade durch die Schönheit der Bauten wurde das allgemeine Interesse in allen Kreisen wachgerufen. Bei vielen geschenkten Bauplätzen wurde an das Geschenk die Bedingung des Baues einer schönen Kirche geknüpft.«

Der erste Kirchenbau, der mit Unterstützung des Kirchbauvereins zustande kam, war die Erlöserkirche in der Nöldnerstraße im Stadtbezirk Lichtenberg. Die Kaiserin selbst soll den Entwurf von Conrad Wilhelm Hase für die Apostelkirche in Hannover ausgewählt und 1889 den Regierungsbaurat Max Spitta mit der Ausführung in Rummelsburg beauftragt haben. Den Namen Erlöserkirche genehmigte der Kaiser am 1. Mai 1890. Ähnlich verliefen die Entstehungsgeschichten anderer Kirchen, von denen 1892 in Berlin 25 im Bau begriffen waren und bis zur Jahrhundertwende 51 als neu entstanden gezählt wurden. Und wie eng verbunden der Bau einer neuen Kirche mit der kommunalpolitischen Entwicklung der Stadt – von tatsächlichen sozialen Einrichtungen wie Kindergärten, Schulen und Krankenstationen einmal abgesehen – auch im übertragenen, im geistig-symbolischen Sinn aufgefaßt wurde, beleuchtet eine Schrift über die Geschichte der Immanuelkirche an der Prenzlauer Allee und ihrer Gemeinde in eindrücklicher Weise, wobei die Vermischung der mittelalterlichen Symbolik des Kirchengebäudes mit den zeitgenössischen Gegebenheiten überrascht. Die Bartholomäusgemeinde war seit ihrer 1854 erfolgten Trennung von St. Georgen so angewachsen, daß ein neues Gotteshaus benötigt wurde. Es sollte »als eine Stadt auf dem Berge erbaut werden, nördlich der Friedhöfe als eine Stätte der Anbetung dessen, der die Auferstehung und das Leben ist, östlich vom Wasserturm als ein Heilsbronnen und Segensquell lebendigen Wassers, südlich der großen Gasanstalten als ein Licht, zu erleuchten die Seelen, westlich der Mutterkirche als eine bekenntnistreue Tochter, als eine Wehr und Waffe im Geisterkampf der Gegenwart«. Den Bauplatz schenkten der Gutsbesitzer Bötzow und der Stadtgerichtsrat Dirksen. 1891 wurde der Kirchbauverein mit der Angelegenheit betraut, die Majestäten bestimmten den Namen Immanuel und legten fest, daß im romanischen Stil gebaut werden sollte. Die Einweihung fand am 21. Oktober 1893 mit militärischen Ehren statt, den Gemeindegesang begleitete das Musikkorps des Garde-Fusilier-Regiments, und in der Weihepredigt war davon die Rede, daß die Erbauung der Kirche »ein köstliches Zeichen unter den vielen schlimmen Zeichen der Zeit« sei. Mit dem jetzigen Wissen um den weiteren Gang der Geschichte, auch um das Schicksal der zahllosen Kirchengebäude, die in dieser Endzeit des Kaiserreiches dem Berliner Stadtbild eingefügt worden sind, liest man diesen Bericht nicht ohne Befremden. Doch er dürfte den damaligen Zeitgeist recht gut widerspiegeln, und der Widerwille nachfolgender Generationen gegen die neostilige Kirchenarchitektur der Wilhelminischen Zeit richtete sich doch wohl gleichzeitig auch gegen die in ihr zum Ausdruck kommende Abhängigkeit der Institution vom regierenden Monarchen und die doktrinäre Einengung kirchlichen Lebens. Auch so gesehen kann das Ende des Historismus als eine Befreiung empfunden worden sein.

Die Verurteilung der baukünstlerischen Leistungen des 19. Jh. war radikal und folgenschwer. Mit rund hundert Jahren Abstand und mit der heutigen Kenntnis der Architekturentwicklung des 20. Jh. wird man Gerechtigkeit üben müssen. Ohne Zweifel haben die Architekten die ihnen gestellte Aufgabe zu lösen verstanden, repräsentative Gebäude von monumentaler Wirkung und mit den gültigen Zeichen sakraler Würde, eben dem gewählten Stil aus der Geschichte, zu schaffen, Gebäude, die gleichzeitig in der Lage waren, eine große Zahl von Menschen aufzunehmen. Die größte baukünstlerische Leistung aber war die Einordnung ihrer Bauten in die wachsende Stadtbebauung. Häufig war zum Zeitpunkt der Errichtung die Umgebung noch nicht bebaut, alte Aufnahmen zeigen die Kirchen oft noch auf freiem Feld. Um so erstaunlicher, wie dann der Turm oder eine bestimmte Fassade in die Blickachse einer Straßenflucht geriet und dem ganzen Stadtbildgefüge eines Viertels die gestalterische Dominante zu geben vermochte, gleich, ob die Kirche inmitten eines der freien Plätze im Hobrechtschen Bebauungsplan, wie es zunächst mit der Absicht denkmalartiger Heraushebung meist geschah, oder in der Häuserflucht einer Straße, so vor allem nach der Jahrhundertwende, angelegt worden war. Damals entstand seit der Zeit des Barocks ein weiteres Mal so etwas wie eine von Kirchtürmen gebildete Stadtkrone. In den Mittelpunkt dieser so nach einem Gesamtkonzept festgelegt erscheinenden Stadtgestalt – die rauchenden Schlote der noch zahlreicheren Fabriken könnte man als Signal eines möglichen Gegenkonzepts interpretieren – stellte das Zeitalter Wilhelms II. nach einer das ganze 19. Jh. währenden Entwurfsgeschichte den damals als Hauptkirche des Protestantismus gemeinten Berliner Dom.

Der Berliner Dom

Die im Kommunalblatt veröffentlichten Verwaltungsberichte des Magistrats teilten regelmäßig die Grundsteinlegungen und Einweihungen der neuen Kirchen mit. Im Jahre 1894 waren die Einweihungen der Samariterkirche, der restaurierten Marienkirche, der Versöhnungskirche, der Heilandskirche und der Lutherkirche angezeigt. Unter den Grundsteinlegungen findet sich neben der für die Georgenkirche die für den Dom am 17. Juni. Damals begann, nachdem der Landtag schon 1892 eine Bausumme von 10 Millionen Mark bewilligt hatte – das ganze Bauwerk hat schließlich 11½ Millionen gekostet –, etwas verspätet Realität zu werden, was man seit Schinkels und Friedrich Wilhelms IV. Zeiten inmitten der Hauptstadt gewünscht hatte, ein Denkmal der Nation und der Religion. Als Schinkel um 1815 seinen Befreiungs- oder Nationaldom für den Potsdamer Platz entwarf, berührte die Idee eine entsprechende Bauaufgabe am Lustgarten noch nicht. Als es feststand, daß aus diesen hochgesteckten Plänen nichts werden würde, verlagerte sich das Interesse in die Nähe des Schlosses, worin auch die Verlagerung der mit dem Denkmaldom verbundenen politischen Ambitionen zum Ausdruck kommt: aus dem 1815 beabsichtigten Denkmal der befreiten Nation wurde nach 1820 ein Denkmal der Monarchie. Daß dafür die friderizianische Domkirche, »deren Dürftigkeit auch Schinkels Umgestaltung 1817 und 1821 nicht zu beseitigen vermochte« – so sah es noch der Baedeker von 1904 –, ungeeignet war, ist wohl schon damals so empfunden worden. Seit 1822, seit dem Erscheinen des Kupferstichwerkes von Johann Gottfried Gutensohn und Johann Michael Knapp über die frühchristlichen Kirchen Roms, beschäftigte sich der Kronprinz Friedrich Wilhelm mit Entwürfen für eine Basilika im Lustgarten, und Schinkel erhielt den Auftrag, sie auszuarbeiten. Sie lagen 1827 vor.

Doch es sollte nicht mehr Schinkel, der 1841 starb, sondern Stüler sein, der nach dem Regierungsantritt Friedrich Wilhelms IV. die ersten Fundamente für einen neuen Dom als Basilika legte. Wesentliche Änderungen gegenüber Schinkels Entwürfen weisen Stülers Pläne nicht auf, nur an die Stelle eines von Säulen getragenen Architravs sollte eine Reihe rundbogiger Arkaden im Inneren treten und die Umgebung nun ein von Säulenhallen umgebener Campo santo als Begräbnisstätte für die königliche Familie werden, dies ganz im Geschmack Friedrich Wilhelms IV., der solche den Atrien frühchristlicher Kirchen nachgebildete Säulengänge gern vor die Kirchen stellen ließ, vor Schinkels Johanneskirche in Moabit (Berlin-West), vor Stülers Lukas- und Jakobikirche (Berlin-West), ja sogar vor die 1842/44 restaurierte mittelalterliche Klosterkirche. Mit dem Bau der Säulenhallen im Lustgarten ist 1844 begonnen worden, sie sollten mit Fresken von Peter Cornelius geschmückt werden. Gleichzeitig hat man mit der Gründung des östlichen Teils der geplanten Basilika angefangen, der mit seinen Apsiden ins Wasser der Spree gereicht hätte. Im Revolutionsjahr 1848 aber gerieten die Arbeiten ins Stocken und wurden schließlich ganz eingestellt.

Von der damals wieder zum Erliegen gekommenen Bauidee gibt eine Vielzahl von Zeichnungen Stülers und anderer, auch ein Modell Auskunft. Aber es hatte sich herausgestellt, daß der Berliner Dom als Bauidee nicht nur die Berliner, sondern auch die deutsche Architektenschaft zu beschäftigen begann. Spätestens seit dem 5. Jahrzehnt des vorigen Jahrhunderts gab es Alternativen zu den Dombauentwürfen des Königs und seines Architekten. Als bedeutendste Entwerfer sind aus Berlin Wilhelm Stier und Heinrich Strack sowie aus München Anton Hallmann und Leo von Klenze zu nennen. Ein zweites Mal schien aus dem monarchischen ein allgemeines Unternehmen zu werden. Das Überraschendste an den Alternativentwürfen war die Wahl eines anderen Stils und eines anderen Bautyps. Stiers Entwürfe waren im gotischen oder in einem zum Gotischen neigenden Stil gehalten, in ihnen wurde an den Denkmaldom Schinkels erinnert. Daß dem König das gefiel, ist zumindest im Hinblick auf den Berliner Dom zu bezweifeln. Die im Hochgefühl der Befreiung seit 1815 propagierte Wiederaufnahme der Bauarbeiten am unvollendet gebliebenen Kölner Dom war zwar unter seiner Ägide 1842 endlich in Gang gekommen, aber Friedrich Wilhelm IV. unterschied streng zwischen dem katholischen Bauwerk am Rhein und dem, das er als Primas des Protestantismus, als der er sich fühlte und bekannte, in Berlin zu errichten gedachte, was sich auch auf die Stilwahl auswirkte. Die Entwürfe Anton Hallmanns zeigen dagegen zwar einen entwickelten und ziemlich phantasievollen Rundbogenstil, tendieren aber mehr zu einem kuppelbekrönten Zentralbau als zu einer Basilika. Damit war die Richtung angegeben, in der die Entwurfsgeschichte des Berliner Domes weiterhin verlief. Noch am Ende des fünften Jahrzehnts wartete Stüler selbst mit einem Kuppelbauplan auf, von dem auch ein erhaltenes großes Modell Kunde gibt. Dem Modell wie auch den Entwürfen ist bereits jene Sprengung aller Maßstäbe, die künftige Hypertrophie der Dimensionen abzuspüren, die schließlich auch den ausgeführten Bau kennzeichnet. Zunächst aber blieb solch ein Dom Utopie.

Erst 1867 erfuhr der Dombaugedanke neue Belebung, jetzt durch einen vom preußischen König Wilhelm I. ausgeschriebenen Wettbewerb, die Domkonkurrenz. Wieder waren geschichtliche Ereignisse, die für Preußen vorteilhaft verlaufenen Kriege des Jahres 1866, der Anlaß für den Entschluß des Monarchen und sein »Verlangen . . . den Plan der Erbauung eines neuen würdigen Domes in Berlin auf der Stelle, auf welcher der jetzige steht, als der ersten evangelischen Kirche des Landes wiederum aufzunehmen«. Bis zum Einsendetermin am 12. August 1868 waren 337 Zeichnungen für 53 Projekte eingegangen von 51 Architekten, unter denen sich nicht nur bekannte Namen wie Friedrich Adler, August Orth, Ferdinand von Quast oder Wilhelm Salzenberg, sondern auch weniger namhafte Vertreter der Architekturszene des 19. Jh. befanden. Die Arbeiten wurden 1869 in der Akademie ausgestellt. Bautyp- und Stilvorgaben waren in den Bedingungen zum Wettbewerb nicht enthalten gewesen, und so gab es Zentralbau- und Langhausentwürfe im gotischen und im Rundbogenstil. Bei den Langhausentwürfen überwogen die im gotischen Stil. Wilhelm Salzenberg, der Referent für Kirchbauangelegenheiten bei dem die Gotiker protegierenden Ministerium für Handel, Gewerbe und öffentliche Arbeiten, hatte dem seinen die erst 1859/60 vollendete Turmfassade des Regensburger Domes geben wollen, angeblich auf ausdrücklichen Wunsch Wilhelms I. (Carl-Wolfgang Schümann). Gegen diese Gotikprotektion nahm der Berliner Architektenverein entschieden Stellung und verlangte eine in Stilfragen unparteiische Jury. Der hier beginnende und von den Zeitgenossen sehr ernst genommene Stilstreit, eine der interessantesten Erscheinungen der Architekturgeschichte des 19. Jh., zog sich bis ins letzte Jahrzehnt und endete mit der polemischen Auseinandersetzung zwischen den Anhängern der Neugotik und denen der Neuromanik. Vor 1870 waren die Vertreter einer italianisierenden Richtung die Gegner der Gotik, sie waren damit auch Gegner der königlichen Dombauinteressen. Der Wettbewerb, der ja zumindest eine Teilnahme der Allgemeinheit an dem monarchisch initiierten Unternehmen bewirkt hatte, geriet durch solches Ereignis in Mißkredit. Es wurden Stimmen laut, daß dieser Dom nur der persönlichen Repräsentanz des Herrschers und seines Hauses dienen könne. Zunächst aber beendete der deutsch-französische Krieg jede weitere Beschäftigung mit dem Projekt.

Doch wurde schließlich gerade die Bildung des Kaiserreiches zum Anlaß genommen, von neuem den »Umbau des gegenwärtigen Doms« – so drückte man es offiziell aus – zum Zwecke der Vergrößerung in Angriff zu nehmen. Jetzt sollte der Dom auf größerer Grundfläche stehen – an ein Campo santo war nicht mehr gedacht – und so gruppiert sein, daß eine mittlere Feierkirche an der Nordseite von einem Gruftbau für die Hohenzollern und an der Südseite von einer Kapelle für besondere geistliche Handlungen, für Taufen, Trauungen und Trauerfeiern, eingefaßt würde. Das Innere sollte mit Bildern zu einer Apothese des Herrscherhauses und der Geschichte des Landes werden. Kaiser Friedrich III. war es, der in den wenigen Tagen seiner Regierung 1888 das Unternehmen fortzusetzen suchte. Schon als Kronprinz hatte er sich mit dem Domneubau befaßt und 1884 den Kölner Architekten Julius Carl Raschdorff dafür gewonnen. An diese Vorarbeiten knüpfte Wilhelm II. nach dem Tode seines Vaters noch im selben Jahre unmittelbar an. Raschdorff entwarf anstelle eines ursprünglich dreikuppeligen Bauwerkes einen Dom mit nur einer Kuppel, behielt aber das gewünschte Raumprogramm bei. Ein letztes Mal wurden die Entwürfe zur Debatte gestellt. Architektenschaft und Theologen fanden den Bau unpraktisch und stilistisch bedenklich. Anstelle der funktionellen Dreiteilung wurde einer Zweiteilung mit symmetrischer Gesamtgestalt das Wort geredet und gegen den Stil italienischer Hochrenaissance zugunsten deutscher Stile polemisiert. Offenbar mit einem Auge auf des Kaisers Vorliebe für romanische Baukunst kamen Vorschläge nach dem Vorbild des Wormser Domes und der Hildesheimer Michaelkirche ins Spiel. Doch der Kaiser entschied für Raschdorffs Plan. 1893 begann der Abbruch des alten Domes, am 17. Juni 1894 wurde der Grundstein zum neuen gelegt. Nicht, wie ursprünglich beabsichtigt, am 27. Januar 1900, sondern erst am 27. Februar 1905 konnte der Berliner Dom eingeweiht werden.

Er ist der gewaltigste Kirchenbau des 19. Jh. Die bebaute Grundfläche von 6270 qm beträgt mehr als beim Kölner Dom; mit gewissem Stolz vermerkt dies der Baedeker, der auch die städtebauliche Rolle des riesigen Bauwerkes richtig benennt: es beherrsche mit seiner Baumasse nicht nur den Lustgarten und seine Umgebung – die Maßstäbe von deren Bebauung hatte er gänzlich gesprengt –, sondern bestimme durch seine hohe Kuppel den Charakter des gesamten Stadtbildes von Berlin. Baukünstlerisch und politisch aber ist der Dom, von der Partei des Hofes einmal abgesehen, zur Zeit der Fertigstellung bereits als anachronistisch empfunden worden. Rund ein Jahrzehnt später, nach dem Untergang des Kaiserreiches, schämte man sich des stadtbildbeherrschenden Kolosses. Die Kunstgeschichtsschreibung strafte ihn mit Ignoranz wie kein anderes Bauwerk dieser Epoche. Die in ihm, vor allem in den Dimensionen, enthaltenen Antizipationen zukünftigen Bauens in einer Großstadt ebenso wie die Qualität der baulichen, künstlerischen und handwerklichen Detailausführungen wurden nicht erkannt und anerkannt. Gerade das aber sind die architekturgeschichtlichen Werte, die dem Berliner Dom zugewachsen sind und die ihn auch im neuerbauten Zentrum der Hauptstadt zu einem unverzichtbaren und charakteristischen Teil der historischen Architektur von Berlin haben werden lassen.

Kirchen der Moderne

Nach 1900 begann sich der Pluralismus historischer Stile in der zeitgenössischen Baukunst aufzulösen. Die Kirchbaukunst des Historismus hatte damit ihr Ende erreicht, die Stilvorschriften hatten ihre Gültigkeit verloren. Obwohl dies künstlerisch als eine Befreiung empfunden wurde, bedurfte es einer geraumen Zeit des Durchbruchs und der Besinnung (Gerhard Langmaack), ehe die sakrale Architektur des 20. Jh. zu ihr gemäßen neuen Formen fand. Zunächst verketzerten die Architekten der jungen Generation die ihnen vorangegangene Zeit als den Karneval der Stile und nahmen für sich in Anspruch, der historischen Kostümierung von Bauschöpfungen der Gegenwart den Garaus gemacht zu haben. Diese Bewegung war so stark, daß auch strenge Historisten ihre Befähigung unter Beweis zu stellen versuchten, in einer modernen Weise bauen zu können. So machten die Neostile des späten Historismus dem Jugendstil und einem am Klassizismus orientierten Monumentalstil Platz. Letzterer kam vor allem dem Sakralbau zugute, denn er vermochte sowohl feierliche Repräsentation als auch sakrale Würde ausdrucksstark zur Wirkung zu bringen. Die Hoffnungskirche in der Elsa-Brandström-Straße, nach dem Entwurf des Architekten Walter Köppen errichtet und 1913 eingeweiht, ist dafür ein Beispiel, während die 1911 eingeweihte Kirche Zum Vaterhaus in Baumschulenweg noch mit deutlicher Neigung zu barocken Vorbildern mehr die Spielart des von bewegten Formen bestimmten Jugendstils vertritt.

Mit ihrer Neigung zu großformiger Monumentalität waren die neuen Bauten allerdings durchaus Erben des späten Historismus, der auch darauf zielte, monumental zu bauen, und dafür die Formen der römischen Hochrenaissance oder des Barocks zur Massengliederung einsetzte, wie am Berliner Dom, oder mit dem Mittel massiven Quaderwerkes die Unvergänglichkeit der dem Mittelalter nachgebildeten Mauern demonstrierte, so vor allem an den Vorstadtkirchen, die nach Entwürfen der Architekten Ludwig von Tiedemann und Robert Leibnitz gebaut worden sind. Die neue Monumentalität aber gewann ihre Wirkung weniger aus der Anlehnung an historische Vorbilder, obwohl (oder vielleicht gerade weil?) Klassisches und orientalische Archaik nicht ohne Einfluß waren, sondern aus der plastischen Formung der Masse des gesamten Baukörpers.

Wie es scheint, war es für Kirchenbaumeister schwieriger, von dieser Monumentalität wegzukommen als von den historischen Stilen. Die Schönheit des Konstruktiven im Sinne Neuer Sachlichkeit sichtbar zu machen ist nur an wenigen Kirchenbauten geschehen; die Versuche von Otto Bartning in dieser Richtung aus den zwanziger Jahren sind die gelungensten unter ihnen (Gustav-Adolf-Kirche in Berlin-West, Charlottenburg). Die Bauten des Kirchenoberbaurates Curt Steinberg, des langjährigen Leiters des Kirchlichen Bauamtes beim Konsistorium von Berlin-Brandenburg, unter dem Stilbegriff Neue Sachlichkeit zu fassen fällt schwer. Die strenge Vertikalgliederung der klinkerverblendeten Fassade seiner Bekenntniskirche in Treptow, 1930/32 nach alter Tradition in die Häuserflucht der Plesser Straße eingebaut, definiert mit zwei Turmaufsätzen über den die mittlere Eingangszone flankierenden Treppenhäusern das Gebäude eindeutig als Kirche, um nicht zu sagen als Kathedrale; es hätte dazu der aufgesetzten Kreuze gar nicht bedurft. Die Proportionen des Eingangs verdeutlichen am meisten, wie stark der Architekt noch im Banne jener beinahe suggestiven Monumentalität vom Anfang des Jahrhunderts gestanden hat.

Assoziationen zum Industriebau, die bei Bauten dieser Zeit naheliegen, stellen sich eher, aber auch nur bedingt, an der Friedenskirche in Niederschöneweide ein, einem 1930 eingeweihten Klinkerbau. Die Langwände des gestreckten Saales sind von der Nüchternheit einer Maschinenhalle. Durch den abgesetzten Altarraum und den hohen querrechteckigen Turm an den Schmalseiten ist das Bauwerk aber eindeutig als Kirche gekennzeichnet, und drei hochrechteckige Vertikalnischen über den Eingängen tragen zur Monumentalisierung der baulichen Erscheinung bei.

Es sei hinzugefügt, daß der katholische Kirchenbau in dieser Zeit von den gleichen, eigentlich in sich widersprüchlichen Tendenzen gekennzeichnet war, einerseits von der Abkehr von einer Formgebung durch die Stilgeschichte und andererseits von der Radikalität des Monumentalen. Besonders eindrücklich ist das der Chorfassade der St.-Adalbert-Kirche abzuspüren, die in der Häuserflucht der Linienstraße mit glatten Ziegelwänden den Halbzylinder der Apsis zwischen zwei flankierenden turmartigen Kuben zeigt. Gebaut hat diese Kirche Clemens Holzmeister in den Jahren 1932/33, in denen er auch die Hedwigskirche zur bischöflichen Kathedrale von Berlin umgestaltete.

Die Verluste an Kirchenbauten durch den zweiten Weltkrieg waren auch in Berlin sehr groß. Die Neuorientierung des evangelischen Kirchenbaues nach 1945, die sich sowohl auf die Wiederherstellung zerstörter Gebäude als auch auf Neubauten auswirkte, soll und kann nicht mehr Gegenstand dieses kunst- und architekturgeschichtlichen Überblicks sein. Zwei Bauten sollen aber noch Erwähnung finden. Die 1949 eingeweihte sogenannte Notkirche für die neugegründete Offenbarungsgemeinde in der Simplonstraße war als ein von Otto Bartning entwickelter Montagebau vielleicht wirklich das erste mit den Mitteln eines Zweckbaues errichtete Gotteshaus der Moderne. Dabei folgte es als Typenprojekt einer Gepflogenheit aus den Anfängen christlichen Kirchenbaues überhaupt. Denn die bedeutungstragende Form des kirchlichen Gebäudes ist erst im Laufe der Geschichte entstanden, am Anfang machte allein die gottesdienstliche Feier der Gemeinde das Haus zur Kirche. Die Kirche des neuen Gemeindezentrums am Fennpfuhl in Lichtenberg, von Horst Göbel entworfen und 1981/84 gebaut, stellt einen zeltdachbekrönten Zentralbau auf sechsseitigem Grundriß dar. Die Formgebung des Gebäudes weist über seinen Zweck hinaus, der Gemeinde eine Herberge zu sein, und läßt – wie die Kirchen vergangener Generationen – auch seine inhaltliche Bedeutung erkennen.

TAFELTEIL

Blick über die Innenstadt

Berliner Dom (1894/1905) und Palast der Republik (1973/76) am Ufer der Spree

Heilig-Geist-Kapelle (13. Jh.)
in der Spandauer Straße

Linke Seite:
Blick über das Nikolaiviertel zum Alexanderplatz (Zustand 1984)

Nikolaikirche.
Westseite des Turmes, 13. Jh.

Nikolaikirche. Südliches Seitenschiff
der gotischen Hallenkirche,
Blick nach Westen,
Aufnahme um 1910

Rechte Seite:
Marienkirche. Gedächtnisbild für das
Ehepaar Kötteritzsch, datiert 1616
mit dem Innenraum der Nikolaikirche

Marienkirche.
Beweinung Christi. Epitaphgemälde
für Claus Grieben, um 1515.
Aus der Nikolaikirche

Marienkirche.
Gefangennahme Christi. Epitaphgemälde für einen Unbekannten, um 1515.
Aus der Nikolaikirche

Marienkirche.
Totentanz. Ausschnitt aus der Wandmalerei in der nördlichen Turmhalle, um 1485

Rechte Seite:
Marienkirche. Ansicht von Süden

210
119
133
2181-3
2201-

Linke Seite: Marienkirche. Mittelschiff
nach Osten, 13./14. Jh.

Marienkirche. Alabasterkanzel von Andreas
Schlüter, geweiht 1703

Linke Seite:
Marienkirche. Taufbecken,
datiert 1437

Marienkirche.
Abendmahlskelch und Patene,
13. Jh. Aus der Nikolaikirche

Marienkirche. Epitaph für Joachim Zerer von Hans Schenk-Scheutzlich, nach 1543; Ausschnitt aus dem Grabdenkmal für den Feldmarschall von Sparr, geschaffen von Artus Quellinus d. Ä., 1662/63

Rechte Seite:
Klosterkirche. West- und Nordseite des Mittelschiffes, 13. Jh.

Linke Seite: Klosterkirche.
Blick durch das Mittelschiff zum Chor;
Westportal

Marienkirche.
Altarschrein mit drei Heiligen,
Ende 15. Jh. Aus der Klosterkirche
Beweinung Christi.
Epitaphgemälde für ein
Ehepaar Blankenfelde, um 1516 (?);

Marienkirche. Kreuzigung Christi.
Epitaphgemälde für die Familie
Paul Blankenfelde, 15. Jh.;
Altarflügel mit der Schnitzfigur
des Apostels Andreas, Anfang 16. Jh.
Aus der Klosterkirche

Rechte Seite: Marienkirche.
Vier Flügelgemälde eines Altares,
2. Hälfte d. 15. Jh.

INRI

Marienkirche. Glaubensbekenntnis, ein protestantisches Lehrbild, Michael Ribestein zugeschrieben, 16. Jh. Aus der Nikolaikirche

Rechte Seite: Klosterkirche. Fenster in der Nordwand des Chores

Karow. Dorfkirche, 13. Jh. Ansicht von Osten

Stralau. Dorfkirche, 14. Jh. Ansicht von Osten

Linke Seite:
Blankenburg. Dorfkirche,
13. Jh. Ostgiebel

Lichtenberg. Ehemaliger Anger
mit der Dorfkirche aus dem
13. Jh. (Zustand 1984)

Karow.
Dorfkirche, Inneres

Hohenschönhausen.
Dorfkirche.
Blick in das Schiff, 15. Jh.

Blankenfelde.
Dorfkirche, 14. Jh.
Ansicht von Süden
mit Friedhofsmauer

Müggelheim.
Dorfkirche, 1803/04

Parochialkirche, 1695/1703, Turmfassade
in der Klosterstraße (Zustand 1984)

Köpenick. Schloßkirche, 1682/85
von Johann Arnold Nering. Hoffassade

Köpenick. Schloßkirche.
Stuckdecke;
Inschrift-Epitaph
für Henriette Marie
von Württemberg († 1782)

Rechte Seite:
Köpenick.
Schloßkirche.
Inneres mit Blick zur Kanzel

Linke Seite:
Französische Friedrichstadtkirche.
Südseite des Turmes am
Platz der Akademie,
1780/85 von Karl v. Gontard

Französische Friedrichstadtkirche, 1701/05 von Louis Cayart und Abraham Quesnay, verändert 1905 und 1983.
Blick in den Innenraum;
Nordseite zur Französischen Straße
Eingangsfassade an der Westseite

Linke Seite: Sophienkirche. Turm,
1732/34 von Johann Friedrich Grael

Sophienkirche.
Innenraum nach Osten, 1892

FEDERICI
REGIS
CLEMENTIA

Linke Seite: Hedwigskathedrale, 1747/73.
Eingangsportikus am August-Bebel-Platz

Hedwigskathedrale. Ausschnitt aus der Portalfassade
mit dem Relief der Kreuzabnahme

Buch. Schloßkirche, 1731/36 von Friedrich Wilhelm Dieterichs. Eingangsseite

Buch. Schloßkirche.
Geschnitzter Altartisch, 18. Jh.

Rechte Seite:
Buch. Schloßkirche.
Marmorepitaph für Adam Otto von Viereck, 1763 von Johann Georg Glume

Oben: Elisabethkirche.
1832/35 von Karl Friedrich Schinkel.
Außenansicht (Zustand 1984)

Unten: Friedrichswerdersche Kirche. 1824/30
von Karl Friedrich Schinkel.
Außenansicht während der Wiederherstellung 1984

Rechte Seite: Elisabethkirche.
Innenraum vor der Zerstörung
im zweiten Weltkrieg

I·N·R·I

Bartholomäuskirche in der Friedenstraße,
1854/58 von Friedrich August Stüler
und Friedrich Adler.
Turmfront
Ansicht von Osten mit Blick über die Friedhöfe
zum Prenzlauer Berg

Rechte Seite:
Katholische St.-Michael-Kirche am Heinrich-Heine-Platz,
1849/56 von August Soller

Linke Seite:
Niederschönhausen. Friedenskirche, 1869/71. Choransicht

Oben: Pankow. Dorfkirche, 1858/59 von Friedrich August Stüler umgebaut, Vorhalle von 1906. Ansicht von Westen

Unten: Marzahn. Dorfkirche, 1871 nach Stülers Entwurf von Adolf Bürckner. Ansicht von Südosten

Köpenick.
Laurentiuskirche, 1838/41.
Innenraum nach Osten

Rechte Seite: Blick auf Köpenick
mit der Laurentiuskirche
vom Ufer der Dahme

Linke Seite:
Hohenschönhausen. Dorfkirche, 13./15. Jh.
Blick in den Chor

Mahlsdorf. Dorfkirche.
Altar mit Kreuzigungsgemälde (1710)
und Kanzel von 1620 und 1699

Zionskirche. Fassadendetails

Rechte Seite: Zionskirche.
1866/73 von August Orth

Evangelische Zionskirche
Sonntag, 10 Uhr Gottesdienst

Linke Seite:
Zionskirche. Turmportal

Zionskirche.
Apsis und Kapitell von
einer Emporensäule

Zionskirche.
Querschiff und Apsis

Rechte Seite: Zionskirche. Turm
Gethsemanekirche. Turm

Gethsemanekirche, 1891/93 von August Orth.
Innenraum mit Blick zum Altar

Zionskirche.
Innenraum

Linke Seite:
Verheißungskirche in der
Boxhagener Straße,
1879 von Gustav Knoblauch

Rummelsburg. Erlöserkirche.
Kanzel am Chorpfeiler;
Inschrift im Turmeingang
zur Erinnerung
an die Grundsteinlegung

Rummelsburg. Erlöserkirche, 1890/92 von Max Spitta
nach einem Entwurf von Conrad Wilhelm Hase

Immanuelkirche an der Prenzlauer Allee,
1891/93 von Bernhard Kühn

FRIEDE SEI MIT EUCH
EVANG.
IMMANUELKIRCHE

Linke Seite: Immanuelkirche. Portalfront
mit Christusmosaik im Tympanon

Immanuelkirche.
Blick in den Chor

Auferstehungskirche in der
Friedenstraße, 1892/95
von Hermann Blankenstein
und August Menken.
Ausschnitt aus der Turmfront;
Detail vom Eingang

Johannes-Evangelist-Kirche
in der Auguststraße,
1898/99 von
Max Spitta.
Straßenfassade;
Detail des Portals

Linke Seite:
Samariterkirche, 1892/94
von Gotthilf Ludwig Möckel.
Querhausfassade
an der Südseite

Samariterkirche. Christusfigur
über dem Eingangsportal;
Lamm Gottes in der
Maßwerkrosette im Tympanon

Samariterkirche. Turmausschnitt;
Ecklösung der Gewölbekonstruktion

Samariterkirche.
Blick aus der Bänschstraße

Rahnsdorf. Dorfkirche, 1887 nach Entwurf
von Friedrich Adler. Ansicht von Osten

Bohnsdorf. Dorfkirche, 1755/57 von Abraham Lehmann.
Turm an der Nordseite von 1888

Grünau. Friedenskirche,
1906 von Josef
Tiedemann. Westseite;
Portalzone
an der Südseite

Friedrichshagen.
Christophoruskirche,
1901/03 von Jürgen
Kröger. Ansichten
aus der Bölschestraße

Altglienicke. Dorfkirche,
1894/95 von Ludwig v. Tiedemann.
Ansicht von Osten;
Blick in den Altarraum

Wilhelmsruh. Lutherkirche, 1905/06 von Gotthold. Chorturm; Blick auf Schiff und Altarraum

Links:
Weißensee.
Turm der Bethanienkirche,
1900/02 von Robert Leibnitz

Rechts:
Oberschöneweide.
Christuskirche,
1907/08 von Robert Leibnitz

Rechte Seite:
Adlershof. Verklärungskirche,
1899/1900 von Robert Leibnitz.
Turmfassade

Dom, 1894/1905 von Julius Raschdorff.
Lustgartenfassade

Dom. Ausschnitt
von der Lustgartenfassade

Dom. Zwei Evangelisten
und Reformatorenrelief
an der Lustgartenfassade

Rechte Seite:
Dom. Tauf- und
Traukapelle. Altar

Dom. Deckendetails aus der Tauf- und Traukapelle und von der Markus- und Lukasempore

Rechte Seite:
Dom. Innenansicht, Aufnahme um 1910

Luther
Melanchthon

Dom. Sarkophag der Königin
Sophie Charlotte von Andreas Schlüter,
gegossen 1705

Dom. Grabplatte für Kurfürst
Johann Cicero, 1530, aus der Nürnberger
Werkstatt Peter Vischers

Segenskirche in der Schönhauser Allee, 1905/08 von Ernst Paulus und August Dinklage

Rechte Seite: Segenskirche. Ausschnitt von der Straßenfassade; Altarraum

Dein Wort
ist die
Wahrheit!

Paul-Gerhardt-Kirche in der Wisbyer Straße,
1908/10 von G. Werner, Hofansicht

Paul-Gerhardt-Kirche.
Innenraum mit Altar und Kanzel

Zwinglikirche, 1906/08 von Jürgen Kröger. Turmportal
und Statue des Reformators von Martin Götze

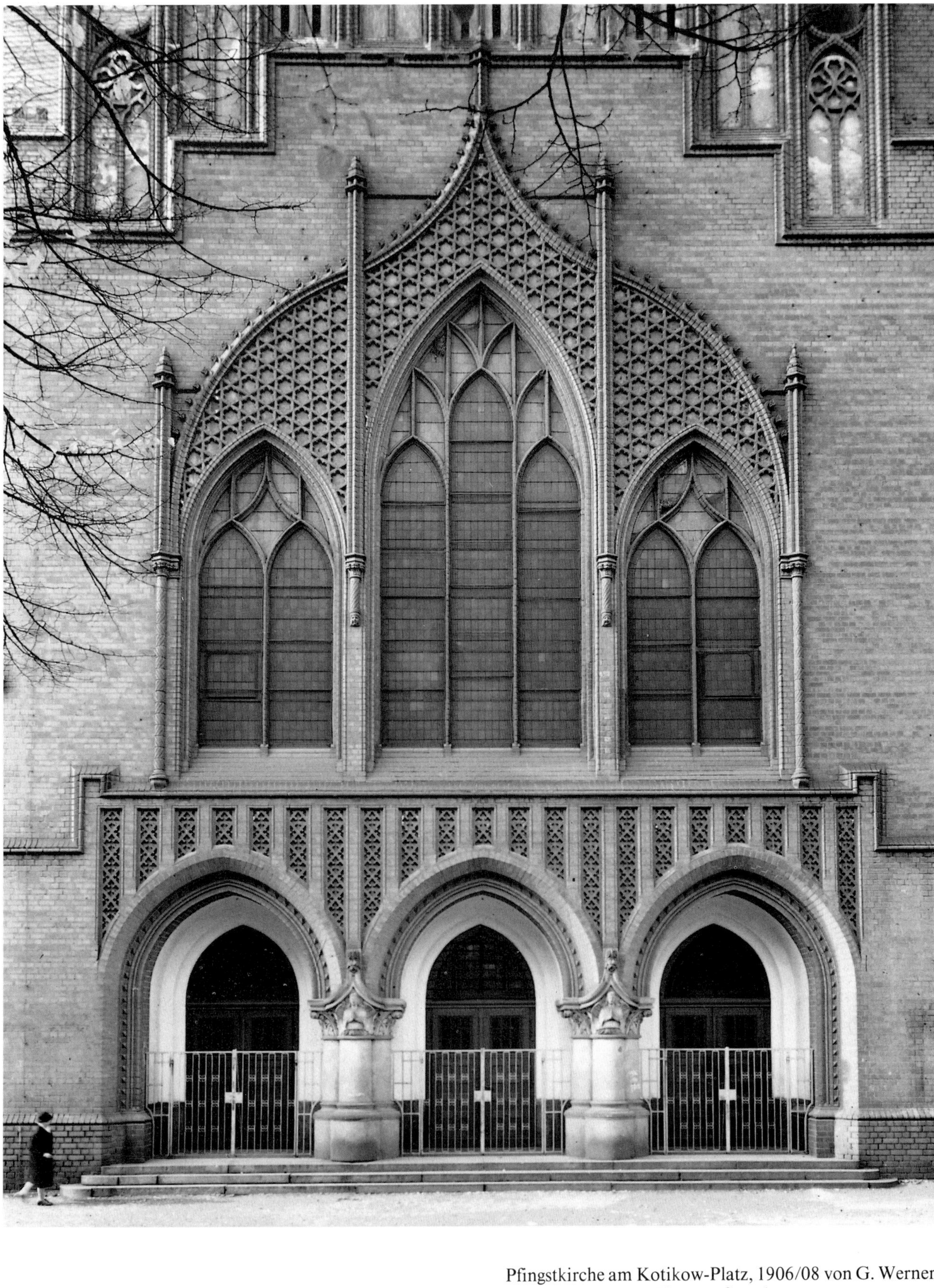

Pfingstkirche am Kotikow-Platz, 1906/08 von G. Werner und Jürgen Kröger. Eingangsfassade

Golgathakirche.
Fassadendetail

Pfingstkirche.
Fassadendetail

Golgathakirche
in der Borsigstraße,
1898/1900 nach einem
Entwurf von Max Spitta

Galiläakirche
in der Rigaer Straße,
1908/10 von Ernst Paulus
und August Dinklage.
Choransicht

Adventskirche in der Dimitroffstraße,
1910/11 von Ernst Paulus und August Dinklage

Eliaskirche in der Senefelderstraße
1909/10 von G. Werner

Biesdorf. Dorfkirche, 13. Jh., 1896/97

Stralau. Dorfkirche, 15. Jh. Turm 1823/24

Kaulsdorf. Dorfkirche, 14. Jh., 1715, 1875 und 1946

Rosenthal. Dorfkirche, Mitte 13. Jh., 1880 und 1902

Baumschulenweg. Kirche Zum Vaterhaus,
1910/11 von Heinrich Reinhardt
und Georg Süßenguth. Turmfassade

Pankow. Hoffnungskirche,
1912/13 von Walter Köppen.
Attikafiguren von Hans Schmidt

Linke Seite:
Treptow. Bekenntniskirche,
1930/31 von Curt Steinberg

Niederschöneweide.
Friedenskirche,
1928/30 von Fritz Schupp
und Martin Kremmer

Treptow.
Bekenntniskirche. Kanzel

Niederschöneweide.
Friedenskirche. Turmfassade und Eingang

Rechte Seite:
Katholische St.-Adalbert-Kirche, 1932/34 von Clemens Holzmeister. Ansicht aus der Linienstraße

Offenbarungskirche
in der Simplonstraße,
1948/49 von Otto Bartning

Lichtenberg.
Evangelisches Gemeindezentrum »Am Fennpfuhl«,
1982/84 von Horst Göbel. Kirchenraum

Offenbarungskirche
und Kirche des
Gemeindezentrums
»Am Fennpfuhl«

Einzeldarstellungen

Die Anordnung folgt der Einteilung in die Stadtbezirke. Die inneren Stadtbezirke Mitte, Prenzlauer Berg und Friedrichshain stehen voran. Die äußeren Stadtbezirke schließen sich in alphabetischer Reihenfolge an. Die Kirchen der inneren Stadtbezirke werden nach ihren Namen alphabetisch aufgeführt, die Kirchen der äußeren Stadtbezirke nach den Namen der Ortsteile, in denen sie stehen. Die Grenzverschiebungen, die im Nordosten Berlins während der Erarbeitung des Manuskriptes erfolgten und zur Bildung der neuen Stadtbezirke Hohenschönhausen und Hellersdorf führten, sind noch nicht berücksichtigt. Die jeweiligen Literaturangaben verstehen sich als Auswahl.

STADTBEZIRK MITTE

Deutsche Kirche
Platz der Akademie; Kirchenkreis Stadt I

Mit dem Ausbau der 1688 angelegten Friedrichstadt südlich der Straße Unter den Linden begann 1701 unter König Friedrich I. die Bebauung des ehemaligen Hauptmarktes und späteren Gendarmenmarktes mit der Anlage zweier Kirchen, der Deutschen oder Neuen Kirche südlich des Platzes und als Gegenstück die Französische Kirche auf der nördlichen Seite. Friedrich II. ließ bei der Neugestaltung des Gendarmenmarktes 1780/85 durch Karl von Gontard vor den Ostseiten beider Kirchen gleichgestaltige Kuppeltürme errichten, die von eindrucksvoller städtebaulicher Dominanz sind. Unterschiedlich an beiden Türmen, die auch Dome genannt wurden (daher der Name Deutscher und Französischer Dom), sind die bauplastischen Programme am Außenbau. Im zweiten Weltkrieg stark beschädigt und ausgebrannt, begann die Wiederherstellung 1977. Die Französische Kirche konnte 1983 fertiggestellt werden, der Turmbau 1985. Die Rekonstruktionsarbeiten der Deutschen Kirche und ihres Kuppelturmes sind noch im Gange.
Die Deutsche (Neue) Kirche war 1701/08 nach Plänen von Martin Grünberg durch Giovanni Simonetti erbaut worden, da die alte Jerusalemskirche für die Bevölkerung der Friedrichstadt nicht mehr ausreichte. Die Grundsteinlegung der für die deutsch-reformierte Gemeinde bestimmten Kirche fand am 11. August 1701, die Einweihung in Anwesenheit König Friedrichs I. am 9. April 1708 statt. Bald darauf wurde sie, gemeinsam mit der lutherischen Gemeinde, als »Simultaneum« genutzt. Der nüchterne fünfseitige Zentralbau mit fünf Konchen stellte eine Weiterentwicklung der Parochialkirche Arnold Nerings in der Klosterstraße dar. Emporen befanden sich an allen Seiten, der Kanzelaltar stand vor dem östlichen Mittelpfeiler.

1881/82 erfuhr der Bau durch Hermann von der Hude, Julius Hennicke und Baurat Schwedler einen entscheidenden Umbau, der lediglich Grundriß und Raumgefüge beibehielt. Das Äußere wurde neobarock überformt, die Balustrade der Kuppel erhielt Vasenschmuck, die Attika allegorische Figuren von Otto Lessing. Der Innenraum bekam eine Wölbung. Die Einweihung dieses Umbaues fand am 17. Dezember 1882 statt. In der Gruft befanden sich Grabstätten, darunter die des Baumeisters Georg Wenzeslaus von Knobelsdorff und des Hofmalers Antoine Pesne. Beide arbeiteten für König Friedrich II. in Berlin und Potsdam.
Der Kuppelturm Karl von Gontards gehört mit jenem für die Französische Kirche zu den Berliner Hauptwerken des Architekten. In

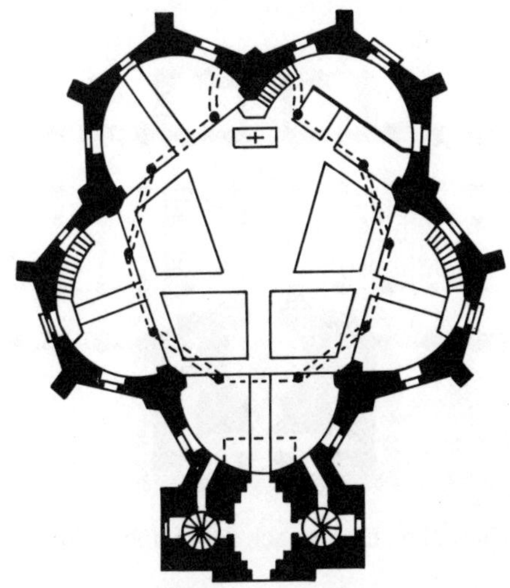

Grundriß nach Grünbergs Entwurf
mit ursprünglicher Anordnung des Gestühls

Formen des spätbarocken Klassizismus errichtet, besteht der Turm aus einem quadratischen Zentralbau, vor den an drei Seiten Tempelportici mit sechs korinthischen Säulen gesetzt sind, die von Giebeln abgeschlossen werden. Darüber erhebt sich über figurengeschmückten Attikaaufbauten eine hohe Tambourkuppel, von Säulen umstanden, mit Balustrade, Fenstergliederung und figürlichem Dekor. Figuren und Reliefs wurden nach Entwürfen von Christian Bernhard Rode durch Constantin Philipp Sartori ausgeführt. In den Giebelreliefs kommen Themen der Paulus-Geschichte zur Darstellung. Die Nischen- und Attikafiguren stellen Apostel, Propheten und Tugendallegorien dar. Die Kuppel krönt die vergoldete Figur der triumphierenden Tugend, die nach der Zerstörung im zweiten Weltkrieg durch die Werkstatt von Achim Kühn 1986 erneuert wurde.

Literatur: Oesfeld, Karl Ludwig v.: Umständliche Beschreibung der beiden neuerbauten Thürme auf dem Friedrichstädtischen Markte zu Berlin... Berlin 1785. – Die Neue Kirche zu Berlin. In: Wochenblatt für Architekten und Ingenieure 3. 1881, S. 348, 351. – F.: Projekte zum Umbau der Neuen Kirche in Berlin. In: Deutsche Bauzeitung 14. 1880, S. 92; 17. 1883, S. 1–5; 18. 1884, S. 511. – Zur Erinnerung der Einweihung der Neuen Kirche am 17. Dezember 1882. Berlin 1882. – Hude, Hermann v. d. u. Julius Hennicke: Der Umbau der Neuen Kirche in Berlin. In: Zeitschrift für Bauwesen 33. 1883, S. 153–156. – Kirmss, Paul Friedrich: Die Geschichte der Neuen Kirche zu Berlin von 1708–1908. Festschrift zum 200jährigen Jubiläum der Neuen Kirche. Berlin 1908. Abb. S. 41

Dom am ehemaligen Lustgarten
Karl-Liebknecht-Straße / Marx-Engels-Platz; Kirchenkreis Stadt I

Der Berliner Dom hat eine bis ins 15. Jh. zurückreichende Geschichte, obwohl der stehende Bau, mit dem sich der Begriff verbindet, noch keine hundert Jahre alt ist. Die Kirche des angeblich erst 1297 gegründeten Dominikanerklosters in Cölln, am Nordrand der Inselstadt gelegen, etwas westlich der Stelle, wo heute die Breite Straße auf den Marx-Engels-Platz mündet, wurde 1536 einem 1465 gegründeten Kollegiatstift an der Erasmuskapelle der hohenzollernschen Burg übergeben und zum Dom erhoben. Die alte Dominikanerkirche, eine dreischiffige turmlose Halle, bekam eine Fassade mit zwei Türmen, die bis 1697, als sie wegen Baufälligkeit abgetragen werden mußten, das Stadtbild beherrschten, wie es ein Stich von Merian zeigt. Nach der Reformation 1539 blieb die Institution des Domes erhalten. Anstatt dem ursprünglichen Patron St. Paul war die Kirche nun der Heiligen Dreifaltigkeit geweiht. 1545 wurde sie Begräbnisstätte der Hohenzollern. Ältere Grabmäler wurden aus den aufgehobenen Klöstern, die bis dahin als Grablegen gedient hatten, hierher übergeführt, so auch das Denkmal für Johann Cicero († 1499), das 1530 in der Nürnberger Vischer-Werkstatt in Bronze gegossen worden ist und in Lehnin aufgestellt war.

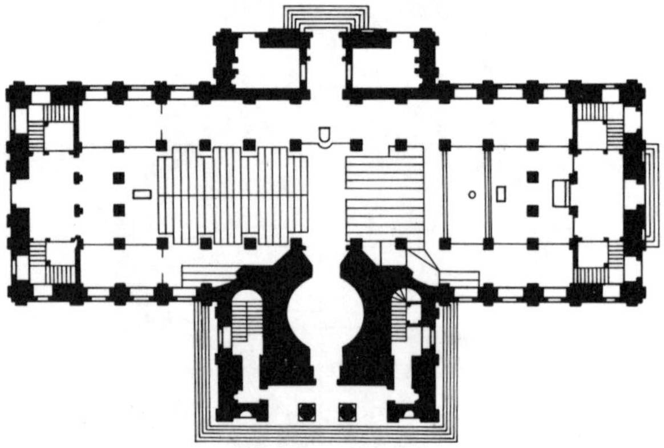

Grundriß des barocken Doms nach dem Umbau durch Schinkel

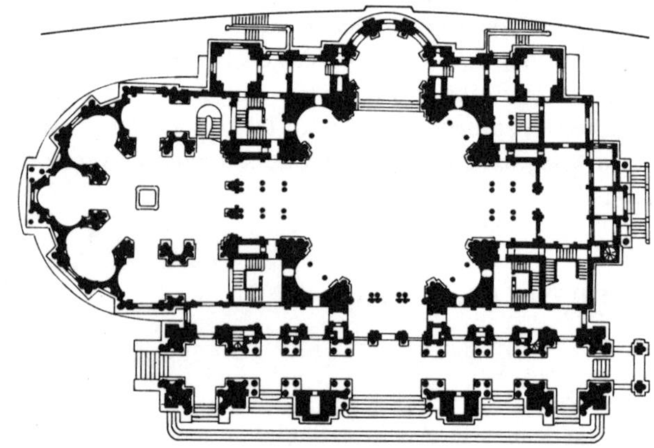

Grundriß nach Raschdorffs Entwurf

In Zusammenhang mit dem Streben der brandenburgischen Kurfürsten nach der Königskrone in Preußen hat es Bemühungen um einen neuen Dom gegeben. An Stelle des alten war die Errichtung eines Kuppelbaues beabsichtigt. Andreas Schlüter und Jean de Bodt waren an dieser Planung beteiligt, von der aber nichts zur Ausführung gekommen ist. Erst 1747 unter Friedrich II. wurde die alte Dominikanerkirche abgerissen und bis 1750 durch Georg Wenzeslaus von Knobelsdorff und Johann Boumann d. Ä. ein neuer Dom gebaut, nun am Ufer des östlichen Spreearms nördlich vom Schloß. Es war ein Quersaal, der parallel zum Flußlauf stand und seine Schauseite zum Lustgarten hatte. Der Lustgarten gehörte zu Burg und Schloß der Hohenzollern auf der Spreeinsel nördlich von Cölln. Im 16. Jh. soll er schon den Platz eingenommen haben, der noch heute mit dem Namen verbunden ist. 1645/46 ließ Kurfürst Friedrich Wilhelm den Garten durch Johann Gregor Memhardt und den an Le Nôtre geschulten Gartenkünstler Michael Hanff neu gestalten. Memhardts Stadtgrundriß zeigt ihn mit geometrisch geordneten Beeten und Rasenflächen, Kanälen und Parkarchitekturen. Unter Friedrich Wilhelm I. wurde der Lustgarten Exerzierplatz, und so war es ein freier Platz und keine Gartenanlage, an den der friderizianische Dom gestellt wurde. Erst als Karl Friedrich Schinkel den Barock- und Rokokobau 1816/21 klassizistisch überformt und 1824/28 das Alte Museum erbaut hatte, erfuhr der Platz eine neue Gestaltung als städtische Anlage durch Peter Joseph Lenné.
Dem Verlangen nach einem Denkmal der Nation, das sich nach 1815 allmählich mit der Idee von einem Berliner Dom zu verbinden begann, genügte der Umbau der friderizianischen Kirche durch Schinkel aber keineswegs. Die Planungen für einen grandiosen Neubau setzten schon in den zwanziger Jahren des 19. Jh. ein. Bis zum Baubeginn in den neunziger Jahren beteiligten sich die bedeutendsten deutschen Architekten an dieser Aufgabe mit Entwürfen für eine Basilika oder einen Kuppelbau in den verschiedensten historischen Stilen. Ausgeführt wurde schließlich als größtes kirchliches Gebäude in der Stadt und im Lande 1894 bis 1905 ein Entwurf von Julius Carl Raschdorff im Stil der italienischen Hochrenaissance – so die Zeitgenossen, neuere Publikationen sprechen von römischem Hochbarock –, dem trotz der unverkennbaren Adaption von Motiven der Peterskirche in Rom die Bedeutung einer Hauptkirche des Protestantismus zukommen sollte.
Den Kern des im Hinblick auf die umgebenden Gebäude des Alten Museums, des Zeughauses und des ehemaligen Stadtschlosses überdimensionierten Bauwerkes bildet der kuppelbekrönte Zentralbau als Fest- und Predigtkirche. An die Südseite lehnt sich der Saalbau der Tauf- und Traukapelle an, mit straßenseitigem Eingang. Die an der Nordseite ursprünglich angefügte Denkmalkirche auf halbkreisförmigem Grundriß mit einem Kranz von Kapellen für die Prunksarkophage aus der Barockzeit ist abgetragen worden. Der ganze Gebäudekomplex wird zum Lustgarten hin durch eine mächtige Vorhallenarchitektur mit seitlichen Türmen und mittlerem triumphtorartigem Eingangsrisalit zusammengefaßt. Drei Bronzetüren mit Reliefdarstellungen aus dem Leben Jesu bilden die mittleren Haupteingänge. Das erst nach 1915/16 ins Bogenfeld eingefügte Mosaik zeigt Christus unter dem Volk: »Kommt her zu mir alle, die ihr mühselig und beladen seid.« Im übrigen entfaltet sich der figürliche

Schmuck nicht nur an der westlichen und den anderen Fassaden, sondern vor allem auch im Inneren. Wohl die gesamte Künstlerschaft des wilhelminischen Berlin war an der Ausgestaltung mit Plastiken in Sandstein und Bronze, mit Mosaiken, Stukkaturen, Malereien und Glasfenstern beteiligt; Anton von Werner übernahm die künstlerische Leitung.

Das Bildprogramm ist von der evangelischen Heilslehre geprägt und mit Inhalten aus der Reformationsgeschichte bereichert, nur an der Ostseite weisen die Figuren von Mose mit den Gesetzestafeln und von Johannes dem Täufer über der Apsis darauf hin, daß auch die Tradition der protestantischen Rechtfertigungslehre mit zugrunde liegt; die Symbole der Glaubenstugenden, Kreuz, Herz und Anker für Glaube, Liebe und Hoffnung, über den Apsisfenstern erinnern an die Ikonographie der Schlüterkanzel in der Marienkirche. An der Lustgartenfassade stehen über zwei reformationsgeschichtlichen Bronzereliefs am Sockel der den monumentalen Eingangsbogen flankierenden Doppelsäulen die Evangelisten, über dem Gebälk die Apostel und in ihrer Mitte, in einer bekrönenden Ädikula, Christus. Den Kuppelrand umgeben Engelfiguren. Im Inneren des Zentralraumes stehen auf acht Säulen an den Ecken des Hauptoktogons Statuen der vier Reformatoren Luther, Melanchthon, Zwingli und Calvin sowie vier der sie unterstützenden Fürsten, Friedrich der Weise von Sachsen, Philipp der Großmütige von Hessen, Herzog Albrecht von Preußen und Joachim II. von Brandenburg. Sie sind eingebunden in das Programm mit den vier Evangelisten in den mosaizierten Halbkuppeln der Nebennischen, mit vier Szenen aus der Apostelgeschichte – Bekehrung und Predigt des Paulus in Athen, Heilung des Lahmen durch Petrus und Paulus, Steinigung des Stephanus – in den Bogenzwickeln und mit den Darstellungen der acht Seligpreisungen in der Wölbung der Kuppel. Schließlich zeigen die Glasfenster des Altarraumes die Geburt, die Kreuzigung und die Auferstehung Christi. An dem Bildprogramm, für das der Oberhofprediger Ernst v. Dryander mit dem Architekten Julius Raschdorff und dem Maler Anton v. Werner verantwortlich zeichneten, sind auf Einspruch Wilhelms II. mehrfach Änderungen inhaltlicher und darstellerischer Art vorgenommen worden.

1944 und 1945 erlitt das Bauwerk schwere Schäden durch Bomben und Beschuß. Nach Teilwiederherstellungen begann 1975 die Gesamterneuerung des Domes. Bis 1981 war zunächst die Außengestalt fertiggestellt, wobei Vereinfachungen gegenüber dem ursprünglichen Aussehen erfolgten, so wurden die Tambourhöhe der Hauptkuppel reduziert und die Dachformen vereinheitlicht. Die Tauf- und Traukapelle wird als erster vollständig wiederhergestellter Teil des Inneren seit 1980 von der Domgemeinde als Gottesdienststätte genutzt.

Von der Ausstattung des Vorgängerbaues haben sich noch einige Stücke erhalten wie die Altarmensa im altchristlichen Stil von Stüler und Teile einer von Schinkel entworfenen Altarschranke mit Nachbildungen der Apostelfiguren von Peter Vischers Sebaldusgrab in Nürnberg, ebenso zwei monumentale Bronzekandelaber nach dem Entwurf von Schinkel und schließlich eine Marmortaufe von Christian Daniel Rauch. Als Altarbild fungiert in der Tauf- und Traukapelle ein Gemälde von Carl Begas d. Ä., die Ausgießung des Heiligen Geistes darstellend, das 1820 für den von Schinkel neueingerichteten Dom gemalt worden war. Ein Adlerpult aus vergoldetem Holz gilt als Arbeit Andreas Schlüters aus der Zeit um 1700. Den wertvollsten Kunstbesitz des Berliner Domes aber bilden die Sarkophage, die in der Gruft unter dem Zentralbau aufbewahrt werden. Außer dem schon genannten Grabmal des Johann Cicero sind hervorzuheben: die beiden Prunksarkophage für Kurfürst Friedrich Wilhelm († 1688) und seine Gemahlin Dorothea von Holstein-Glücksburg († 1689), von Johann Michael Döbel d. J. – die Entwürfe sind möglicherweise von Johann Arnold Nering –, ferner die Sarkophage des ersten Königspaares, Friedrichs I. († 1713) und seiner zweiten Gemahlin Sophie Charlotte von Braunschweig-Hannover († 1705), von Andreas Schlüter, der auch mit seiner Werkstatt für die Kindersarkophage für Friedrich Ludwig († 1708), für Friederike Dorothea Henriette von Brandenburg-Schwedt († 1701) und Georg Wilhelm von Brandenburg-Schwedt († 1704) verantwortlich zeichnet; Johann Georg Glume arbeitete den Sarkophag für den Schwedter Markgrafen Philipp Wilhelm († 1711) und, als sein frühestes bezeugtes Werk, den Kindersarkophag für den Prinzen Friedrich Wilhelm († 1711).

Literatur: Müller, Nicolaus: Der Dom zu Berlin. Kirchen-, kultur- und kunstgeschichtliche Studien über den alten Dom in Köln-Berlin. Berlin 1906. – Bieber, E. und Kritzinger, J.: Der königliche Dom zu Berlin, Album, Berlin 1911. – Brozat, D.: Die Berliner Domkirche gestern und heute, in: Der Bär von Berlin, 16. Folge 1967, S. 99 ff. – Schümann, Carl-Wolfgang: Der Berliner Dom im 19. Jahrhundert (Die Bau- und Kunstdenkmäler von Berlin, Beiheft 3). Berlin 1980, mit Bibliographie. – Klingenburg, Karl-Heinz: Der Dom zu Berlin, Berlin 1982 (Das Christliche Denkmal. 120). – Ders., Der Berliner Dom – Bauten, Ideen, Projekte. Berlin (im Druck). – Hoth, Rüdiger: Zum Wiederaufbau des Berliner Domes – ein Bericht. In: Studien zur Berliner Kunstgeschichte, hrsg. von Karl-Heinz Klingenburg. Leipzig 1986, S. 259–280. Abb. S. 78, 154–161

Elisabethkirche

Invalidenstraße 3; Kirchenkreis Stadt III

Die Besiedlung der Äußeren Spandauer Vorstadt, zwischen dem Rosenthaler und Hamburger Tor, geht bis in die Mitte des 18. Jh. zurück. Dort waren einst saisonmäßig beschäftigte Arbeiter und Handwerker aus Sachsen und dem Vogtland in einer 1752/55 gegründeten Siedlung, die den Namen Neu-Vogtland erhielt, wohnhaft. Im Verlauf des 19. Jh. nahm die Bevölkerungsdichte zwischen Acker-, Berg- und Gartenstraße rasant zu, so daß sich dieses Gebiet alsbald zur Armenvorstadt entwickelte. Für diesen volkreichen Stadtteil reichte die Sophiengemeinde – 1828 zählte sie 38 000 Seelen – bald nicht mehr aus, so daß Tochtergründungen notwendig wurden.

1828 wurde Karl Friedrich Schinkel von Friedrich Wilhelm III. beauftragt, billige Vorstadtkirchen, »ganz einfache, ohne besondere Verzierung und ohne Türme« zu entwerfen. So kam es in diesen Jahren fast gleichzeitig zum Bau der Nazarethkirche im Wedding, zur Paulskirche am Gesundbrunnen, zur Johanneskirche in Moabit (sämtlich Berlin-West) und auch zur Elisabethkirche auf dem Vogtland oder vor dem Rosenthaler Tor.

Nahe dem 1827 angelegten Sophienkirchhof, an der Invalidenstraße, umgeben von einer gärtnerischen Anlage, entstand 1832 bis 1835 die Elisabethkirche, die am 10. März 1835 zur selbständigen Gemeinde erhoben wurde. Die Einweihung fand am 28. Juni 1835 im Beisein der Kronprinzessin Elisabeth statt. Der Kirchenname geht sowohl

auf sie zurück, da sie sich wie die hl. Elisabeth der Armenfürsorge in diesem Bezirk gewidmet hat, als auch auf Elisabeth, die Mutter des Johannes.
Im zweiten Weltkrieg wurde die Kirche bis auf die Umfassungsmauern zerstört. Seitdem ist das Bauwerk als Ruine gesichert. Schinkels Elisabethkirche ist ein einschiffiger rechteckiger Putzbau von zwei Geschossen und wurde in einem »antikisierenden Stil« erbaut. Die Fassaden sind durch klassizistisch feingeführte Horizontalprofile gegliedert. Die Langseiten besitzen fünf Rechteckfenster in zwei Geschossen übereinander, deren Fensterkreuze aus Sandstein gearbeitet sind. An der nördlichen Schmalseite ist eine niedrigere Halbkreisapsis mit seitlichen Anbauten für Sakristei und Taufkapelle angefügt. An der südlichen Hauptfront zur Invalidenstraße, die mit einem hohen Giebel und Akroterien abgeschlossen wird, ist eine Vorhalle auf sechs quadratischen Pfeilern vorgesetzt, deren Abschluß das Giebelmotiv des Kirchengebäudes wiederholt. Am Architrav ist die Inschrift »Des Herrn Wort bleibt in Ewigkeit« angebracht.
Der flachgedeckte Saal war einst mit einer ornamental bemalten Kassettendecke aus Holz versehen und besaß einen hölzernen Emporeneinbau in zwei Geschossen sowie eine Orgelempore an der Eingangsseite. Die Apsis mit drei Fenstern war nach einem Entwurf Schinkels aus dem Jahre 1833 ausgemalt: dunkelmarmorierte Felderteilung, z. T. mit Arabeskenmalerei, das Gewölbe mit 13 Engelgestalten auf blauem Grund. Den Triumphbogen schmückten Ranken- und Medaillonmalereien. Sonst hielt sich die Ausstattung an die geforderte »Einfachheit und Sparsamkeit«.
Neben der Kirche, Invalidenstraße 4, befinden sich Pfarr- und Gemeindehaus, in letzterem werden heute die Gottesdienste der Gemeinde gehalten. Das Pfarrhaus, ein Klinkerverblendbau in historisierenden Formen, ist älter als das 1907 von Adolf Bürckner in Jugendstilformen errichtete Gemeindehaus. Von der ehemaligen Ausstattung der Elisabethkirche sind hier der Taufständer aus Zinkguß, 1834 von August Kiß nach Schinkels Entwurf gefertigt, erhalten, weiterhin die von Friedrich Wilhelm Holbein modellierten und dazugehörigen Leuchter und Abendmahlsgeräte aus dem 19. Jh.

Literatur: Quandt, Emil: Die St. Elisabeth-Gemeinde zur fünfzigjährigen Jubelfeier am 28. Juni 1885... gewidmet. Berlin 1885. – Bethke, Eugen: Hundert Jahre St. Elisabeth Berlin 1835–1935. Bilder aus dem Wachsen und Werden einer evangelischen Kirchengemeinde der Großstadt. Berlin 1935.
Abb. S. 116, 117

Französische Friedrichstadtkirche
Platz der Akademie; Kirchenkreis Stadt I

Nördlich des Platzes der Akademie, des ehemaligen Gendarmenmarktes, wurde als Pendant zur Deutschen Kirche für die in der Friedrichstadt ansässigen Réfugiés im gleichen Jahr wie für die Gemeinde der Deutsch-Reformierten, 1701, eine Kirche begonnen. Die Grundsteinlegung erfolgte im Beisein Kronprinz Friedrich Wilhelms am 1. Juli 1701. Die Festpredigt hielt François de Repey (Esra 3, 10 u. 11). Den Entwurf für die Französische Kirche lieferte Festungsbaumeister Louis Cayart, dabei soll er sich an der Baugestalt der 1685 zerstörten Kirche der Hugenotten in Charenton orientiert haben. Der Berliner Bau jedoch besitzt eher die symbolische Bedeutung von Charenton, als daß er dem architektonischen Vorbild tatsächlich folgt.
Nach Cayarts Tod vollendete Abraham Quesnay 1705 die Französische Kirche, und am 26. Februar (oder 1. März) 1705 fand die Einweihung statt. Bis 1780 blieb die ursprüngliche Anlage mit Küsterhaus, Armenbäckerei und Friedhof erhalten. Der Bau Cayarts war ein schmuckloser, rechteckiger und flachgedeckter Emporensaal mit halbkreisförmigen Konchen an der südlichen und nördlichen Schmalseite, denen giebelbekrönte Risalite vorgesetzt waren. Die Kirche, mit einer Fensteranordnung in zwei Geschossen, hatte das Eingangsportal ursprünglich an der Südseite. Kanzel und Altar standen einst an der nördlichen Schmalseite (nach anderen Angaben immer an der Ostseite). Die umlaufende Empore ruhte auf hölzernen Stützen.
Mit einer eingreifenden Erneuerung 1905 durch Otto March wurde der gesamte Bau neubarock verändert. March setzte vor die fünfachsige Westseite einen kräftig betonten Mittelrisalit mit Pilastergliederung und Giebelbekrönung und verlegte den Haupteingang an diese Seite. Drei Figurengruppen von Ernst Müller, Georg Morin und Martin Schauß befinden sich auf der Attika und versinnbildlichen hugenottisches Leben. Die Giebel der Schmalseiten erhielten

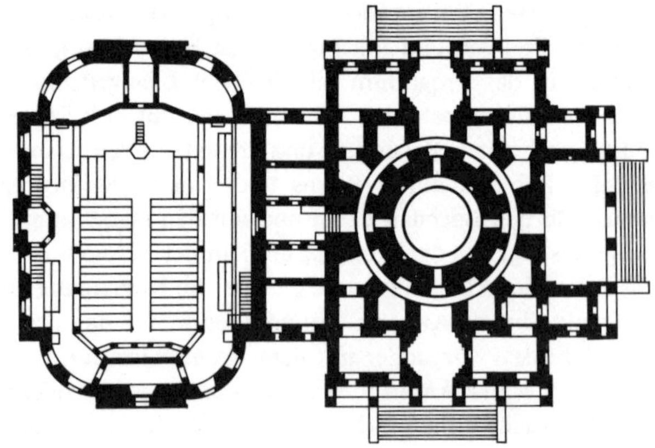

Grundriß von Kirche und Turm

Vasendekor. Der Innenraum erfuhr eine Teilung durch Wandpfeiler und Vorlagen in drei Raumkompartimente. Kappenartige Gewölbe wurden eingezogen und die Bandrippen und Wandpfeiler mit korinthischen Kapitellen und barockisierendem Dekor versehen. Eine neue Kanzel mit Schalldeckel in Formen des Neorokoko ersetzte das schlichte hölzerne Kanzelgehäuse und fand seine Aufstellung an der Oststeite. Am 7. Mai 1944 wurde die Kirche stark zerstört und brannte aus. Der Wiederaufbau begann 1977/78 und konnte am 17. April 1983 abgeschlossen werden. Die Wiederherstellung orientierte sich im wesentlichen am Umbau Otto Marchs von 1905. Zwei entscheidende Neuerungen brachte der Wiederaufbau mit sich. Durch den Einzug einer Zwischendecke wurde eine tatsächliche Zweigeschossigkeit des Innenraumes erreicht, die der Fensteranordnung nunmehr entsprach. Im Untergeschoß entstand dadurch eine »Unterkirche« mit verschiedenartigen Räumen für Verwaltung, kirchliche Arbeit und Ausstellungen, während das Hauptgeschoß den Gottesdienstraum einnimmt. Dieser Kirchenraum ist über eine doppelläufige Freitreppe – die zweite Neuerung – an der westlichen

Eingangsfront zu erreichen. Seit der Wiederherstellung wird die Französische Kirche gemeinsam mit der Friedrichswerderschen Gemeinde genutzt. Wie die Deutsche Kirche hatte auch die Französische 1780/85 nach Entwürfen Karl von Gontards einen Kuppelturm erhalten, der in Aufbau und Anlage dem anderen Turmbau gleicht. Zwischen Turm und Kirchengebäude befindet sich hier jedoch ein Anbau für Wohn- und Diensträume. Unterschiedlich gegenüber dem Turm der Deutschen Kirche ist das bauplastische Programm, das nach Vorstellungen des Konsistoriums der Französischen Gemeinde entwickelt, von Daniel Chodowiecki und Christian Bernhard Rode entworfen und von den Stukkateuren und

Innenansicht 1861

Bildhauern Constantin Philipp Sartori, Emanuel Bardou und einem gewissen Föhr ausgeführt wurde. In den Giebelfeldern des Portikus sind Lehrthemen Christi dargestellt (Christus und die Samariterin im Süden; Christus auf dem Weg nach Emmaus im Norden; die Bergpredigt im Osten). In den sechs Nischen im Eingangsportikus an der Ostseite stehen Prophetenfiguren und Joseph von Arimathia, darüber Reliefszenen mit Themen aus dem Leben Jesu. Auf den Attiken befinden sich Tugendallegorien und die vier Evangelisten. Apostelfiguren und Reliefs mit Tugenddarstellungen sind am Kuppeltambour angebracht. Auf der Kuppel erhebt sich die triumphierende Figur der »Religio« entsprechend der triumphierenden Tugend auf der Kuppel des Deutschen Domes. Die Figur wurde von Heinrich Friedrich Kambly in Kupfer getrieben, die Rekonstruktion entstand in der Werkstatt von Achim Kühn, Berlin. Nach endgültiger Fertigstellung des Turmes soll hier u. a. das Hugenottenmuseum mit seinen wertvollen Beständen eingerichtet werden.

Literatur: Oesfeld, Karl Ludwig v.: Umständliche Beschreibung der beiden neuerbauten Thürme auf dem Friedrichstädtischen Markte zu Berlin... Berlin 1785. – March, Otto: Der Umbau der Französischen Kirche auf dem Gendarmenmarkt in Berlin. In: Zentralblatt d. Bauverwaltung 24. 1904, S. 210–213; 26. 1906, S. 350–351. – Manoury, Karl: Die Geschichte der Französischen Kirche zu Berlin 1672–1955. Berlin 1955. – Prüfer, Albrecht: Die Französische Kirche in Berlin 1672–1966. In: Der deutsche Hugenotte 30. 1966, S. 34–42. – Badstübner-Gröger, Sibylle: Zur Ikonographie der Bauplastik am Französischen Dom in Berlin. In: Von der Macht der Bilder, Beiträge des CIHA-Kolloquiums »Kunst und Reformation«, hrsg. v. E. Ullmann. Leipzig 1983, S. 429–439. – Badstübner-Gröger, Sibylle: Der Französische Dom zu Berlin. Berlin 1984 (Das Christliche Denkmal. 122).

Abb. S. 108, 109, Schutzumschlag-Vorderseite

Friedrichswerdersche Kirche
Werderstraße / Werderscher Markt; Kirchenkreis Stadt I

Als die um 1700 durch Martin Grünberg und Giovanni Simonetti im ehemaligen Alten Reitstall eingerichtete Doppelkirche für die Deutsche und für die Französische Gemeinde von Friedrichswerder baufällig geworden war und man sich für einen Neubau schließlich an der ursprünglichen Stelle entschieden hatte, entwarf Karl Friedrich Schinkel Kirchen im »antikischen« und im »Mittelalter-Stil«; mit letzterem war der gotische Stil gemeint. Die klassizistischen Entwürfe wählte er mit Rücksicht auf den Stil der Bebauung am Werderschen Markt, insonderheit auf die 1798/1802 errichtete Münze von Heinrich Gentz, die gotischen im Hinblick auf die »etwas engere Gegend der Stadt, die durch die Unregelmäßigkeit ihrer Straßenanlagen sich dem Altertümlichen nähert«. Friedrich Wilhelm III. bestimmte einen der gotischen Entwürfe zur Ausführung. Von 1824/30 wurde die einschiffige, in fünf Jochen kreuzgewölbte und mit einem fünfseitigen Polygon geschlossene Kirche gebaut, also, wie Schinkel selbst erläuterte, nicht dem Plane größerer Dome aus dem Mittelalter folgend, sondern mehr dem Charakter der englischen Chapels ähnlich, »worinnen einige große Verhältnisse wirken und das Ganze sich eng zusammenschließt«. Nach Süden bietet sich der Bau mit einer zweitürmigen Fassade dar, deren abschließende Plattformen, von Maßwerkbrüstungen zwischen Eckfialen eingefaßt, den englischen Charakter der Bauerscheinung verstärken. Gleiche Fialen mit obeliskartigen Spitzen bekrönen auch

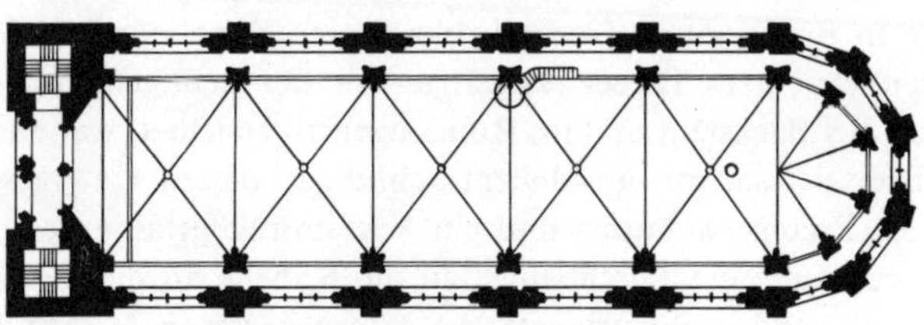

Grundriß mit ursprünglicher Gestühlsanordnung

die Strebepfeiler, die nur als flache Lisenen das Äußere gliedern, weil ihre stützende Masse nach innen genommen ist, wo Wandpfeiler einen emporenartigen Laufgang über Sockelnischen tragen. Das schmückende Detail, vor allem die Fenstermaßwerke und das Blattornament des Kranzgesimses, ist ebenso wie das übrige Mauerwerk in einer bestechenden Ziegeltechnik ausgeführt. Nur die Fialen waren unsachgemäß behandelt worden und mußten schon 1844 durch neue nach Stülers Entwurf ersetzt werden; sie waren weitaus gotischer und mit krabbenbesetzten Helmen aus Zinkblech bekrönt. Kriegbeschädigungen erlitt das Bauwerk an der Turmfront, an den Fialen, an den Fenstern und Portalen. Nach vorangegangenen Sicherungen begannen 1982 die Arbeiten zur völligen Wiederherstellung. Dabei erhielten die Fialen ihre Schinkelsche Gestalt zurück, auf den Türmen wurden die seit 1844 fehlenden ergänzt. Für das Innere ist die Rekonstruktion sowohl der Stuckverkleidungen als auch der im Gegensatz zur Backsteinsichtigkeit des Äußeren materialimitierenden Bemalung – Ziegel und Sandstein – und der hölzernen Einbauten erfolgt. Erhalten gebliebene Glasmalerei – musizierende Engel aus den Chorfenstern – ist wieder eingesetzt. Die Figur des Erzengels Michael vom Mittelpfosten des Doppelportals in der Turmfront, ursprünglich aus Terrakotta nach Modellen von Ludwig Wichmann bei dessen Schwiegervater Tobias Feilner gefertigt, hat Achim Kühn, Berlin, in Bronze erneuert. Die gußeisernen Türen mit den Engeltondi von Friedrich Tieck sind restauriert worden.

Literatur: Schinkel, Karl Friedrich: Sammlung Architektonischer Entwürfe, 8. Heft (1826), Tafeln 49–52, und 13. Heft (1829), Tafeln 79–84. – Küster, S. C. G.: Predigt bei der Einweihung der Friedrichs-Werder. Kirche, Berlin 1831. – Krätschell, Johannes: Schinkels gotisches Schmerzenskind, die Werdersche Kirche in Berlin. In: Blätter für Architektur und Kunsthandwerk 1 (1888), S. 114–117. – Giese, Leopold: Schinkels architektonisches Schaffen: Entwürfe und Ausführungen 1. (und einziger) Band: Die Friedrich Werdersche Kirche zu Berlin, Berlin 1921. – Violet, Bruno: Die Friedrichs-Werdersche Kirche C. F. Schinkels einst und jetzt, Berlin 1931. – Kunst, Hans Joachim: Bemerkungen zu Schinkels Entwürfen für die Friedrich-Werdersche Kirche in Berlin. In: Marburger Jahrbuch 19 (1974), S. 241–257. – Graefrath, Robert: Die Werdersche Kirche von Karl Friedrich Schinkel. In: Farbe und Raum 36 (1982), Heft 11, S. 14–16. Abb. S. 116

Golgathakirche

Borsigstraße 6; Kirchenkreis Stadt III

In der dicht besiedelten äußeren Spandauer Vorstadt, nördlich der heutigen Wilhelm-Pieck-Straße, liegt die Borsigstraße, die 1837 nach dem Gründer der hier eröffneten Maschinenbauanstalt August Borsig benannt worden war. Für die meist ärmere Bevölkerung in diesem Gebiet ließ 1867/68 der Verein für Erbauung kirchlicher Gebäude in Berlin durch Georg Erbkam eine Kapelle mit 325 Sitzplätzen errichten. Dieser Vorgängerbau der heutigen Golgathakirche, aus Backstein und im Rundbogenstil errichtet, war ein einschiffiger Betsaal mit apsidialem Schluß, in dessen Untergeschoß sich die Predigerwohnung und ein Versammlungsraum befanden. 1873 verkaufte der Kirchbauverein die Kapelle an die Elisabethgemeinde, und 1876 erlangte die Golgathagemeinde ihre Selbständigkeit. Da die Kapelle für die Gemeinde nicht mehr ausreichte, wurde sie abgerissen und ein Neubau nach Plänen von Max Spitta und K. Wilde in Angriff genommen. Die Bearbeitung der Entwürfe und die Ausführung lagen in den Händen von Paul Graef, dem E. Peters, Hartmann und Weber zur Seite standen. Der Grundstein wurde am 22. März 1898 gelegt, und am 29. August 1900 erfolgte die Einweihung des Neubaues. Ungünstig war die Lage des Bauplatzes, da weder Ausdehnung noch Monumentalisierung der Kirche möglich waren. In die Straßenfront mit seitlichem, behelmtem Turm von 61 Meter Höhe eingefügt, der weithin über die Dächer sichtbar ist, fällt der historisierende Backsteinbau vor allem durch die reiche gotisierende Fassadengestaltung auf, für die »Formen des mittelalterlichen märkischen Backsteinbaus« richtunggebend gewesen sein sollen. Das Portal im Turm, mehrfach abgetreppt, zeigt reichen Maßwerkschmuck im Bogenfeld, einen Wimpergabschluß mit spitzbogiger Fenstergruppe, Krabbenbesatz und begleitende Maßwerkfriese. Alle Fenstergruppen sind spitzbogig und teilweise mit Maßwerkrosetten ausgestattet. Besonders aufwendige Fenstergestaltung besitzt die Südseite, die auf einen schmalen Hof hinausgeht, der vom sogenannten Marienheim, heute Sprachenkonvikt, umbaut ist. Drei Fenster nehmen fast die gesamte Seite ein, von denen das mittlere mit kreis- und sternförmigen oberen Öffnungen auffällt.

Der Backsteinbau ist mit roten Rathenower Handstrichsteinen verblendet, die etwas kleiner als das Klosterformat sind. Das Innere ist als kreuzförmiger Emporensaal mit 1000 Sitzplätzen gestaltet, die kurzen Kreuzarme sind kreuzrippengewölbt, während das mittlere Quadrat ein Sterngewölbe mit großem Rundfenster im Scheitel trägt. Die hölzernen Emporen ruhen auf einem massiven Unterbau. Der gerade geschlossene, eingezogene schmale Rechteckchor mit großer neunteiliger und modern verglaster Fensterrose an der Ostwand ist gleichfalls kreuzrippengewölbt. Von der ursprünglichen reichen Innenausstattung, die vor allem auf Entwürfe von Paul Graef zurückging und einen »weihevollen Kunstgenuß« an dieser Stätte bereiten sollte, blieben nach mehreren Restaurierungen nur einige Einbauten und Ausstattungsgegenstände erhalten. Nach Zerstörungen im zweiten Weltkrieg wurde die Kirche vor allem im Inneren vereinfacht wiederhergestellt und im Oktober 1949 der Gemeinde übergeben. Beseitigt wurde die ursprüngliche Ausmalung von Max Seliger im Chor und am Triumphbogen (Aufstieg der Seligen zum himmlischen Jerusalem, Gnadenstuhl, musizierende Engel, Rankendekor). Auch die Glasmalerei in der östlichen Fensterrose von Johann A. Linnemann, die das Brustbild Christi und musizierende Engel in Kreuzmedaillons zeigte, blieb nicht erhalten. Die plastischen Evangelistensymbole und das Laubwerk an den Säulen, von Richard Bauer gearbeitet, sowie der den Innenraum umziehende Maßwerkfries aus Backstein gehören zur ursprünglichen Ausstattung aus der Erbauungszeit. Bewahrt blieben auch der mit Kreuzen, Weinlaub und Fialenschmuck geschnitzte und vergoldete Altaraufsatz in gotisierenden Formen von dem Bildhauer Lober sowie die hölzerne Kanzel mit Maßwerkschnitzerei und Weinlaubmotiven. Das Altarblatt, ein Gemälde von Ernst Pfannschmidt, in Rom ausgeführt, zeigt Christus am Kreuz und die drei trauernden Frauen. Die Emporenbrüstungen sind gleichfalls von Lober gestaltet, auf der nördlichen Seite befindet sich die Orgel mit einem geschnitzten Prospekt aus der Erbauungszeit. Die Einrichtung und die ursprüngliche Farbabstimmung des Innenraumes wurden nach der Vollendung 1898 in einem Aufsatz in der »Berliner Architekturwelt« von 1901 als »harmonisch und in allen Teilen mit künstlerischem Feingefühl« empfunden und vorbildlich für weitere Kirchen angesehen, da »von denen eine wohltätige Einwirkung auf die innere Ausstattung protestantischer Gotteshäuser« erwartet wurde.

Im Erdgeschoß des Turmes liegt der Gemeindesaal, der auch für Hochzeiten genutzt wurde und daher eine Brauttür mit Myrthen-, Rosen- und Passionsblumendekor aufweist. Darüber lag der Konfirmandenraum. Im oberen Geschoß war einst eine Bibliothek untergebracht. Die Sakristei befindet sich an der Südostecke der Kirche. Die Baukosten der Kirche werden mit 252 230 Mark angegeben, während die Ausstattung von Gemeindegliedern gestiftet worden war.

Literatur: Erbkam, Georg: Die Golgatha-Kapelle in Berlin. In: Christliches Kunstblatt 1869, S. 65–69; Die Golgatha-Kirche in Berlin. In: Deutsche Bauzeitung 32. 1898, S. 455; N.: Die Golgatha-Kirche in Berlin. In: Berliner Architekturwelt 3. 1901, S. 349–357. Abb. S. 168, 169

Heilig-Geist-Kapelle
Spandauer Straße, Wirtschaftswissenschaftliche Sektion der Humboldt-Universität

Von den mittelalterlichen Spitälern der Städte Berlin und Cölln, St. Gertrauden, St. Georgen und Heiliggeist, lag nur das letztere innerhalb der Stadtmauern, und als einziger baulicher Rest von ihnen ist dessen Kapelle in der Spandauer Straße erhalten geblieben, ein einschiffiger Backsteinbau über unterschiedlich hohem Feldsteinsockel, mit Maßwerkfenstern und Blenden an der zur Straße gewendeten Ostseite im Charakter des späten 13. Jh. (urkundlich erwähnt 1272, 1288 und 1313). Der Ziergiebel ist wegen mehrfacher Veränderungen (letzte Wiederherstellung 1980) eindeutig zeitlich nicht zu bestimmen. Die an der Südseite erkennbare ursprüngliche Fensteranordnung läßt auf eine Flachdecke im Erstbau schließen. Die jetzigen Sterngewölbe in drei Jochen sind erst 1476 entstanden. Sie ruhen auf reizvollen, farbig gefaßten figürlichen Konsolen. Auch für das Gewölbe selbst ist eine reiche spätgotische Farbgebung kürzlich nachgewiesen worden. 1893 und 1904 stand der Abriß der Kapelle zur Debatte, sie sollte dem Bau einer Handelshochschule weichen. Es gelang jedoch durch Bemühungen der Denkmalpfleger, den Abriß zu verhindern und die Architekten Albert Cremer und Richard Wolffenstein zu einem neuen Entwurf zu veranlassen, der die Kapelle in das neue Gebäude mit einbezog. Bis heute gehört die Kapelle zum Hochschulgebäude und ist gleichzeitig ein wesentlicher historischer Akzent in der neuzeitlichen Straßenbebauung.

Literatur: Klein, Johann Gottlieb: Die Hospitäler zum Heiligen Geist und St. Georg in Berlin. Einladungsschrift zur Wiedereröffnung der Heilig-Geist-Kirche. Berlin 1835. – Buchholz, Rudolph: Das Hospital und die Kirche zum Heiligen Geist in Verbindung mit der Entstehung der Stadt Berlin. In: Brandenburgia 13 (1904), S. 183–193. – Wallé, Paul: Zur Erhaltung der Heiliggeist-Kirche in Berlin. In: Zentralblatt der Bauverwaltung 24 (1904), S. 214–216. – Zur Erhaltung der Heilig-Geist-Kapelle in Berlin. In: Die Denkmalpflege 8 (1906), S. 116; Deutsche Bauzeitung 40 (1906), S. 583–587, 591–593. Abb. S. 79

Johannes-Evangelist-Kirche
Auguststraße 90; Kirchenkreis Stadt III

Die zur Spandauer Vorstadt gehörende Auguststraße, ehemalige Hospitalstraße, wurde im wesentlichen um die Mitte des 19. Jh. neu bebaut. Hier lag das durch den Stadthauptmann Christian Koppe 1706 gestiftete Armenhaus mit anschließendem Armenfriedhof (Koppenplatz) und das 1858/60 von Eduard Knoblauch errichtete Krankenhaus der Jüdischen Gemeinde, heute Erweiterte Oberschule Max Planck. In der Auguststraße 80/82 befindet sich noch heute das um 1900 entstandene Christliche Hospiz.

Das Grundstück Auguststraße 90 hatte der Gemeindepfarrer von St. Johannes Evangelist, Hermann A. Robert Viedebantt, am 11. August 1858 für 9000 Taler erworben, um der Gemeinde einen Kirchenbau errichten zu lassen. Die durch einen Konsistorialbeschluß vom 5. Januar 1856 gebildete Gemeinde war, wie auch die St.-Philippus-Apostel-Gemeinde, ehemals Philippstraße (1852 eingeweiht, 1884 und 1901 vergrößert, im zweiten Weltkrieg zerstört und 1962 abgetragen), eine Tochtergründung der Sophienkirche. Nach der Trennung am 1. Juli 1856 wurden die Gottesdienste zunächst im Friedrichsgymnasium abgehalten. Der Kapellenbau, am 4. September 1859 eingeweiht, war ein bescheidenes, mit Dachreiter bekröntes Backsteingebäude mit 300 Sitzplätzen. 1897 wurde die Kapelle abgebrochen und durch den Magistrat von Berlin ein Neubau finanziert. Lange hatte die Gemeinde gegen den Magistrat prozessiert, der die Baugelder nicht bewilligen wollte, obwohl die Stadt laut Gesetz von 1573 verpflichtet war, evangelische Kirchenbauten auf ihre Kosten erbauen zu lassen, wenn kein Patron als Geldgeber zur Verfügung stand.

Max Spitta lieferte den Entwurf für den Neubau, dessen Grundsteinlegung am 13. Juni 1898 erfolgte und unter der Leitung von Baurat Adolf Bürckner ausgeführt wurde. Die Einweihung des Kirchenbaues, dessen Kosten mit 219 000 Mark veranschlagt wurden, konnte am 19. September vorgenommen werden. In die Straßenflucht eingebunden, erhebt sich die klinkerverblendete Fassade in neuromanischen Formen. Über einer vorgelagerten Portalnische, die von zweigeschossigen Treppentürmen rechts und links flankiert wird, entwickelt sich die Fassade mit einem hohen hausartigen Giebelabschluß. Der Giebel, von rundbogigen Blenden eingefaßt, hat drei große rundbogige Klangarkaden auf Mittelstütze und ein Rundfenster. Unterhalb des Giebels ist die Fassade, die eine Rosette von fünf Meter Durchmesser trägt, durch einen Rundbogenfries abgesetzt. Rundbogenfriese und -fenster gliedern auch die Treppentürme. Der Portaleingang wird durch einen Wimperg bekrönt, in dessen Mitte ein Christusmedaillon angebracht ist. Das Innere ist ein dreijochiger kuppelgewölbter Saal mit Emporen und einem apsidialen Chorschluß. Nach Beseitigung der Kriegsschäden war die Kirche 1957 wiederhergestellt.

Literatur: Diebert: Geschichte der St.-Johannes-Evangelist-Gemeinde in Berlin. 1856–1925. Festschrift. Berlin 1925. Abb. S. 141

Klosterkirche
Klosterstraße

Das Gelände zwischen Klosterstraße und östlichem Verlauf der Stadtmauer verblieb nach der Stadtrechtsverleihung in markgräflicher Hand. Hier lag das Hohe Haus, der Aufenthaltsort der Markgrafen in der Stadt. Im Hause Klosterstraße 75 sind 1931 bauliche Reste – ein hochgotisches Backsteinportal in Choriner Formen des ausgehenden 13. Jh. – dieser 1260 urkundlich genannten Aula Berolinensis freigelegt worden. Unmittelbar südlich schloß sich das schon vor 1249 gegründete Franziskanerkloster an, dessen Kirche möglicherweise zunächst als Saalbau aus Feldstein geplant war, doch dann als dreischiffige gewölbte Backsteinbasilika mit gestrecktem einschiffigem Chor errichtet worden ist. Unter dem Einfluß des gotischen Domneubaues in Magdeburg entstanden nach der Mitte des 13. Jh. die vier Langhausjoche und die zwei Chorjoche, denen erst um 1300, wohl an Stelle eines geraden Schlusses, das Polygon aus sieben Seiten eines Zehnecks angefügt worden ist. Die Kirche hat vor allem im 14. Jh. als Begräbnisstätte für die Markgrafen gedient. Später kamen bürgerliche Stiftungen der künstlerischen Ausstattung des Bauwerkes zugute. Einige Altäre und Epitaphien, die von der Zerstörung im zweiten Weltkrieg verschont geblieben sind, befinden sich heute in der Marienkirche. Nach der Reformation wurde 1574 in einem Teil der Klostergebäude die Schule eingerichtet, aus der das Gymnasium »Zum Grauen Kloster« hervorgegangen ist. 1571 bis 1584 war hier auch die Wirkungsstätte Leonhard Thurneissers. Als 1813 für die Cöllner Petrigemeinde, deren Kirche 1809 abgebrannt

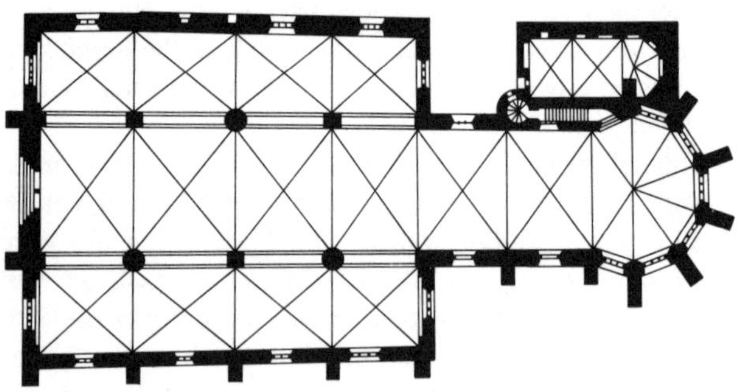

Grundriß vor der Zerstörung

war, eine neue Gottesdienststätte gesucht wurde, sah man die Klosterkirche dafür vor und verlangte von Karl Friedrich Schinkel Ausbaupläne, auch um das allmählich baufällig gewordene Gebäude wieder instand zu setzen. Trotz großen Engagements der Öffentlichkeit, die das Bauwerk als Denkmal der Geschichte empfand und seine Erhaltung forderte, kam es erst 1842/45 zur Restaurierung der Kirche, wobei deren Fassade, die bisher – den Bauvorschriften der Bettelorden folgend – turmlos war, mit zwei achteckigen Treppentürmen versehen und die Giebelspitze mit einem Dachreiter bekrönt wurde. Der Wunsch dazu stammte von Friedrich Wilhelm IV. und der Entwurf von Schinkels Schwager Wilhelm Berger. Ferdinand von Quast, der spätere Konservator der Kunstdenkmale Preußens, war zeitweilig als Bauführer an der Restaurierung beteiligt. Ein Arkadengang, der den Vorhof der Kirche von der Klosterstraße abschirmte, wurde noch zusätzlich hinzugefügt, so daß ein romantisches Architekturbild das Ergebnis dieser Restaurierung war.
Rund hundert Jahre später, zwischen 1926 und 1935, als ein völlig anderes Verständnis von mittelalterlicher Architektur die Denkmalpflege beherrschte, wurden die Zutaten des 19. Jh. wieder beseitigt. Doch war dem neuen, nun aber »richtigen« Erscheinungsbild nur kurze Lebensdauer beschieden. 1945 wurde die Klosterkirche am schwersten von allen mittelalterlichen Kirchen Berlins beschädigt. Sie konnte nur als Ruine erhalten und gesichert werden und wird für Ausstellungen genutzt.

Literatur: Kugler, Franz: Die Klosterkirche zu Berlin. In: Allgemeines Archiv für die Geschichtskunde des Preußischen Staates 4 (1831), S. 257 ff. – Kohte, Julius: Ferdinand von Quast und die Wiederherstellung der Klosterkirche in Berlin. In: Die Denkmalpflege 8 (1906), S. 20–24. – Bronisch, Gerhard: Die Franziskaner-Klosterkirche in Berlin. In: Mitteilungen des Vereins für die Geschichte Berlins 50 (1933), S. 89–180. – Schubring, Wilhelm: Die Klosterkirche zu Berlin. Zur Einweihung der Kirche am 24. Mai 1936, Berlin 1936. – Leh, Gustav: Das Franziskanerkloster in Berlin. In: Berliner Heimat, Berlin 1958, Nr. 3, S. 128–135. – Rohrlach, Peter: Die Sammlungen des Grauen Klosters in Berlin. In: Jahrbuch für brandenburgische Landesgeschichte 12 (1961), S. 29–88.

Abb. S. 93, 94, 99

Marienkirche

Karl-Liebknecht-Straße 8; Kirchenkreis Stadt I

Die Marienkirche ist neben der Heilig-Geist-Kapelle der einzige erhaltene bauliche Zeuge der Erweiterung, die die neugegründete Stadt auf dem rechten Spreeufer schon im 13. Jh. erfuhr. Sie wurde als zweite Pfarrkirche Berlins errichtet, schon kein Feldsteinbau, auch keine Basilika mehr, sondern eine gotische Hallenkirche aus Backstein. Das Sockelmauerwerk aus Feldsteinquadern, das an der Nordseite bis unter die Fenstersohlbänke reicht und ein charakteristisches Spitzbogenportal mit abgetreppter Leibung einschließt, muß nicht notwendig von einem Vorgängerbau stammen, sondern könnte sehr wohl den Beginn des stehenden Bauwerkes darstellen. Der Kirchenbau ist langgestreckt, sechs Joche umfaßt das dreischiffige Langhaus. Im Kern achteckige Pfeiler mit Halbsäulenvorlagen – die Stützenform der Franziskaner-Klosterkirche – tragen schmalrippige, in allen Schiffen gleichhohe Kreuzrippengewölbe, im Mittelschiff über annähernd quadratischem, in den Seitenschiffen über längsrechteckigem Grundriß. Der einschiffige Chor ist etwas breiter als das Mittelschiff und schließt nach einem Joch mit einem Polygon aus sieben Seiten eines Zwölfecks. Die Gewölbefigurationen des Chorjoches und des östlichen Langhausjoches wie auch im Westteil der Kirche – Stern-, Netz- und Springmuster – machen deutlich, daß die vermutlich schon zu Beginn des 14. Jh. vollendete Marienkirche spätgotischen Veränderungen ausgesetzt war. Beschädigungen, die sie beim Stadtbrand 1380 erlitten hatte, waren die Ursache für die Erneuerung der Gewölbe. An der Westseite erfolgte zusätzlich eine Verlängerung um das Turmjoch. Die ursprüngliche Westwand, die möglicherweise turmlos war, ist noch heute durch schrägstehende Strebepfeiler zwischen Turmjoch und Langhaus markiert. Der Turm erhebt sich über der Mitte einer dreischiffigen Vorhalle. Bis in Schiffshöhe scheint er schon um 1420 vollendet gewesen zu sein, aber noch am Ende des 15. Jh. wurde an ihm gebaut. 1466/67 ist ein vermutlich aus der Altmark stammender Baumeister Steffen Boxthude namhaft zu machen. Die Turmaufsätze und -helme mußten mehrfach erneuert werden, 1514, 1663/66 durch Michael Matthias Smids und 1789/90 durch Carl Gotthard Langhans. Der Baumeister des Brandenburger Tores hat mit seinem kupferbeschlagenen Aufsatz das erste neugotische Bauwerk in Berlin geschaffen, bei barocker Grundform ein Gemisch aus Zopf und Klassizismus mit dominanter Neigung zu spitzen Bögen, die eine Beziehung zum gotischen Stil der mittelalterlichen Kirche herstellen sollten. Hermann Blankenstein, der 1876/78 der Nikolaikirche neue Türme gegeben hatte, wollte bei der von ihm geleiteten großen Restaurierung der Marienkirche 1893/94 einen passenderen Turm an Stelle von Langhans' origineller Schöpfung errichten, doch das Vorhaben unterblieb. 1928 stand nur noch eine Erneuerung unter der Leitung von Curt Steinberg und keineswegs mehr ein Ersatz zur Debatte.
Beschädigungen aus dem letzten Krieg konnten schon bis 1950 behoben werden, und so wurde die Marienkirche zum Aufbewahrungsort für die geretteten Kunstwerke aus den zerstörten Kirchen der

Stadt. Gemälde und Schnitzwerke aus der Kloster- und aus der Nikolaikirche vermehren die ohnehin reiche Ausstattung. Es seien hervorgehoben an liturgischen Geräten und Einrichtungen ein spätromanischer Abendmahlskelch, der vermutlich aus einem märkischen Kloster (Chorin?) stammt, die Bronzetaufe von 1437, die am 4. Juni 1703 eingeweihte Kanzel von Andreas Schlüter, die Orgel, ein Werk des Orgelbauers Joachim Wagner, mit dem Prospekt des Bildhauers Johann Georg Glume aus den Jahren 1720/23, der 1762 geweihte Altar mit Gemälden von Christian Bernhard Rode. Von den spätgotischen Schnitzwerken seien genannt ein Relief mit dem

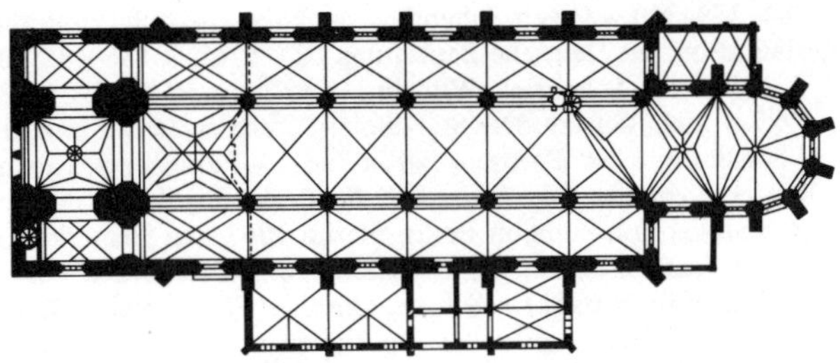

Grundriß 1895

heiligen Bernhardin von Siena, ein durch Leonhard Thurneisser 1584 restauriertes Werk aus der zweiten Hälfte des 15. Jh., der Schrein mit drei sitzenden Bischöfen, darunter in Gelehrtentracht vielleicht Thomas von Aquino, der Schrein mit der Madonna im Strahlenkranz und auf der Mondsichel in der Kapelle, dem neugotisch veränderten Anbau der ehemaligen Magistratsloge von 1729 an der Südseite der Kirche. Unter den Gemälden finden sich mehrere Altarflügel, an Epitaphgemälden sind besonders zu nennen die für die Familien Blankenfelde, von den zwei Tafeln Gefangennahme und Beweinung Christi zeigt die letztere den Einfluß Albrecht Dürers. Mehrere Werke werden dem kurfürstlichen Hofmaler Michael Ribestein zugeschrieben. Bemerkenswert ist auch das auf 1616 datierte Epitaphgemälde des Ehepaares Kötteritzsch mit der Darstellung des Inneren der Nikolaikirche. Unter den Bildhauerarbeiten ragen hervor das Epitaph des Joachim Zerer, 1543 von Hans Schenk-Scheutzlich, das Epitaph des Ehepaares Ehrentreich Röbel um 1630, das Grabdenkmal des Feldmarschalls Sparr, das Artus Quellinus d. Ä. 1662/63 in Antwerpen geschaffen hat, und das Grabdenkmal für den Prediger Friedrich Roloff, 1794 von Emanuel Bardou.

In der Turmhalle befindet sich das bedeutende Wandgemälde, der um 1485 wohl nach einer Pestepidemie entstandene Totentanz. Es handelt sich um die durch einen Text in niederdeutschen Versen erläuterte Darstellung eines Reigens aller geistlichen und weltlichen Stände mit dem Tod, die Gleichheit aller Menschen vor dem unausweichlichen Ende zum Ausdruck bringend. Das moralisierende Thema war im ausgehenden Mittelalter in fast allen Kunstgattungen verbreitet. Von den als Wandmalerei ausgeführten ist der Berliner Totentanz einer der letzten erhaltenen.

Literatur: Klein, Johann Gottlieb: Die St. Marienkirche zu Berlin, Berlin 1819. – Kurth, Julius: Die Altertümer der St. Nikolai-, St. Marien- und Klosterkirche zu Berlin, Berlin 1911. – Seelmann, Wilhelm: Zur Baugeschichte der Marienkirche in Berlin. In: Brandenburgia 45 (1936), S. 69–71. – Scherer, Mechthild: Die Marienkirche zu Berlin, Berlin 1947. – Leh, Gustav: Die St. Marienkirche zu Berlin, Berlin 1957. – Tosetti, Marianne: St. Marien zu Berlin, Berlin 1973. – Die Berliner Marienkirche und ihre Kunstwerke, 3. Aufl. Berlin 1984. – Badstübner, Ernst: Die Marienkirche zu Berlin, 4. Aufl. Berlin 1985 (Das Christliche Denkmal. 90).

Abb. S. 83–92, 95–98

Nikolaikirche
Nikolaikirchplatz / Poststraße

In unmittelbarer Nähe des Flußüberganges und des ältesten Marktes, dem Molkenmarkt, wurde in der Zeit der Stadtrechtsverleihung um 1230 die Nikolaikirche als die erste steinerne Kirche Berlins errichtet, eine kreuzförmige Pfeilerbasilika mit noch romanisch erscheinenden halbkreisförmigen Apsiden am Querhaus und am etwas gestreckten Chor. Als Baumaterial dienten Granitquader, die mit bestechender Exaktheit geschnitten und gefügt sind. Den westlichen Abschluß dieser Basilika bildete ein mehrgeschossiger Querbau, der sich bis heute erhalten hat; er trägt den neugotischen Backsteinaufbau von 1876/78 und die 1983 erneuerten Spitzhelme. Die Basilika dagegen erfuhr noch im 13. Jh. einen Umbau zur Hallenkirche, die aber auch im späten 14. und im 15. Jh. einem stattlichen gotischen Backsteinbau weichen mußte. Vor 1379, vielleicht als eine Folge des Stadtbrandes von 1376, ist mit dem Neubau begonnen worden. Der Plan sah eine Halle vor, bei der alle drei Schiffe gleiche Gewölbehöhe haben und die Seitenschiffe an der Ostseite um das Mittelschiff herumgeführt werden sollten. Der so entstandene Hallenumgangschor stellt die Übernahme eines in süddeutschen und böhmischen Städten ausgebildeten und gern gebauten Kirchentyps dar, er fand im norddeutschen Binnenland, insbesondere in der Mark Brandenburg anhaltende Nachfolge. Der Chor der Berliner Nikolaikirche zeichnet sich allerdings durch die Besonderheit aus, daß zwischen die Strebepfeiler, die den Bau umgeben, niedrige Kapellen eingeschoben sind. Vollendet wurde er erst nach einer längeren Unterbrechung, die offenbar der zweite Stadtbrand 1380 verursacht hat, gegen 1400, nun auch unter einem Einfluß küstenländisch-pommerscher Architektur. Der Chor umfaßt zwei Joche des im ganzen siebenjochigen Raumes und das im Mittelschiff fünfseitige und im Umgang neunseitige Polygon. Zwei Treppentürme an der Nord- und Südseite bilden die Zäsur zum Langhaus, das erst im Verlauf des 15. Jh. den bis dahin noch stehenden Rest der alten Kirche ersetzte. Interessant sind die Figurationen der Umgangsgewölbe. Es wechseln rechteckige Kreuzrippenjoche mit Dreistrahlrippen über dreieckigem Grundriß.

Das fünfjochige Langhaus des 15. Jh. nimmt die Grundform des Chores auf, verändert sie aber entsprechend der stilistischen Entwicklung und kunstlandschaftlicher Besonderheiten. Die Randkapellen setzen sich fort, sind aber geräumiger und treten in den Außenfluchten weit vor. Ihre rundbogigen Öffnungen zu den Seitenschiffen und die charakteristischen Kreisblenden an den glatten Außenwänden weisen auf einen altmärkischen Einfluß hin, den auch die Staffelgiebel der Liebfrauenkapelle zeigen, ein zweigeschossiger Anbau an der Südwestecke des Langhauses, der 1452 gestiftet worden war. Nicht altmärkisch, sondern berlinisch ist die in Chor und Langhaus gleiche Pfeilerform, ein achteckiger Kern, dem Halbrunddienste angelegt sind. Der zuletzt errichtete Bauteil der mittelalterlichen Kirche war der zweigeschossige Anbau an der Chornordseite mit der Sakristei im Erd- und der Bibliothek im Obergeschoß; er ersetzte nachweislich einen älteren Sakristeianbau an derselben Stelle. Vermutlich fand in Zusammenhang mit der Vollendung des Langhauses eine Erhöhung des Westbaues statt, vielleicht mit der Absicht, ein zweitürmiges Erscheinungsbild zu gewinnen. Es kam jedoch nur zur Ausführung des südlichen Turmes, der mit einer hohen achtseitigen Helmspitze gedeckt war, während der Südturm niedriger blieb und mit einem Satteldach zwischen einfachen Giebeln abgeschlossen war.

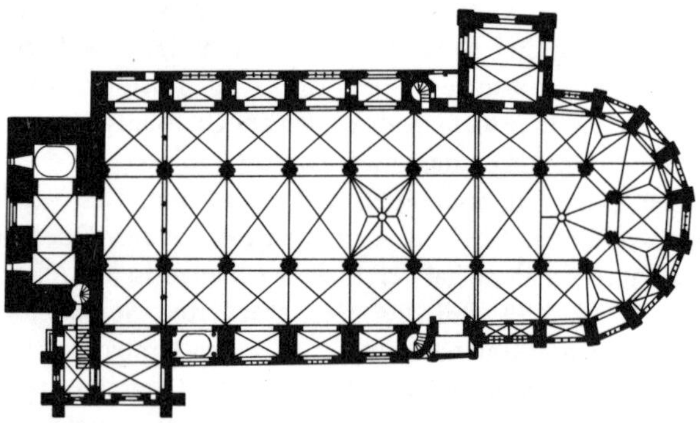

Grundriß 1878

In dieser Gestalt zeigte sich die Kirche bis ins vorige Jahrhundert. Renaissance und Barock hatten das Äußere nur wenig verändert. Zeitweilig scheint der Bau allerdings mit einer Putzgliederung versehen gewesen zu sein. Einige Spätrenaissance-Dekorationen am Erdgeschoß der Liebfrauenkapelle zeugen von deren Ausbau zur Gruftkapelle für die Familie Kötteritzsch um 1610. Ebenso ist die barocke Sandsteinfassade der Schindlerschen Kapelle an der Südseite des Chores ein Zeichen dafür, daß die Randkapellen im Laufe der Zeit zu Gruftkapellen Berliner Bürgerfamilien geworden waren. Auch andere Kapellen zeigten die Veränderungen am Außenbau, wurden aber bei der großen Restaurierung 1876/78 regotisiert. Diese Restaurierung, die von Stadtbaurat Hermann Blankenstein auf der Grundlage eines von Friedrich August Stüler schon in den sechziger Jahren vorgelegten Planes durchgeführt worden ist, hatte hauptsächlich zum Ziel, das als unfertig und regelwidrig empfundene Turmwerk zu vervollständigen, es auch gleichzeitig den Veränderungen der Maßstäbe im innerstädtischen Bauen, wie sie 1861/69 vor allem mit dem Roten Rathaus von Hermann Waesemann gesetzt worden waren, anzugleichen. Damals erhielt die Nikolaikirche ihre Backsteintürme mit den für das Stadtbild Berlins seitdem charakteristischen Doppelspitzen.

Am Ende des zweiten Weltkrieges wurde die Nikolaikirche bis auf die Umfassungsmauern zerstört und stand als Ruine im Zentrum der Hauptstadt. 1981 begann der Wiederaufbau in Zusammenhang mit der Neubebauung des gesamten Quartiers zwischen Spree und Spandauer Straße. Es war beabsichtigt, dem Bauwerk die Gestalt wiederzugeben, die es bis zu seiner Zerstörung besessen hat. In diesem Sinne ist die Wiederherstellung des Äußeren bereits zum Abschluß gekommen. Im Inneren sollen nach abgeschlossener Einwölbung die zeitweilig ausgelagerten Grabdenkmäler, darunter hervorragende Bildhauerwerke der Renaissance und des Barocks von den Bildhauern Hans Schenk-Scheutzlich, Andreas Schlüter und Johann Georg Glume, wieder aufgestellt werden. Mit dem wiederhergestellten Gebäude, das kirchlicher Nutzung nicht mehr dienen wird, kommt die künstlerische wie auch die geschichtliche Bedeutung des Stadtkerns im Zentrum der Hauptstadt bewahrend ins Bild.

Literatur: Ribbeck, Conrad Gottlieb: Über die neue Einrichtung der Sanct-Nicolai-Kirche in Berlin und die in derselben befindlichen Denkmäler, Berlin 1817. – Blankenstein, Hermann: Die Nicolaikirche in Berlin und ihre Restauration. In: Deutsche Bauzeitung 10 (1876), S. 415–418, und 14 (1880), S. 381–384, 389–390. – Otzen, Johannes: Die Nikolai-Kirche zu Berlin und ihre Restauration. In: Deutsche Bauzeitung 10 (1876), S. 486–487, und 11 (1877), S. 125–126. – Schubring, Wilhelm: Die Kirche St. Nikolai zu Berlin, Berlin 1937. – Leh, Gustav: Die St. Nikolai-Kirche zu Berlin und die Geschichte der Berlinischen Propstei, Berlin 1961. – Reinbacher, Erwin: Die älteste Baugeschichte der Nikolaikirche in Alt-Berlin. Ergebnisse der Archäologischen Stadtkernforschung in Berlin, Berlin 1963, mit Bemerkungen zu den beiden Vorgängerbauten der spätgotischen Nikolaikirche von Edgar Lehmann und Willy Nitschke. – Schade, Günther: St. Nikolai in Berlin. Ein baugeschichtlicher Deutungsversuch des Hallenchores mit Kapellenkranz. In: Jahrbuch für brandenburgische Landesgeschichte 17 (1966), S. 52–61. – Badstübner, Ernst: Die kunstgeschichtliche Bedeutung der Nikolaikirche. In: Geschichte und Wiederaufbau des Nikolaikirchenviertels in Berlin. Miniaturen zur Geschichte, Kultur und Denkmalpflege Berlins 10, Berlin 1983, S. 19–26.

Abb. S. 80–82

Parochialkirche

Klosterstraße, Kirchenkreis Stadt I

Das Grundstück zwischen Klosterstraße und Waisenstraße, auf dem die Parochialkirche steht, wird außerdem von einem kleinen, sie umgebenden Friedhof eingenommen; unter den Grabdenkmälern finden sich die für den Akademiepräsidenten und Hofprediger Ernst Jablonski (†1741) und für den Gründer der Berliner Porzellanmanufaktur Kaspar Wegely († 1764). Die Kirche war für die Deutsch-Reformierte Gemeinde Berlins vorgesehen, im Gegensatz zur Französisch-Reformierten Gemeinde, die ebenfalls eine Gottesdienststätte in der Klosterstraße besaß (Nr. 43/44, bis 1923). Den ersten Entwurf lieferte Johann Arnold Nering. Nach dessen Tod 1695 übernahm Martin Grünberg die Ausführung, nicht ohne den Neringschen Plan entscheidend zu ändern. Der bis 1705 vollendete Bau – die Weihe ist für 1703 (21. Januar oder 8. Juli) überliefert, während die Bauinschrift unter dem Giebel des Portikus das Jahr 1705 für die Fertigstellung nennt – ist eine zentrale Anlage mit vier Konchen, die in der Form eines griechischen Kreuzes angeordnet sind. Die innen halbrunden Exedren erscheinen außen polygonal, durch hohe rundbogige Fenster und Strebepfeiler gegliedert; zusammen mit dem beim Umbau 1884/85 durch Gustav Knoblauch eingesetzten Maßwerk verleihen sie dem Barockbau ein gotisches Aussehen, das durch die polygonal gewalmten Dächer noch verstärkt wird. Das barocke Erscheinungsbild dagegen wird durch die hohe umlaufende Attika mit Kreisblenden in geputzten Rechteckfeldern betont, und die in kräftig plastischen Formen mit Kolossalsäulen und -pilastern sowie Giebelportikus gegliederte Straßenfassade gehört mit ihrer charaktervollen Monumentalität zur besten Berliner Barockarchitektur um 1700. Den Turm, den Nering über dem Mittelquadrat des Zentralbaues geplant hatte, stellte Grünberg über die straßenseitige Vorhalle. Das Laternen- oder Glockengeschoß und die obeliskartige Bekrönung kamen erst 1713/14 zustande, unter Philipp Gerlach und nach einem Entwurf von Jean de Bodt. Letzterer hat wohl auch das Holzmodell für den Turm gefertigt, das sich im Pfarrarchiv befindet. Das erste über dem Portikus frei aufsteigende Turmgeschoß ist massiv gemauert. Auf den Ecken des Gesimses über den diagonal gestellten Säulen sollten Statuen der Evangelisten ihren Platz finden. Glockengeschoß und Obelisk bestanden aus Eichenholz und waren mit Kupferblech beschlagen. Über gekuppelten Eckpilastern vermittelten kräftige Voluten zu der

Entwurf Nerings 1695

steilen Pyramide des Helmes, der auf vier bronzierten Löwenkörpern auflag.

Im Inneren umgaben Emporen in den Exedren den zentralen Raum. Die Kanzel von Johann Christoph Döbel stand der Eingangsachse gegenüber. Doch ist die barocke Einrichtung schon im 19. Jh. wie in vielen anderen Kirchen Berlins zugunsten neuer liturgischer Regeln verändert worden. 1944 wurde die Kirche mit ihrer Einrichtung durch Feuer zerstört. Die oberen Teile des Turmes verbrannten, und dabei wurde auch das Glockenspiel vernichtet, um dessentwillen die hohe Laterne in den Turmaufbau eingefügt worden war. Der erhalten gebliebene massive Turmstumpf erhielt 1946 ein Notdach, über den Umfassungsmauern der vier Konchen wurde 1950/51 ein Schieferdach in der ursprünglichen Form errichtet. Ein Saal über der Eingangshalle unter dem Turm dient jetzt als Gottesdienststätte. Dort befindet sich auch eine Porträtgalerie der Pfarrer der Parochialgemeinde. Ferner werden Kunstwerke aus der zerstörten Georgenkirche dort aufbewahrt, deren Gemeinde mit der Parochialgemeinde seit 1968 vereinigt ist.

Literatur: Arndt, Friedrich: Geschichte der evangelischen Parochialkirche, Berlin 1833. – Joseph, David: Die Parochialkirche zu Berlin (1694 bis 1894). Eine bau- und kunsthistorische Studie auf Grund archivalischer Quellen, Berlin 1894. – Knoblauch, Gustav und Wex: Der neue Ausbau der Parochialkirche zu Berlin. In: Deutsche Bauzeitung 19 (1885), S. 305–310. – Naatz, Hermann: Geschichte der evangelischen Parochialkirche zu Berlin, Berlin 1903.
Abb. S. 104

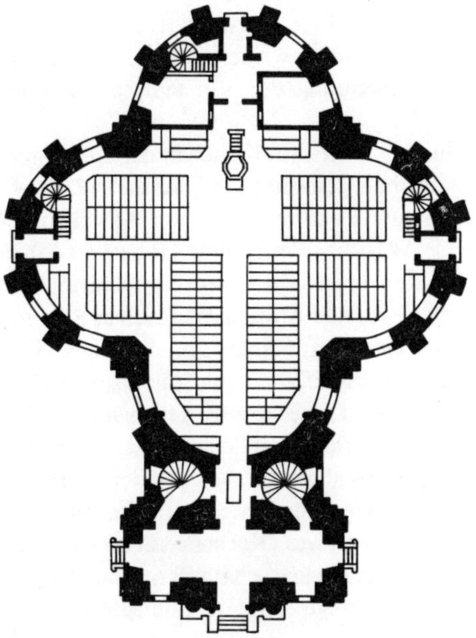

Grundriß vor 1884

Sophienkirche

Große Hamburger Straße 31, Kirchenkreis Stadt III

Als Pfarrkirche für die unter Kurfürst Friedrich III. angelegte Spandauer Vorstadt wurde sie von Königin Sophie Luise, der dritten Gemahlin Friedrichs I., 1712 gestiftet. Schon am 20. November 1711 hatten die Bürger der Vorstadt den Magistrat Berlins und die Königin um eine eigene Kirche gebeten, da die Georgenkirche vor dem Königstor zu klein für die anwachsende Bevölkerung geworden war. Sophie Luise förderte den Bau, indem sie 4000 Taler gab, Prediger, Küster und Kantoren bezahlte und sich das Patronatsrecht sowie die Besetzung der Pfarrstellen vorbehielt. Sophie Luise von Mecklenburg war streng lutherisch gesonnen und stand den Kreisen um Jakob Spener, August Hermann Francke und Johann Porst nahe, der auch ihr Beichtvater war. Als Bauplatz erwarb man das Grundstück des Hofbildhauers Georg Weyhenmeier und erhielt von der Jüdischen Gemeinde den angrenzenden Teil des Friedhofes als Geschenk dazu. Die Grundsteinlegung nahm die Königin am 11. Juni 1712 vor, die Abtrennung der Gemeinde von St. Georgen erfolgte am 24. September 1712, der Baubeginn datiert am 3. Januar 1713, und schon im November des gleichen Jahres (nach anderen Quellen am 18. Juni 1713) weihte Johann Porst die Kirche mit einer Predigt nach Psalm 93,5.

Dieser erste Kirchenbau war ein rechteckiger turmloser, ursprünglich querorientierter Emporensaal mit dem Kanzelaltar an der Südseite. Der Bau war an »allen vier Seiten mit großen Fenstern, deren 20 an der Zahl seyn, gezieret...«, davon je drei an der Ost- und Westseite, und folgte dem Typ der schlichten protestantischen Predigtkirche. König Friedrich Wilhelm I., der Stiefsohn Sophie Luises, verfügte am 18. Mai 1716, daß die Kirche nicht, wie vorgesehen, den Namen der Stifterin Sophie Luise tragen sollte, sondern Spandauische Kirche. Erst Friedrich II. ordnete an, der Kirche den ursprünglichen Namen wiederzugeben. Ebenso hatte Friedrich Wilhelm I. die Benennung der Vorstadt in »Sophienstadt« verhindert.

Friedrich Wilhelm I. hatte auf Ersuchen der Gemeinde am 2. März 1717 einen Turmbau gestattet, der aber erst 1732/34 nach einem Entwurf von Johann Friedrich Grael zur Ausführung kam. Dieser hochaufragende Westturm mit einer Höhe von 70,30 Metern ist einer der schönsten noch erhaltenen Barocktürme Berlins, dessen Aufbau dem eingestürzten Münzturm Andreas Schlüters verpflichtet ist. Der Turm besteht aus einem quadratischen Unterbau in drei Geschossen, im Erdgeschoß befindet sich das von Doppelpilastern gerahmte Portal unter Dreieckgiebel. Die beiden oberen Geschosse werden durch Wandvorlagen gegliedert, zusammengefaßt und durch ein verkröpftes Gesims abgeschlossen, auf dem seit 1824 eine Eisenbrüstung statt der steinernen Galerie angebracht ist. Über diesem Unterbau erheben sich zwei Glockengeschosse mit Säulen an den Turmecken und rundbogigen Schallöffnungen. Den Gesamtaufbau schließt eine reich bewegte kupferverkleidete Haube mit obeliskartiger Spitze ab.

Die Sophienkirche, vor allem der Innenraum, hat eingreifende Umbauten erlebt, insbesondere 1833 durch F. Moser mit den Anbauten an der Südseite und 1891/92 durch Adolf Heyden und Kurt Berndt. Die Einweihung dieses Umbaues, der einem Neubau gleichkam (Kosten 230000 Mark), erfolgte in Anwesenheit des Kaiserpaares am 20. Dezember 1892. Die Kirche wurde neubarock verändert. Dabei bekam der Saal eine umlaufende Empore auf flacher Wölbung, die Decke wurde gehoben und reich stuckiert, Fenster, Triumphbogen, Emporenpfeiler und Stichkappen erhielten ornamentalen Stuckdekor. Eine halbkreisförmige Apsis wurde eingezogen, Fußboden und Fensterpfeiler erhöht und Emporentreppen angelegt. Die neue prächtige Raumausstattung (Glasmalerei, Marmoraltar, Bronzekreuz, Leuchter, Altarschranken u. a.) wurde später wieder entfernt. Durch die Neugestaltung hatte die Kirche 1000 Sitz- und 500 Stehplätze erhalten.

Von der älteren Barockausstattung sind erhalten: die Kanzel von 1712 mit prachtvoll geschnitztem Schalldeckel, der Korb ruht auf einer gewundenen Säule; die Sandstein-Taufe, 1741, mit Eckvoluten und Engelflüchten. Die Orgel, 1789/90 von Ernst Marx ist ein Geschenk des Schiffsbaumeisters F. J. Köpjohann († 1792). Das Kirchengerät stammt aus dem 18. Jh., darunter Kelche, eine Oblatendose und eine Taufkanne mit Schale. Auch elf Pastorenbildnisse, 18.–20. Jh., gehören zum Besitz der Gemeinde. In der Kirche befinden sich zwei Inschriftengrabsteine für die Pastoren Lüderwald († 1739) und Johann Fritsche († 1746). Auf dem umgebenden Kirchhof jedoch sind wichtige Grab- und Erinnerungsdenkmale von kultur- und kunsthistorischem Wert erhalten, darunter das Grabmal des Schiffsbaumeisters F. J. Köpjohann und seiner Frau, wohl von Wilhelm Christian Meyer geschaffen; es zeigt einen Engel mit geöffnetem Buch, ein Füllhorn und Attribute des Schiffsbaues. Weitere sind Anna Louise Karschin († 1791), Karl Wilhelm Ramler († 1796), Karl Friedrich Zelter († 1832) und Leopold von Ranke († 1886) gewidmet.

1904/05 wurden Kirche und Friedhof westlich durch einen einheitlich gestalteten Wohnhauskomplex in neobarocken Formen zur Großen Hamburger Straße hin umbaut. Dabei berücksichtigte man einen beeindruckenden Durchblick zum Turm. Das Haus Große Hamburger Straße Nr. 28, von Kurt Berndt 1901/1902 erbaut, gehört wie die anderen gleichfalls zur Sophiengemeinde. Im gesamten Wohnkomplex sind Pfarrwohnungen und Gemeindeeinrichtungen untergebracht.

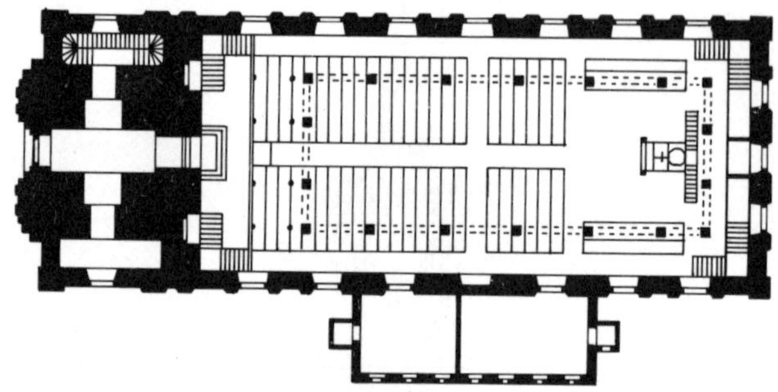

Grundriß 1834

Literatur: Witte, Wilhelm: Geschichte der Sophienkirche zu Berlin von 1712–1912. Festschrift, Berlin 1912. Abb. S. 110, 111

Zionskirche

Zionskirchplatz, Kirchenkreis Stadt III

Mit dem Anwachsen der Bevölkerungsdichte in der Rosenthaler Vorstadt wurde die Elisabethgemeinde veranlaßt, 1855 in der Schönhauser Allee Nr. 142 eine Zionskapelle zu errichten. Schon am 25. März 1855 konnte sie eingeweiht werden. Zur Bildung einer selbständigen Parochie kam es aber erst am 21. Mai 1864. Die neue Gemeinde, für die die Kapelle bald zu klein wurde, setzte sich aus Teilen der Elisabeth- und der Bartholomäusgemeinde zusammen. Mit Pfarrer Julius Kraft kam auch der neue Kirchenbau in Gang. Für den Neubau wurde ein Bauplatz von beherrschender Lage, im Norden über der Stadt gewählt. Auf der Höhe des Prenzlauer Berges entstand nach Entwurfszeichnungen des Jahres 1864 von Baurat Gustav Möller und in der Ausführung und Entwurfserweiterung durch August Orth 1866/73 die Zionskirche, die auch als »Kathedrale des Nordens« bezeichnet wurde. Möllers Entwurf wurde 1867 auf der Pariser Weltausstellung gezeigt, er galt als bewußte und ein wenig vergrößerte Wiederholung des Entwurfes zur Lukaskirche in Berlin (1859/65), an der Möller neben August Stüler beteiligt war. Orth übernahm Ausführung und Leitung des Kirchenbaues, und als selbständige Arbeiten gehen Turm- und Chorbau auf ihn zurück. Wichtig für Orth war bei der Konstruktion die Berücksichtigung

einer guten Akustik im protestantischen Predigtraum, die ihm bei der Zionskirche auch gelang.
Die Zionskirche, von einer Grünanlage umgeben, steht auf einem fünfseitigen Platz, auf den fünf Straßen einmünden. Der Bau ist, wie kein anderer, vom Gang der preußischen Geschichte beeinflußt worden. Ähnlich wie die Votivkirche in Wien ist auch die Zionskirche als Votivkirche errichtet worden, aus Anlaß des glücklichen Ausgangs des auf Wilhelm I. von Oscar Becker am 14. Juli 1861 in Baden-Baden verübten Attentats. Zur Grundsteinlegung kam es erst am 16. Oktober 1866 in Anwesenheit des Königlichen Hofes. Siegreiche Schlachten der Preußen gegen Dänemark (Düppel 1864) und gegen Österreich (Königgrätz 1866) waren der Anlaß, den Bau zu beginnen und den geplanten Turm zu genehmigen, so daß die Kirche am 2. März 1873 eingeweiht wurde. Julius Kraft hielt bei der Grundsteinlegung die Predigt (Jes. 28,16), in der er Bezug auf den Namen der Kirche nahm: »Siehe, ich lege in Zion einen Grundstein, einen bewährten Stein, einen kostbaren Eckstein, der fest gegründet ist. Wer glaubt, der fliehet nicht.«
Die Finanzierung des Baues, dessen Kosten auf 94 000 Taler veranschlagt worden waren, tatsächlich aber 131 000 Taler betrugen, war von Beginn an schwierig gewesen. Die Mittel setzten sich aus Spenden, davon 50 000 Taler vom königlichen Patron, aus Magistratsgeldern und Kollektenfonds zusammen. Dennoch mußten 1868, die Kirche war unter Dach und gewölbt, die Bauarbeiten zunächst eingestellt werden, da die finanziellen Mittel erschöpft waren, erst 1871 konnten sie wieder aufgenommen werden.
Die Zionskirche, ein Backsteinbau in historischen Formen des Rundbogenstils der späteren Schinkel-Nachfolge, besteht aus kurzem Schiff, Querschiff und halbrundem Chor mit seitlichen Anbauten für Sakristei und Taufkapelle. Der 66,53 Meter hohe Südturm ist weit über die Stadt hin sichtbar. Über den quadratischen Untergeschossen, die bis zum Hauptgesims reichen, erhebt sich ein achtseitiger, durch Maßwerköffnungen aufgebrochener, luftig wirkender Aufsatz mit einem massiven Spitzhelm. Das Tympanonrelief über dem Turmportal mit der Darstellung der Bergpredigt ist eine Arbeit von Ludwig Brodwolf.
Der in hellem Backstein ausgeführte Bau wird an den Außenfronten durch farbige Terrakottastreifen belebt. Die hohen Rundbogenfenster besitzen Maßwerkteilung. Unterhalb des Dachansatzes, auch an den Turmseiten und den Giebelschrägen des Langhauses und der Querschiffe, umzieht eine Zwerggalerie den gesamten Bau, dessen reiche Durchbildung des ornamentalen Details auffällt.
Der Innenraum ist gewölbt, die Vierung mit einem Sternrippengewölbe auf schlanken Bündelpfeilern. Durch den Einzug einer umlaufenden Empore werden schmale Seitenschiffe gebildet. Diese Emporenanlage ist gleichsam als selbständiges Untergeschoß ausgeführt. Kurze, durch Flachbögen verbundene Pfeiler, Säulen nur an den Querschiffemporen, stützen das Emporenuntergeschoß, das von einer Brüstung abgeschlossen wird. Die Bündelpfeiler bestimmen das Geschoß oberhalb der Emporenanlage. Nach K. E. O. Fritsch ist hier das Emporensystem von Notre Dame in Paris für den Zweck der protestantischen Predigtkirche weiterentwickelt und angewendet worden. Diese Emporenanlage und die an die Wand gerückten Pfeiler rufen den räumlichen Eindruck eines Zentralbaues hervor.
Die Parallelen zu Grundriß und Konstruktion der Zionskirche werden in Friedrich Adlers Thomaskirche (1864/69) und in Orths spätem Bau der Gethsemanekirche (1891/93) gesehen. Die reiche Verwendung von Strebepfeilern und Maßwerkfenstern kam auch in Orths Domentwürfen und an der 1890/93 erbauten Himmelfahrtskirche (Berlin-West, im zweiten Weltkrieg zerstört und 1949 abgetragen) vor. Zeitgenossen beurteilten die Zionskirche folgendermaßen: »Mehr noch wie die Michaels-Kirche sucht die Zions-Kirche mittelalterliche Konstruktions- und Raumformen in moderner Architektursprache zur Darstellung zu bringen, ohne jedoch in eclectischer Weise Stylformen zu vermischen oder irgend einer bestehenden Stylform sich anzuschließen« (Julius Kraft), und in einem Gutachten 1889 heißt es: »Die architektonische Formgebung zeigt das anerkennenswerte Bestreben des Künstlers, in Anknüpfung an

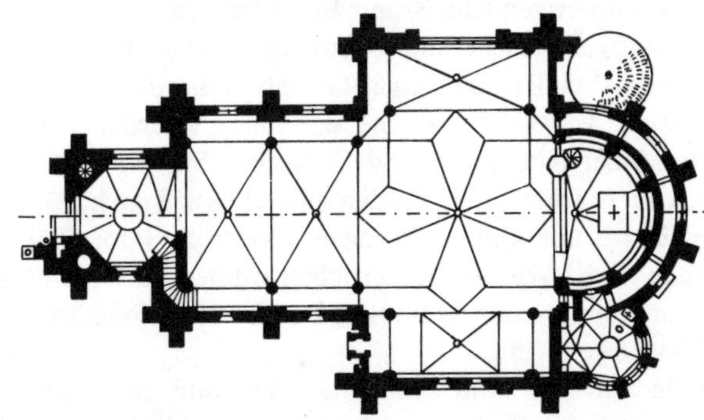

Grundriß nach Orths Entwurf

die guten Überlieferungen der älteren Berliner Bauschule, eigenartige Wege zu gehen und dem Wesen des evangelischen Kirchenbaues angemessen Ausdruck zu verleihen.«
Die Ausstattung des heute sehr hell gehaltenen Raumes stammt aus der Erbauungszeit. Die Chorfenster waren ursprünglich mit Glasmalerei versehen. Altar und Taufe sind aus Marmor von der Firma Barkeine gearbeitet, die Kanzel aus Terrakotta von der Firma March, die auch die farbigen Terrakotten für den Außenbau lieferte. Bis 1952 konnten die im zweiten Weltkrieg entstandenen Schäden weitgehend beseitigt werden.

Literatur: Die Zionskirche in Berlin. In: Zeitschrift für Bauwesen 18. 1868, S. 117–122. – F.: Berliner Neubauten – Die Zionskirche. In: Deutsche Bauzeitung 3. 1869, S. 537–544, 589–591, 622–623. – Orth, August: Die Zionskirche. In: Zeitschrift für Bauwesen 22. 1872, S. 213; 23. 1873, S. 7–10, 105–110, 423–438. – Kraft, Julius: Die Zionskirche. Berlin 1873. – Orth, August: Die Zionskirche zu Berlin. Berlin 1874. – Orth, August: Die Zionskirche zu Berlin. In: Christliches Kunstblatt 1876, S. 9–15. – Schneider: Bau einer zweiten Kirche f. d. Zionsgemeinde in Berlin. In: Zentralblatt der Bauverwaltung 9. 1889, S. 419–420. – Hahn, Günther: Entwürfe eines Architekten aus der 2. Hälfte des 19. Jahrhunderts – August Orth. Diss. TH Berlin 1954.

Abb. S. 126–131, 133

STADTBEZIRK FRIEDRICHSHAIN

Auferstehungskirche
Friedenstraße 84, Kirchenkreis Friedrichshain

Im Stadtbezirk Friedrichshain, zwischen Leninallee und Frankfurter Allee, auf dem Gelände des ehemaligen Armenfriedhofes, wurde 1892/95 nach einer Skizze von Hermann Blankenstein (Grundriß) und nach einem Entwurf von August Menken, der auch die Ausführung leitete, ein dreischiffiger Hallenbau mit quadratischem Westturm aus Backstein errichtet. Das Gelände für den Kirchenbau hatte der Magistrat von Berlin zur Verfügung gestellt. Am 7. Mai 1892 legte Superintendent Bruno Brückner den Grundstein, und nach dreijähriger Bauzeit fand in Anwesenheit von Prinz Friedrich Leopold von Preußen und seiner Gemahlin die Einweihung statt. Zur Nutzung wurde die Kirche der am 1. Februar 1896 neugebildeten Auferstehungsgemeinde übergeben. Sie war eine Tochtergründung der Markusgemeinde, deren Kirche 1855 nach Plänen von Ludwig Runge und Friedrich August Stüler als kuppelbekrönter Zentralbau in der Weberstraße errichtet worden war. Die Markuskirche wurde im zweiten Weltkrieg, im Mai 1944, zerstört und die Ruine 1957 abgetragen.
Der Hallenbau der Auferstehungskirche hatte eine Länge von 31 Metern und eine Breite von 21,5 Metern und bot mit 1350 Sitzplätzen Raum für eine große Gemeinde. Die Gewölbe des querschifflosen Baues wurden von eisernen Säulen getragen. Im Chorteil, der vom Schiff durch einen Triumphbogen abgesetzt ist, war ein oberer Rundgang angelegt. Altar und Kanzel waren von allen Seiten gut sichtbar angeordnet. Nach Kriegszerstörungen erfolgte bis 1961 (Einweihung am 14. Mai) ein vereinfachender Wiederaufbau, bei dem der Ostgiebel und die seitlich des Hauptturmes angelegten Nebentürme entfernt wurden. Der aufwendig durch Fenster und Blenden gegliederte dreigeschossige Westturm, einst 77 Meter hoch und mit drei Glocken versehen, verlor seine Turmspitze. Auch der Innenraum zeigt gegenüber der Erbauungszeit Veränderungen. Am Triumphbogen waren einst Malereien angebracht, links Mose und rechts neben der Kanzel Johannes der Täufer sowie betende Gestalten. Die Inschrift »Ich bin die Auferstehung und das Leben« ist als Hinweis auf den Namen der Kirche zu verstehen, ebenso die Auferstehungsszene in den Chorfenstern. Der Altar wies die biblischen Gestalten von Abel, Melchisedek, Isaak und Aaron auf. Die Orgel der Firma Sauer wurde 1965 durch ein neues Werk der Bautzener Orgelwerkstatt Eule ersetzt.
Der Kirchenbau wurde 1895 in den einschlägigen Bauzeitschriften als eine Anlage im »märkischen Backsteinstil mit romanischen Anklängen« charakterisiert. Die Baukosten, ohne Ausstattung, betrugen eine Summe von 425095 Mark.

Literatur: Die Einweihung der Auferstehungskirche in Berlin. In: Deutsche Bauzeitung 29. 1895, S. 258.

Abb. S. 140

Bartholomäuskirche
Friedenstraße 1; Kirchenkreis Stadt I

In Höhe des ehemaligen Königstores, dort, wo die Akzisemauer zum Landsberger Tor führte, an der Kreuzung von Greifswalder Straße und Friedenstraße, wo die Stadtbezirke Prenzlauer Berg und Friedrichshain aneinander grenzen, steht auf einer kleinen Anhöhe inmitten einer Grünanlage – dem ehemaligen Laßmannschen Weinberg – die St.-Bartholomäus-Kirche.
1854/58 wurde sie nach einem Entwurf des Schinkel-Schülers Friedrich August Stüler von Friedrich Adler erbaut. Die Gemeinde war am 8. Oktober 1854 als »Parochie der Kirche am Königstor« von St. Georgen abgetrennt worden, und im gleichen Monat, am 15. Oktober 1854 (nach anderen Quellen erst im Juni bzw. am 5. Oktober 1855), ist der Grundstein für den Kirchenneubau gelegt worden. Die Feier der Grundsteinlegung erfolgte verspätet, erst nach der Fertigstellung des Rohbaues, am 5. Oktober 1855, durch General Wrangel (wahrscheinlich wurde dieses Datum mit der Grundsteinlegung verwechselt). Die Einweihung fand am 13. November 1858 statt. Bis zur Vollendung der Kirche im Jahre 1858 benutzte die Gemeinde unter ihrem ersten Pfarrer Emil Steffann verschiedene Räume im alten Scheunenviertel Berlins, in der Nähe des Alexanderplatzes, und die 1855/56 erbaute Stephanuskapelle am Königstor, die 1907 wegen Baufälligkeit abgerissen werden mußte. An dieser Stelle errichtete man im gleichen Jahr das Gemeindehaus der Bartholomäuskirche.
Für den Bau der Bartholomäuskirche übernahm König Friedrich Wilhelm IV. das Patronat, und er stellte auch die finanziellen Mittel zur Verfügung. Der Entwurf Stülers folgt der Anlage seiner 1844/46 erbauten Matthäikirche im Tiergarten (Berlin-West): eine dreischiffige Halle, deren Schiffe ursprünglich mit je drei langen aufgestellten Satteldächern mit abschließenden Giebeln gedeckt waren. Erst nach den Zerstörungen im zweiten Weltkrieg wurden die Dächer bei der Wiederherstellung 1952/57 zu einem relativ flachen Satteldach zusammengefaßt (Wiedereinweihung am 28. April 1957). Auch die einstigen Anbauten am fünfseitig geschlossenen Chor an der Ostseite wurden beim Wiederaufbau nicht erneuert. Durch Abtrennung der Seitenschiffe entstanden geschlossene Kapellen, die Stephanus- und die Zinzendorfkapelle. An der Westseite erhebt sich ein quadratischer Turm, dessen ursprüngliche Höhe 63,5 Meter betrug (heute 54 Meter). Im Sockelgeschoß liegt der wimpergbekrönte Haupteingang, dessen einstiges Portal eine Nachbildung der Wittenberger Thesentür darstellte. Das darüberliegende Turmgeschoß besitzt ein großes einfaches Maßwerkfenster, und über diesem erhebt sich das in Spitzbogen, die in Wimpergen auslaufen, achtseitige aufgebrochene Glockengeschoß mit Spitzhelm. Neben dem Turm, den Seitenschiffen vorgelagert, sind zwei quadratische Hallen, die bis zur Schiffshöhe reichen, angebaut. Sie öffnen sich in einem weiten Spitzbogen und sind rippengewölbt.
Die Bartholomäuskirche ist ein Backsteinbau in gotisierenden Formen. Die ursprüngliche Terrakottaverkleidung wurde bei einer Erneuerung 1883 durch Schichtenmauerwerk mit Formsteinen ersetzt. Auch 1905 erfuhr die Kirche eine zweite durchgreifende Restaurierung auf Grund baulicher Schäden. Die Langseiten sind mit Strebepfeilern besetzt. Die drei Schiffe sind flachgedeckt, nur der Chor besitzt ein Sterngratgewölbe. Die Seitenschiffe und die Turm-

seite haben Emporeneinbauten, die nach der Wiederherstellung 1957 zum Mittelschiff hin zugebaut wurden. Der Kirchenraum besaß eine Kapazität von 1400 Sitzplätzen.
Zur heutigen Ausstattung gehören drei Gemälde auf der Südempore, zwei zeigen Szenen der Josephsgeschichte und wurden 1737/42 von Chrysanth Bollenrath gemalt. Sie gehörten einst zum Besitz der Mariengemeinde, ebenso wie das dritte Gemälde, eine Kreuzabnahme, 18. Jh. Nur das Abendmahlsgerät gehört noch der Erbauungszeit der Kirche an. Kanzel und Altar sind Neuschöpfungen. Das ehemalige Altargemälde mit den beiden Namenspatronen der Kirche, Stephanus und Bartholomäus, befindet sich in der Stephanuskapelle. Das moderne Altarkruzifix aus Kupfer ist eine Arbeit von Hans Volker Mixa und wurde 1969 aufgestellt. Die moderne Fensterverglasung schuf Gerhard Olbrich 1957, sie zeigt den thronenden Christus in der Mandorla, Seraphime und die Ältesten der Gemeinde. Im Turmuntergeschoß steht eine überlebensgroße Mosefigur, eine Holzplastik von Wilhelm Groß. Die Orgel von 1963 stammt aus der Firma Schuke in Potsdam. Die alten Glocken sind außen, vor der Nordwand aufgestellt. Vor der Kirche, in der Grünanlage, steht ein 1913 geschaffenes Denkmal für den an dieser Stelle, am 20. Februar 1813, in den Freiheitskriegen gefallenen Alexander Freiherr von Blomberg. Diesen Gedenkstein aus Muschelkalk mit einer Inschriftplatte aus Bronze und einem bekrönenden Helm schuf Otto Kuhlmann.

Literatur: v. Z.: Die Bartholomäuskirche in Berlin. In: Zeitschrift für praktische Baukunst 18. 1858, S. 339–344. – Adler, Friedrich: Die St. Bartholomäus-Kirche zu Berlin. In: Christliches Kunstblatt 1859, S. 81–87. – 1858–1883. Bis hierher hat der Herr geholfen. Zum 25jährigen Gedächtnis der Einweihung der St. Bartholomäuskirche am 13. 11. 1883, Berlin 1883. – Die Kanzel in der Bartholomäus-Kirche zu Berlin. In: Architektonisches Skizzenbuch 49. 1861, H. 1, Bl. 5. – Schneidemesser, Karl v.: Nachrichten über die St. Bartholomäus-Gemeinde beim 50jährigen Kirchenjubiläum 1908. Berlin 1908.

Abb. S. 118

Galiläakirche

Rigaer Straße 9–10; Kirchenkreis Friedrichshain

Um 1896 war die Gemeinde der Samariterkirche am Samariterplatz auf 70 000 Gemeindeglieder angewachsen, so daß 1906 der Beschluß gefaßt wurde, eine Tochtergemeinde zu gründen, deren Kirchenbau ursprünglich den Namen »Johanniterkirche« erhalten sollte, jedoch am 20. Juli 1910 als Galiläakirche durch Generalsuperintendent Hans Kessler eingeweiht wurde. Die Gemeinde selbst erhielt erst im Jahr darauf, am 1. Mai 1911, ihre Selbständigkeit von der Samaritergemeinde. Für den Kirchenbau standen nur 200 000 Mark zur Verfügung. Der Magistrat lehnte einen Baukostenzuschuß für den Neubau ab. Einen gegen ihn angestrengten Prozeß um finanzielle Beihilfe für Kirchenneubauten hatte die Stadtsynode verloren.
Nach Plänen von August Dinklage und Ernst Paulus wurde auf dem sich zur Liebigstraße hin verjüngenden Bauplatz der Kirchenbau mit anschließendem Pfarr- und Gemeindehaus in die Straßenfront der Rigaer Straße eingebunden. Die Kirche, ein Klinkerverblendbau, zeigt gotisierende Formen. Die asymmetrisch angelegte Fassade zur Rigaer Straße besteht aus einer hohen Giebelwand mit Dreifenstergruppe und einem links sich daran anschließenden quadratischen, 50 Meter hohen Turm. Dieser trägt über einem Balustradenabschluß einen weithin sichtbaren verkupferten Spitzhelm. Ein runder Treppenturm mit Kegeldach begleitet den Hauptturm. In die durch Fensteröffnungen gegliederte Turmfront ist das Hauptportal eingelassen. Es ist rechteckig und mit einer Leiste aus Maßwerkpässen gerahmt, die als Ziermotiv auch unterhalb des Turmabschlusses und am Gemeindehaus wiederkehren.
Das Innere der Kirche ist von zentralraumartiger Wirkung, hervorgerufen durch die umlaufenden Emporen und durch die kassettenartige Oberlichtdecke. Gegenüber der Turmseite befindet sich das sterngewölbte, vierseitig geschlossene Chorpolygon. Hier ist eine amboartige Kanzel mit gotisierenden Reliefs vor einer Brüstungswand mit Blendarkatur angebracht. Darüber befindet sich, leicht zurückgesetzt und bis in das Chorpolygon reichend, die Orgel. Der Chor besitzt kleine, farbig verglaste Fenster. Der zur Verfügung stehende Raum ist für die Anordnung der Sitzplätze geschickt ausgenutzt.
Das Gemeindehaus, das sich rechts an die Kirche anschließt, nimmt im dreiseitigen Erker mit spitzem Kupferhelm und im Portaldekor die Schmuck- und Gliederungsmotive des Kirchenbaues auf.

Abb. S. 169

Offenbarungskirche

Simplonstraße 31–37; Kirchenkreis Friedrichshain

Nach dem zweiten Weltkrieg gelang es u. a. Otto Bartning, einen »serienmäßig herstellbaren ... Notkirchentyp zu entwickeln ... Diese Notkirche stellte nicht mehr einen Notbehelf, sondern einen architektonisch und liturgisch würdigen Kirchenbau dar ...« Im Auftrag und mit Hilfe des Weltrates der Kirchen wurde 1948/49 nach Bartnings Modell dieser Montagebau aus vorfabrizierten Teilen für die am 1. April 1949 von der Lichtenberger Erlösergemeinde abgetrennte Offenbarungsgemeinde errichtet und mit bereits bestehenden Gemeindebauten verbunden. Die Einweihung erfolgte am 25. September 1949.
Der kleine, saalartige Putzbau hat einen polygonalen Ostabschluß und wird ringsum, unterhalb des flachen Satteldaches, von einem Fensterfries umlaufen. Das Satteldach, ursprünglich mit Schindeln gedeckt, erhielt 1977 eine neue Deckung. Ein Dachreiter betont die westliche Eingangsseite. Der Innenraum läßt den Blick frei in den offenen hölzernen Dachstuhl aus Dreigelenkbindern, der auf schmalen hölzernen Wandstreben aufliegt. Unter der Westempore befindet sich der Gemeinderaum. Eine Orgel der Potsdamer Firma Schuke wurde in den sechziger Jahren erworben.

Abb. S. 180

Pfingstkirche

Kotikowplatz 5; Kirchenkreis Friedrichshain

Am 15. September 1906 wurde die Pfingstgemeinde als eine Tochtergründung der Auferstehungsgemeinde gebildet und hielt ihre Gottesdienste zunächst in einem Fabrikgebäude in der Petersburger Straße 57 ab. Die Gemeinde zählte zu diesem Zeitpunkt schon 40 000 Glieder. Nach Plänen von G. Werner und Jürgen Kröger ent-

stand in den Jahren 1906/08 an der Westseite des Platzes innerhalb der Straßenfront der historisierende Klinkerverblendbau der Kirche. Die Einweihung konnte am 28. Juni 1908 vorgenommen werden. Besonders in der Fassadengestaltung wurde eine Formensprache, die sich an den Stil der Spätgotik anlehnt, verwendet, die Maßwerke in den Fenstern erinnern an den Flamboyant-Stil. Eine dreiteilige Portalhalle betont die Eingangsfassade, über ihr ist eine große Dreifenstergruppe eingelassen, die von einer Kielbogenrahmung und filigranhaft wirkendem Maßwerkdekor überspannt wird. Ein gestaffelter Pfeilergiebel schließt die Portalfassade vor dem Satteldach des Kirchenschiffes ab. Rechts neben der Vorhalle steht der 70 Meter hohe Turm, dessen oberes Geschoß durch kielbogig geführte Giebel betont wird und in einem hohen achtseitigen Spitzhelm mit eingefügter Laterne endet.
In die Tiefe des Grundstücks führt der zweischiffige Saalbau der Kirche mit Strebepfeilern. Der Saal ist von einem Netzgewölbe überspannt. An der Ost- und Nordseite sind Emporen angebracht, und der ursprünglich eingezogene Chor wurde 1950 nach Beseitigung der Kriegsschäden durch einen geraden Abschluß des Schiffes korrigiert und das Seitenschiff durch eine Glaswand abgetrennt. Die Pfingstkirche bot ursprünglich Raum für 1100 Sitzplätze. Im Choransatz haben sich Reste von Wandmalerei, mit den Aposteln Petrus und Paulus, erhalten. Die weitere ursprüngliche Ausmalung, die Pfingstsymbole (u. a. Taube, Pfingstrose, Weinstock) zeigte und sich auf den Namen der Kirche bezog, wurde im zweiten Weltkrieg zerstört. Kanzel und Altar sind modern. Nur die aus Holz gefertigte Taufe stammt aus der Erbauungszeit.
Die Ehrenhalle im Vorraum der Kirche wurde am 6. Februar 1921 eingerichtet. Im Hof des Kirchengrundstücks erbaute Walter Erdmann 1927/29 das Gemeindehaus, einen Klinkerverblendbau, der stilistisch von Formen der Neuen Sachlichkeit beeinflußt ist.

Abb. S. 167, 168

Samariterkirche
Samariterplatz; Kirchenkreis Friedrichshain

Noch 1892 war das Gelände, auf dem 1892/94 nach Plänen von Gotthilf Ludwig Möckel die Samariterkirche erbaut wurde, ein freies Feld mit Laubenkolonien. Nach dem Namen der Kirche wurde 1895 auch der Platz benannt, auf den die Samariterstraße zuläuft. Der Bauplatz war eine Schenkung der »Aktiengesellschaft der Berliner Neustadt« an die Tochtergemeinde der im 19. Jahrhundert stark angewachsenen St.-Markus-Gemeinde, die sich am 1. Februar von dieser trennte. Die Markuskirche, ein von August Stüler entworfener Bau, der 1855 eingeweiht worden war, stand in der ehemaligen Weberstraße und wurde, auf Grund starker Zerstörungen im zweiten Weltkrieg, 1957 abgetragen.
Die Grundsteinlegung der Samariterkirche fand am 7. Mai 1892 statt, und die Weihe erfolgte am 22. Oktober 1894. Aber erst im Februar 1896 wurde die Gemeinde zur selbständigen Parochie erhoben. Die Weihe geschah in Anwesenheit der Kaiserin Auguste Viktoria, auf ihre Intention geht auch der Name der Kirche zurück. Der kreuzförmig rote Backsteinbau besteht aus kurzem Haupt- und breitem Querschiff, einem Rechteckchor mit flankierenden niedrigen polygonen Anbauten und einem Westturm vor dem nach Westen hin verlängerten Mittelschiff. Dieser von allen Seiten sichtbare und beherrschende Turm mit hohem Helm besitzt eine Gesamthöhe von 60 Metern. Die oberen Turmgeschosse werden durch runde Ecktürmchen mit Kegelhelmen begleitet. Möckels Entwurf benutzte eine gotische Formensprache, die besonders am Außenbau in den Pfeilergiebeln mit krabbenbesetzten Fialen am Chor und an den Querarmen zum Ausdruck kommt und die sich auch in der Verwendung eines reichen Außendekors mit Formsteinen und dunklen Glasuren zeigt. Über dem westlichen Eingangsportal steht eine segnende Christusfigur aus weißem Sandstein, darunter das Lamm Gottes mit der Umschrift »Kommet her zu mir Alle!«

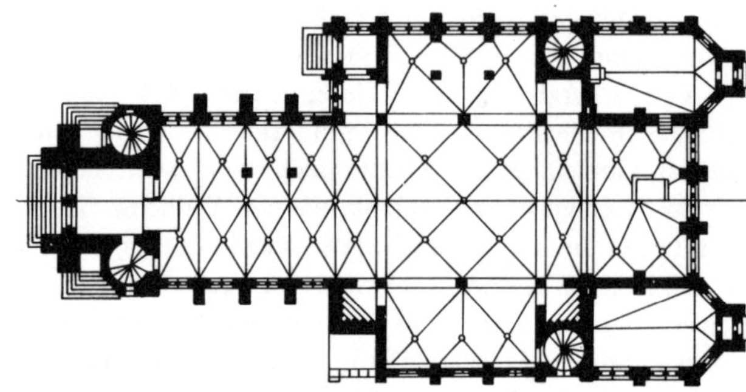

Grundriß nach Möckels Entwurf

Der »zentral« und breit wirkende kreuzförmige Innenraum ist gewölbt und besitzt umlaufende Emporen auf Backsteinsäulen mit Kunststeinkapitellen, besonders einprägsam in der Turmhalle ausgeführt. Im Innenraum fand Möckels architektonische Erfindung ihre Anwendung: die Vierung ist zu einem niedrigen gewölbten Zentralraum – mit guter Akustik, auf die Möckel wie auch Orth Wert legten – ausgebildet, in dem die vier Bögen, die auf dem Fußboden ansetzen, sich überschneiden und Stützpfeiler ersetzen. Auf diese Weise ist für die Raumwölbung ein geringer konstruktiver Aufwand nötig. Möckel schuf für Berlin mit dem gleichen Konstruktionsprinzip auch die Versöhnungskirche in der Bernauer Straße (1892/94; 1985 abgetragen), auch hier durchdrangen sich die Tragbögen in den Ecken der Vierung.
Altarbezirk, Kanzel und Chorfenster der Samariterkirche sind heute modern gestaltet. Einst waren die Fenster mit figürlicher Glasmalerei geschmückt. Die dargestellten Szenen der Barmherzigkeit nahmen Bezug auf den Namen der Kirche. Die ursprüngliche Raumausmalung stammte von dem Historienmaler Heinrich Saffar aus Cuxhaven. Nur das Altargerät der Zeit um 1894 ist erhalten geblieben. Die Kirche umfaßte 1100 Sitzplätze, und als Gesamtsumme der Baukosten werden 275 000 Mark angegeben.

Abb. S. 142–145

Stralau – Dorfkirche
Stralau, Tunnelstraße; Kirchenkreis Friedrichshain

Auf der Halbinsel zwischen Spree und Rummelsburger See entstand im 13. Jh. ein Fischerdorf, das 1244 urkundlich genannt wird und seit 1358 der Stadt Berlin gehörte. An der Spitze der Halbinsel, südöstlich des alten Dorfes, inmitten eines schon seit 1412 bestehenden Friedhofes, wurde 1459/64 die Dorfkirche erbaut. Von ihr berichtet Ende des 17. Jh. der Konrektor Ferdinand Posthius in seinem

»Chronikon Berolinense«, daß »Anno 1464. Ist die Kirche zu Strahlo gebaut und der Turm gefertigt worden ...« Der einschiffige Bau mit fünfseitig geschlossenem Ostschluß ist ein Gemisch aus Feld- und Backsteinmauerwerk. Der quadratische Westturm, auf Resten eines Feldsteinunterbaues des 15. Jh., wurde 1823/24 von Friedrich Wilhelm Langerhans aus Backstein erbaut. Die Entwürfe Karl Friedrich Schinkels für den Turmbau waren zu kostspielig. 1895 wurde der Eingang von der Südseite in den Turm verlegt und durch eine Vorhalle erweitert. Bei der Restaurierung der Gesamtanlage, 1936/38, wurde der Turm, der schon 1935 wegen Baufälligkeit bis zum Gurtgesims abgetragen worden war, in alter Form – mit Spitzhelm und vier flankierenden Türmchen – neu aufgeführt. Gleichzeitig erfolgte der Anbau einer Sakristei.

Das Schiff hat drei flache Joche, deren Kreuzrippengewölbe auf kurzen Streben aufliegen, und es weist gedrungene spitzbogige Fenster mit profilierten Gewänden auf. Die Gewölbe in Chor und Schiff, das Chorgewölbe z. T. auf alten figürlichen Konsolen, sind nach der Zerstörung im zweiten Weltkrieg bis 1963 wiederhergestellt worden.

Der malerische Innenraum ist mit wertvollen Ausstattungsstücken geschmückt. Darunter befindet sich ein Flügelaltar, der aus Teilen unterschiedlicher Herkunft zusammengesetzt ist. Der Mittelschrein, Maria zwischen den Heiligen Barbara und Ursula, um 1500, kommt aus Massen, Ldkr. Finsterwalde; der Schrein wurde 1961/62 restauriert und die farbige Fassung ergänzt. Die bemalten Flügel, letztes Drittel 15. Jh., stammen von einem Peter-Paul-Altar aus dem Dom zu Brandenburg und zeigen auf den Vorderseiten den Fischzug Petri und Martyrien des Petrus, Paulus und Jakobus, die Rückseiten, nicht sehr gut erhalten, zeigen die Gregormesse und die Stigmatisation des hl. Franziskus. Die spätgotische Kalkstein-Taufe, deren achtseitige Kuppa mit Kerbschnittornament geziert ist, hat eine Pokalform. Die Taufschale aus Messing ist 1710 datiert und zeigt in getriebener Arbeit die Szene des Sündenfalls. In den Chorfenstern befinden sich stark restaurierte Glasmalereifragmente, die Geißelung Christi, um 1460, und ein hl. Georg aus dem Anfang des 16. Jh. Das Tafelbild der Mater dolorosa, 1787, ist ein Werk des Berliner Malers Christian Bernhard Rode. Drei Glocken haben sich erhalten, die kleinste trägt die Inschrift »Andreas Kepfel aus Lutringen gos mich MDVL«.

Literatur: Peschke, Walter: Drei Berliner Dorfkirchen. In: Zentralblatt der Bauverwaltung 62. 1942, S. 49–60 (u. a. Stralau). – Gerlach, Wolfgang: Stralauer Dorfkirche. In: Berliner Heimat 4. 1956, S. 6–7. – Kania, Hans und Hans Herbert Möller: Karl Friedrich Schinkel – Mark Brandenburg. Berlin 1960 (S. 153–156 den Turm der Dorfkirche Stralau betreffend).

Abb. S. 100, 172

Verheißungskirche

Boxhagener Straße 100; Kirchenkreis Friedrichshain

Inmitten dichter Mietshausbebauung beiderseits der Boxhagener Straße, die vor Mitte des 19. Jh. noch ein Feldweg nach dem Vorwerk Boxhagen-Rummelsburg gewesen war, wurde 1867 der Friedhof der Parochialgemeinde angelegt. 1879 entstand auf diesem Friedhof, nach Plänen von Gustav Knoblauch und Wex, eine Kapelle.

Dieser rechteckige gelbe Klinkerbau mit Ostapsis und baldachinartigem Portalvorbau an der westlichen Schmalseite weist eine historisierende Formgebung auf: Lisenengliederung, Rundbogenfenster und unterhalb des Satteldaches einen Rundbogenfries. Am 1. April 1949 wurde diese Friedhofskapelle als Gotteshaus der von der Lichtenberger Erlösergemeinde selbständig gewordenen Verheißungsgemeinde zur Nutzung übergeben.

Abb. S. 134

Zwinglikirche

Dannecker- / Ecke Rudolfstraße; Kirchenkreis Friedrichshain

Südlich des Bahngeländes der Warschauer Straße wurde Ende des 19. Jh. der Rudolfplatz angelegt und bereits 1900 an dessen Westseite die kleine »Kapelle am Rudolfplatz« errichtet. Sie konnte am 2. Dezember 1900 durch Generalsuperintendent Wilhelm Faber eingeweiht werden. Diese Kapelle war ein zerlegbarer, transportabler Holzbau mit 450 Sitz- und 150 Stehplätzen, die eine Wolgaster Gesellschaft für Holzverarbeitung nach Plänen von G. Werner ausgeführt hatte. Der Kapellenbau war notwendig geworden für eine 1897 neugebildete Gemeinde für die Bevölkerung vor dem Stralauer Tor, die sich von der Andreasgemeinde am Stralauer Platz abgetrennt hatte (die Andreaskirche, 1854/56 nach Entwürfen von Johann Heinrich Strack durch Baurat Holtzmann erbaut, wurde 1944 zerstört und 1949 abgetragen). Bis zur Einweihung der Kapelle am Rudolfplatz im Jahre 1900 hielt die Gemeinde ihre Gottesdienste in einem Hinterhaus in der Stralauer Allee ab. Bis 1907 diente die Kapelle als Gottesdienstraum, wurde danach aber für die wachsende Gemeinde zu klein und deshalb abgetragen und als Friedhofskapelle bis 1909 auf dem Ahrensfelder Zentralfriedhof weiterverwendet.

An Stelle der Kapelle entwarf Jürgen Kröger 1903 einen Kirchenneubau mit 1167 Sitzplätzen. Als Baubeginn wird der 11. September 1905 und als Datum der Grundsteinlegung der 29. April 1906 angegeben. Krögers Bau ist ein neugotischer Klinkerverblendbau über einem hohen Hausteinsockel. Die Fassaden nach Osten und Norden weisen reiche historisierende Formen auf: Portale mit krabbenbesetzten Wimpergen, Maßwerkschmuck, an der nördlichen zweifach übergiebelten Langseite große Maßwerkfenster und Rosetten und an der Westseite einen Staffelgiebel. Die Südseite der Kirche liegt an einem Hof und ist eingebaut. Weithin sichtbar ist jedoch der an der Nordostecke in den Bau einbezogene 81 Meter hohe quadratische Turm mit seinem schlanken achtseitigen Spitzhelm.

Als Name für die Kirche war zunächst der des Schwedenkönigs Gustav Adolf vorgesehen, aber bei der Einweihung des Gotteshauses am 9. Februar 1908 erhielt die Kirche, wie auch die Gemeinde, den Namen von Johannes Zwingli. Die Selbständigkeit von der Andreasgemeinde erhielt die Neugründung erst am 1. Dezember 1908, während die Gemeinde der »Kapelle am Rudolfplatz« noch zu St. Andreas gehörte. Die Ausschmückung der Kirche bezieht sich thematisch auf die Reformation, vor allem in den Darstellungen der Kirchenfenster. Der sterngewölbte asymmetrische Saal besitzt Emporen an der Ost- und Nordseite und einen Laufgang im Westteil. Unterhalb der Emporenanlage bilden sich seitenschiffartige Räume. Das Altargemälde zeigte Christus auf dem Meere schreitend. Die Standbilder der Förderer der Reformation, der brandenburgische

Kurfürst Joachim I. und Gustav Adolf, aus karrarischem Marmor gearbeitet, blieben erhalten, ebenso die lebensgroße Bronzefigur des Reformators und Namenspatrons Huldrych Zwingli, die 1907 von Martin Götze geschaffen wurde und in einer Nische am Fuße des Turmansatzes, genau an der Nordostecke der Kirche, ihre Aufstellung fand. Die Kirche wird heute als Lagerhaus benutzt. An die Kirchenfassade in der Rudolfstraße anschließend, entstand 1928 das Gemeindehaus, ein Klinkerverblendbau in spätexpressionistischen Formen.

Literatur: Die Zwingli-Kirche in Berlin, Ecke Caprivi- und Rudolfstraße. In: Baugewerks-Zeitung 44. 1912, S. 329–330. Abb. S. 166

STADTBEZIRK PRENZLAUER BERG

Adventskirche

Dimitroffstraße 201 / Ecke Heinz-Bartsch-Straße;
Kirchenkreis Stadt I

Im Zusammenhang mit der Ausdehnung und Bebauung des Prenzlauer Berges nach 1868 bis zur heutigen Dimitroffstraße, Greifswalder Straße und Landsberger Allee (Leninallee) wuchsen mit steigender Bevölkerungsdichte auch die Kirchengemeinden stark an. Daher kam es am 15. September 1906 auch zur Bildung einer selbständigen Parochie unter dem Namen Bartholomäus II, die sich aus Teilen der Auferstehungs- (Friedenstraße) und der Bartholomäuskirche (Greifswalder Straße) zusammensetzte. Am 1. April 1908 erhielt diese neue Gründung den Namen Adventsgemeinde. Die Berliner Stadtsynode erwarb für einen eigenen Kirchenbau dieser Gemeinde das Eckgrundstück an der ehemaligen Elbinger / Schneidemühler Straße. Die Grundsteinlegung erfolgte am 10. April 1910 und die Einweihung durch Generalsuperintendent Wilhelm Faber am 26. Februar 1911 in Anwesenheit des Prinzen Friedrich Wilhelm von Preußen.

Die Kirche entstand nach Entwürfen von Ernst Paulus und August Dinklage. Der rote Klinkerverblendbau in neugotischen Formen nutzt das quadratische Eckgrundstück geschickt aus. Die Ecke bildet der 50 Meter hohe, übereck gestellte Turm mit dem Eingangsportal, Nebentürme mit Treppenhäusern flankieren ihn und vermitteln insgesamt den Eindruck eines Stadt- oder Burgtores mit Kapelle. Die übergiebelten Straßenfronten zeigen große sechsteilige Maßwerkfenster. Das Pfarrhaus, aus der gleichen Planung hervorgegangen, heute modern verputzt, schließt unmittelbar an der Südseite der Kirche an.

Der Innenraum bildete ursprünglich ein Sechseck, an dessen kürzeren Seiten der Turm und gegenüber der Altarraum mit dahinterliegender Sakristei angeordnet waren. Kriegsschäden führten 1949/51 zu einer vereinfachten Wiederherstellung, dabei wurde der Raum mit einer hölzernen Decke über sichtbarer Balkenkonstruktion gedeckt. Emporen sind an drei Seiten angelegt. Durch Abtrennung von Seitenräumen unterhalb der Emporen, die Unterwölbung der einen blieb erhalten, ist 1975 das Innere stark beeinträchtigt worden. Kanzel und Taufe aus der Erbauungszeit sind mit weißen Marmorgliederungen geziert. Nach 1950 führte Lothar Mannewitz an der Altarwand ein stark farbiges Mosaik des Pantokrators, umgeben von Evangelistensymbolen, aus. Auf der Eingangsempore befindet sich die Orgel. Die letzte Restaurierung fand 1983 statt.

Abb. S. 170

Eliaskirche

Senefelderstraße 5; Kirchenkreis Stadt III

Am 16. März 1907 bildete sich eine selbständige Gemeinde unter dem Namen Gethsemane III Ost, die die stark angewachsene Gethsemanegemeinde entlasten sollte. Die Gottesdienste dieser Tochtergründung wurden zunächst in der Raumerstraße 7 abgehalten, in einer provisorisch eingerichteten Predigtstätte. Geringe finanzielle Mittel erlaubten einen Kirchenbau nur in der Straßenfront. So kam es am 23. Mai 1909 zur Grundsteinlegung in der Senefelderstraße. Schon 1908 lag für diese Kirche der Name Eliaskirche fest. Plan und Ausführung des Baues betreute G. Werner. Nach einjähriger Bauzeit konnte die Einweihung am 3. Juli 1910 durch Generalsuperintendent Wilhelm Faber vorgenommen werden. Die Predigt hielt der erste Pfarrer der Gemeinde, Johannes Wittenberg (1. Könige 19,4–8).

Der rote Klinkerverblendbau wirkt in die Straßenfront gepreßt, seine übergiebelte Fassade wird von zwei ungleichen Türmen flankiert, deren Helme mit Schiefer gedeckt sind. Der südliche, niedrige Turm ist ein Treppenturm, der nördliche, quadratische Turm, vor dem das Giebelmotiv als vorgeblendete Wand wiederholt ist, beherbergt die Gemeinderäume. Der Außenbau ist durch einen sachlich-modernen Stil bestimmt, neogotische Anklänge werden in den spitzbogigen Portalen und in den fünf Maßwerkfenstern der Giebelfassade spürbar.

Die Gestaltung des Außen- wie des Innenbaues war vom zur Verfügung stehenden Bauplatz abhängig. Der querschifflose Innenraum, ein breites Schiff mit Emporen an drei Seiten, ist flachgedeckt und erhält sein Licht vorwiegend durch die Fassadenfenster. Im Osten fügt sich ein rechteckiger Altarraum an, der 1960 nach Beseitigung von Kriegsschäden neu gestaltet wurde und dabei seine Sternendecke auf tiefblauem Grund verlor. Ebenso beseitigte man Altar und Kanzel aus der Erbauungszeit der Kirche. Der hohe holzgeschnitzte Altar zeigte ein Gemälde mit der Himmelfahrt Christi. An der Altarwand befindet sich seitdem ein Glasmosaik von Lothar Mannewitz mit der Darstellung der Offenbarung des Johannes. Bei der Modernisierung ging auch die Glasmalerei der drei mittleren Fassadenfenster mit Szenen der Verklärung Christi mit den Jüngern Petrus, Jakobus und Johannes, Mose, Elias und Evangelistengestalten verloren. Zur Gesamtausstattung gehörte ursprünglich auch die Bemalung der Emporenbrüstungen.

Literatur: Stolt, Frank D.: Offene Türen. 75 Jahre Berliner Elias-Kirche. In: Die Kirche, Görlitz 18. 8. 1985.

Abb. S. 171

Gethsemanekirche
Gethsemanestraße 9; Kirchenkreis Stadt III

Die Gemeinde der Gethsemanekirche ist eine Tochtergründung (15. März 1893) der Zionskirchgemeinde. 1883 bestanden erste Überlegungen für die Bildung einer neuen Gemeinde, für die Kaiser Wilhelm I. schon 1887 finanzielle Mittel (200 000 Mark) zur Verfügung stellte und Wilhelm II. am 27. Oktober 1890 den Namen »Gethsemane« bestimmte. Als Bauplatz für eine Kirche war ein damals fast unbebautes Gelände in der Nähe der Schönhauser Allee vorgesehen, die spätere platzartige Straßenkreuzung von Stargarder und Greifenhagener Straße. Die Familie Griebenow als Eigentümer überließ der Gemeinde das Terrain kostenlos. Fast gleichzeitig begann auch die Straßenbebauung mit vier- und fünfgeschossigen Mietshäusern und engen Hinterhöfen. Für die Errichtung der Kirche stellte die Berliner Stadtsynode weitere 200 000 Mark bereit. Die Gesamtkosten beliefen sich nach Vollendung der Kirche jedoch auf 460 000 Mark.
Mit den Planungen war August Orth, der Erbauer der Zions- und der Emmauskirche, beauftragt worden. Am 20. Mai 1891 konnte der Grundstein gelegt werden, und am 26. Februar 1893 erfolgte die feierliche Einweihung durch den Superintendenten Theodor Braun in Anwesenheit des Kaiserhauses, da dieses die Hälfte der Baukosten getragen hatte. Die Selbständigkeit der Gemeinde trat jedoch erst am 15. März 1893 in Kraft.
Die Gethsemanekirche ist ein Backsteinbau, in dem sich gotisierende und romanisierende Formen verbinden. Schon zu ihrer Entstehungszeit wurde sie als der reifste Kirchenbau von August Orth bezeichnet, in dem er »romanische Rundbogen mit den in die Höhe strebenden Linien gotischer Baukunst« (Lütkemann) verschmolzen hat. Das Dehiosche Handbuch bezeichnet die Formensprache der Gethsemanekirche als »rheinischen Übergangsstil«. Beherrscht wird das Bauwerk von dem 62 Meter, einst 68 Meter hohen Turm an der Südwestseite, auf den die Straßen zulaufen und der Straßen- und Platzbild bestimmt. Der Turm, der mit einer westlichen Eingangshalle und davorliegender Freitreppe in Verbindung steht, hat einen achtseitigen Kupferhelm zwischen Giebeln und den die Turmpfeiler abschließenden Eckfialen. Das Turmobergeschoß wird von großen rundbogigen Maßwerkfenstern an allen vier Seiten durchbrochen.
Im Grundriß folgt die Kirche einer sich dem Zentralbau annähernden kreuzförmigen Hallenanlage mit polygonaler Ostapsis und umlaufender Empore. Gegenüber dem längsgerichteten Außenbau wirkt das wie ein Zentralraum erscheinende Innere überraschend. Diesen einheitlichen Raumeindruck eines Oktogons bewirken die freistehenden schlanken Bündelpfeiler und -dienste, die ein weitgespanntes Kreuzrippengewölbe tragen, das im Zentrum einen Stern bildet. Weiterhin tragen zu diesem Raumeindruck die zwischen die Pfeiler gezogenen, leicht geschwungenen, massiven und unterwölbten Emporen bei sowie das westliche Langhausjoch, das durch kurvige Einziehungen als ein dem Oktogon vorgelagerter Raumteil erscheint. Hier ist auch eine zweite Empore für die Orgel – ein modernes Werk der Firma Sauer aus Frankfurt (Oder) – eingezogen. Gewölbe- und Wandflächen sind glatt geputzt, betont heben sich die gliedernden und schmückenden Architekturteile, Pfeiler, Kapitelle, Rippen und Emporenbrüstungen ab, letztere aus romanisierenden Säulchen in glasierter Terrakotta ausgeführt. Dieser großzügig und weiträumig wirkende Innenraum war für 1600 Sitzplätze bestimmt. Als protestantische Predigtkirche errichtet, war die Kanzel der Gethsemanekirche ursprünglich in der Vierung aufgestellt. Die Apsis mit dem Altar, der 1961 vorgerückt wurde, entsprach dagegen einer Sakramentsnische, in der Trauungen und Taufen abgehalten werden konnten. Um das Polygon gruppieren sich die Sakristei und weitere Nebenräume.
Zur ursprünglichen Ausstattung, die sich vorwiegend aus Stiftungen zusammensetzte, gehörte die nach Bertel Thorvaldsen gearbeitete Figur des segnenden Christus, der einst vor dem Haupteingang stand und sich heute auf dem Friedhof der Gemeinde in Weißensee befindet. Dazu zählte auch der ehemalige Altarkruzifixus, der aus einem Balken der alten römischen Rheinbrücke bei Köln geschnitzt gewesen sein soll, ferner mehrere farbige Kirchenfenster mit biblischen Darstellungen, Reformatoren, Aposteln und Propheten, drei in den Chorfenstern sind erhalten. Bei der Neugestaltung des Innenraumes 1961 waren nicht nur der Altar aus der Apsis vorgezogen, sondern auch ein neues Altarkreuz und Leuchter nach Entwürfen von Fritz Kühn, Berlin, aufgestellt worden. Zur älteren Ausstattung gehört auch die Holzfigur des zusammenbrechenden Christus am Ölberg, ein Werk des Bildhauers Wilhelm Groß aus den zwanziger Jahren.
Das Pfarrhaus, Gethsemanestraße 6, entstand gleichfalls auf einem Bauplatz, den die Familie Griebenow der Gemeinde geschenkt hatte.

Literatur: Ebe, Gustav: August Orth als Kirchenbauer (Gethsemane-Kirche in Berlin). In: Der Baumeister 2. 1904, H. 4, S. 40. – Feierliche Einweihung der Gethsemane-Kirche. In: Deutsche Bauzeitung 17. 1893, S. 107–108. – Festschrift zur Feier des 10jährigen Bestehens der Gethsemane-Kirche 1893–1903. Berlin 1903.

Abb. S. 131, 132

Immanuelkirche
Prenzlauer Allee 28 / Ecke Immanuelkirchstraße 1;
Kirchenkreis Stadt I

Die Immanuelkirchgemeinde ist eine Tochtergründung der um 1890 auf 70 000 Mitglieder angewachsenen St.-Bartholomäus-Gemeinde, von der sie sich 1894 ablöste. Der Bau der Kirche wurde aus Spendenmitteln finanziert und stand unter dem Protektorat der Kaiserin Auguste Viktoria und dem von ihr initiierten Evangelischen Kirchbau-Verein. Den Bauplatz für Kirche und Pfarrhaus stellten die Berliner Grundbesitzerfamilien Bötzow und Dirksen kostenlos zur Verfügung. Auf unbebautem Gelände, zunächst völlig freistehend, errichtete man die Kirche nach Plänen von Bernhard Kühn. 1891/93 entstand ein roter Klinkerverblendbau in historisierenden Formen des »Rundbogenstils« oder »Spätromanischen Übergangsstils«, rechteckig, flachgedeckt mit schlankem 68 Meter hohem Turm an der nordwestlichen Straßenseite, im Winkel zwischen Haupt- und Nebenschiff, und mit eingezogenem polygonalem Chor mit Anbauten für Nebenräume.
Der Evangelische Kirchbau-Verein war am 2. Juni 1891 durch die Kaiserin mit der Durchführung des Baues beauftragt worden, am 8. Juni 1891 wurde die Ausführung im Gemeinderat beschlossen, und am 12. Juni 1892 erfolgte die Grundsteinlegung durch den Superintendenten G. F. Wilhelm Kreibig mit einer Predigt

(Röm. 11,36). Die Stiftungsurkunde, durch die Kaiserin gleichfalls am 12. Juni 1892 im Neuen Palais bei Potsdam ausgestellt, bezieht sich u. a. auch auf die Namensgebung des neuen Gebäudes: »Das neue Gotteshaus soll Immanuelkirche heißen zum Hinweis auf den Gott mit uns, der Wunderbar heißt, Rat, Kraft, Held, Ewigvater, Friedefürst. Mögen alle, die hier dereinst aus- und eingehen, erfahren: Ist Gott für uns, wer mag wider uns sein?«
Der Name selbst stand jedoch schon 1891 fest und fand die Genehmigung der Krone. Die Einweihung der Kirche erfolgte in Anwesenheit des Kaiserpaares am 21. Oktober 1893 durch Generalsuperintendent Wilhelm Faber mit einer Predigt (Röm. 8,31).
Die Mitwirkung des Kaiserhauses an den ersten Kirchen des Evangelischen Kirchbau-Vereins ist Ausdruck für die Kirchen- und Besiedlungspolitik in den dichtbevölkerten Arbeiterbezirken. Bei der Einweihung der Immanuelkirche wurde, wie Christoph Nauck 1919 in seiner Publikation beschreibt, auch auf die unmittelbare Umgebung, auf die Gas- und Wasserwerke und die Straßennamen, verwiesen, die sich auf den Krieg 1870/71 bezogen. Das Äußere der Kirche ist durch Rundbogenfriese, -blenden, Ziergiebel, Fensterreihungen und Ornamentleisten an der Seite der Immanuelkirchstraße belebt. Die Eingangsfassade wird durch einen Giebel abgeschlossen und durch einen Portalvorbau mit tympanongeschmücktem Eingang betont. Vorhallen befinden sich an der West- und Südseite, deren Portale mit mosaizierten Tympana versehen sind: an der Westseite der Pantokrator, südlich der leidende und am Nordportal der verklärte Christus. Der Innenraum, ein asymmetrischer Saal mit hölzerner Balkendecke, hat an der Nordseite ein breites Seitenschiff, in das eine massive geräumige Empore eingezogen ist, die auf einer Arkade mit Stützenwechsel ruht, die Säulen sind mit plastischen Blattkapitellen geschmückt. Die Südseite besitzt unterhalb der Fensterzone ein schmales basilikales Seitenschiff. Der eingezogene und polygonal geschlossene Chor, die Eingangshalle und der Raum unterhalb der Orgelempore, die von kräftigen Doppelsäulen getragen wird, sind kreuzrippengewölbt. Saal und Emporen boten Raum für 1250 Sitzplätze.
Interessant ist die polychrome Gesamtausmalung aus der Erbauungszeit, der, ebenso wie der Bauplastik am Außenbau, ein ikonographisches Programm unterlegt ist. Am Außenbau dominieren die unterschiedlichen Christusdarstellungen über den Portalen. Neben dem Hauptportal sind die plastischen Medaillonbildnisse von Luther und Melanchthon angebracht, auf den Giebeldächern befinden sich Kreuze in verschiedenen Formen und aus unterschiedlichen Materialien. Am Turm stehen die Figuren der Evangelisten mit ihren Attributen als Hinweis auf die Verkündigung des Evangeliums. Über dem Giebel des Hauptportals steht ein betender Engel, der auf die Kirche als Bethaus hinweist.
Das Ausstattungsprogramm des Innenraumes beginnt mit dem Spruch in der Vorhalle, der sich auf »Immanuel« bezieht. An der Nordseite des Schiffes stehen die plastischen Figuren der Apostel Bartholomäus und Petrus, an der Südseite Jakobus und Paulus. An der Wand zum Chor befinden sich die gemalten Figuren von Mose und Johannes dem Evangelisten. Am Triumphbogen selbst sind sieben Medaillons mit der Taube des Heiligen Geistes dargestellt, deren Umschriften sich auf den Geist beziehen. Im unteren Teil des Chores sind die gemalten Sinnbilder der Seelen, die nach Gott lechzen (Hirsche, die nach Wasser dürsten – Psalm 42,2.3), und für Seelen, die nach dem sättigenden Wort Gottes hungern (Vögel, die nach goldenen Früchten picken). Über dem Altar im Chorscheitel ist das Kreuz mit dem Lamm als Sinnbild Christi und der Umschrift »Ecce agnus Dei qui tollit peccata mundi« zu sehen. Zum Gesamtprogramm gehören weiterhin die vier in Temperamalerei ausgeführten Medaillons an der Balkendecke des Schiffes, die von West nach Ost musizierende Engel, die Vertreibung aus dem Paradies, die Geburt Christi und die Kreuzigung zeigen. Ergänzt wurde die Ausmalung ehemals durch die Glasmalerei, die an der Südseite außer den Herrscherwappen Szenen der christlichen Feste darstellte. Die Fenster sind heute modern verglast. Die Themen der Chorfenster wiederholen die ursprünglichen Motive im wesentlichen, sie wurden von Herbert Mundel ausgeführt und haben im Rundfenster die Sakramente, darunter die Evangelisten und in der Mitte Christus mit der Gemeinde zum Thema. Die reiche ornamentale Ausmalung ist ursprünglich und wirkt wie ein flächendeckendes, byzantinisches Teppichmuster.
Das Altargemälde von Bernhard Plockhorst, 1893 von Margarete Bötzow gestiftet, stellt den auferstandenen Christus mit der Siegesfahne und einen Engel dar, der ihm die Palme überreicht. Die Inschrift besagt: »Ich bin die Auferstehung und das Leben« (Joh. 11,25). Kanzel und Taufe gehören gleichfalls zur ursprünglichen Ausstattung. Der nordöstliche Anbau, einst mit Bibelsprüchen ausgemalt, diente als Konfirmandensaal. Die Orgel von 1893 stammt von der Firma Sauer aus Frankfurt (Oder), zuletzt wurde sie 1981 erneuert, der Prospekt ist von 1893. Die Immanuelkirche folgt den Empfehlungen des »Eisenacher Regulativs für den Evangelischen Kirchenbau« von 1861, indem sie u. a. den sogenannten germanischen (gotischen) Stil (Punkt 3), die geforderte Stellung der Kanzel (Punkt 10) und den erhöhten Altarraum (Punkt 7) berücksichtigte.

Literatur: Neue Kirche in Berlin (Immanuelkirche). In: Wiener Bauindustrie-Zeitung 11. 1893, S. 40. – Nauck, Christoph: Geschichte der Immanuel-Kirche und der Immanuel-Kirchgemeinde in Berlin während der ersten 25 Jahre ihres Bestehens. Berlin 1919.
Abb. S. 137–139, Schutzumschlag-Rückseite

Paul-Gerhardt-Kirche

Wisbyer Straße 7; Kirchenkreis Stadt III

Wie die in der Senefelderstraße liegende Eliasgemeinde ist auch die Gemeinde der Paul-Gerhardt-Kirche eine Tochtergründung von Gethsemane. Schon am 16. März 1907 wurde sie selbständig und war zunächst in einem dürftigen Saal in einem Hinterhaus in der Schönhauser Allee untergebracht, bis die Berliner Stadtsynode das Grundstück Wisbyer Straße 7 erwerben konnte. Die Paul-Gerhardt-Kirche ist der erste Kirchenbau, der nach dem Beschluß der Berliner Stadtsynode vom 5. April 1906 in Angriff genommen wurde, der besagte, daß für Kirchenbauten nur noch ein Höchstbetrag von 200 000 Mark bewilligt werden dürfe, da keinerlei Zuschüsse vom Magistrat der Stadt Berlin gegeben würden.
Den Grundstein legte Generalsuperintendent Wilhelm Faber am 2. November 1908, und am 12. März 1910 erfolgte die feierliche Einweihung. Die Paul-Gerhardt-Kirche entstand fast gleichzeitig mit der Eliaskirche und war wie diese ein Bau nach Plänen von

G. Werner. Der rote Klinkerverblendbau, ebenfalls in die Straßenfront einbezogen, gibt den gleichen sachlich-modernen Eindruck. Die Giebelfassade mit drei spitzbogigen Portalen und großen Maßwerkfenstern wird von zwei zurückgesetzten schmalen quadratischen Türmen begleitet, ihre Helme tragen Schieferdeckung. Die Portale weisen besonders reichen Maßwerkschmuck auf, das mittlere hat Engelkonsolen und Krabbenbesatz an der spitzbogigen Rahmung. Die Seitenportale sind mit Maßwerkfeldern und plastischen Rosetten geschmückt. Auf quadratischem Grundriß entwickelt sich das große Schiff, das mit Sterngewölbe gedeckt ist und sich durch einen schmalen rechteckigen Altarraum und Emporenräume erweitert. Diese flachen Emporenräume befinden sich zwischen den Fassadentürmen an der Nordseite und zwischen Sakristei und einer Vorhalle an der Südseite.

Die Innenausstattung gehört vorwiegend der Erbauungszeit von 1910 an. Altaraufsatz, der maßwerkgeschnitzte Kanzelkorb und die Taufe sind aus Holz gearbeitet. Das Altarblatt zeigt ein Gemälde mit dem auferstandenen Christus in neogotischer Architekturrahmung. Es wurde von einem Gemeindeglied gemalt, signiert G. Noack 1910. Die Kirche wurde im Krieg zerstört und vereinfacht wiederhergestellt. Bei der letzten Restaurierung 1960 hat man die Reste der ehemaligen Wandmalerei beseitigt. Die massiven Emporeneinbauten befinden sich an drei Seiten, auf der westlichen die Orgel. Die großen dreiteiligen Maßwerkfenster an der Nord- und Südseite sind unter Verwendung alter Scheiben 1983/84 neu verglast, darunter auch ein kleines Glasgemälde mit der Kreuzigung von 1951; südlich gleichfalls ein Mosaik mit St. Michael dem Drachentöter, ausgeführt von Lothar Mannewitz. An der Südseite der Kirche schließt ein Hof an, den das Gemeindehaus, Kuglerstraße 15, begrenzt. In der Eingangshalle befindet sich das Bronzerelief der Büste Paul Gerhardts, das nach dem Bildnis in der Lübbener Kirche gearbeitet wurde.

Abb. S. 164, 165

Segenskirche

Schönhauser Allee 161; Kirchenkreis III

Als Tochtergründung der Zionsgemeinde, die 1895 schon 74 000 Mitglieder zählte, erlangte die neugegründete Segensgemeinde am 21. Oktober 1908 ihre Selbständigkeit. Im Jahre 1900 hatte die Stadtsynode das Grundstück an der Schönhauser Allee für einen Kirchenneubau erworben, aber erst 1905 (Baubeginn am 16. Oktober; Grundsteinlegung am 6. Mai 1906) entstand nach Plänen von August Dinklage, Ernst Paulus und Olaf Lilloe ein in die Straßenfront eingefügter Komplex, der aus Turm, Gemeindehäusern und Kirche besteht und sich um einen kleinen Innenhof gruppiert. Nach dreijähriger Bauzeit konnte die Kirche am 6. Dezember 1908 durch Generalsuperintendent Wilhelm Faber eingeweiht und ihr der Name Segenskirche verliehen werden.

Der historisierende Bautenkomplex aus Klinkersteinen erstreckt sich auf einem schmalen Grundstück in die Tiefe. In die Straßenfront der vier- und fünfgeschossigen Mietshäuser eingereiht, hebt sich der in der Hauptfassade links stehende 75 Meter hohe Turm eindrucksvoll ab. Der quadratische, mehrfach abgestufte und gegliederte Turm mit achteckigem Aufsatz, geschwungener, barockisierender Kupferhaube mit Laterne und Spitzhelm ist weithin sichtbar. Das obere Turmgeschoß mit Blendfries und abschließender Balustrade hat zwei große schmale Rundbogenöffnungen für das Turmgeläut über balkonartigem Austritt. Die drei Gußstahlglocken tragen die Inschrift des aaronitischen Segens: »Der Herr segne dich und behüte dich! Der Herr lasse sein Angesicht über dir leuchten und sei dir gnädig! Der Herr erhebe sein Angesicht auf dich und gebe dir Frieden!« (4.Mose 6,24–26). Im unteren Turmteil sind korbbogige Fenster in fünf Zonen angeordnet, sie wirken gleichsam in die Fassade eingeschnitten. An den Turm schließt sich das mietshausähnliche viergeschossige Gemeindehaus an, dessen Giebelfassade sich in eine große, spitzbogige Durchfahrt, in symmetrische Erkerausbauten im Obergeschoß und in eine mittlere vierbogige Loggia aufgliedert. Dieser Straßenflügel und die sich zum Hof hin anschließenden Seitenflügel dienen Gemeindezwecken und bieten Wohnungen für Pfarrer, Pförtner und Küster. Die Straßenfront ist im Stil »feiner deutscher Renaissance« als Ziegelfugenbau mit sparsamer Verwendung von Haustein für Gliederungselemente ausgeführt. Kontrastreich stehen die wie ausgeschnitten wirkenden Öffnungen zu den plastisch reliefhaften Rahmungen der ursprünglich sterngewölbten Durchfahrt, den Erkern und Loggien. Die Kirchenfassade im Innenhof hat drei Eingangsportale, über denen Evangelistenfiguren aus Sandstein von F. Schiedler angebracht sind. Der schmückende Dekor in der Kapitellzone, die Reliefs in den Lünetten über den Portalen (u. a. segnender Christus, Christus und Lazarus, Christus und die Ehebrecherin), die Spruchtafeln und die gesamte Fassadengliederung einschließlich der Vierfenstergruppe sollen »oberitalienischen Renaissanceformen« nachempfunden sein. Die Kirche, ein Zentralbau auf griechischem Kreuzgrundriß, wird von einer oktogonalen Kuppel überwölbt, deren Rippen aufgesetzt sind. Acht große Rundfenster im Tambour und die Fenster unterhalb der zweigeschossigen Empore an der Eingangsseite geben das Licht für den Innenraum. In drei Kreuzarmen sind massive Emporen über flachbogigen, kreuzgratgewölbten Arkaden eingezogen. Die Kapitelle der Arkadenstützen sind reich mit Pflanzen, Blattdekor, musizierenden Engeln skulptiert. An den Emporenbrüstungen sind barockisierende Kartuschen angebracht. Die Emporen werden durch Treppenhäuser, die mit der Vorhalle in Verbindung stehen, zugänglich. Bemerkenswert sind der reiche pflanzliche und ornamentale Kapitellschmuck sowie die Schmuckelemente an Gurt- und Rippenbögen, die Renaissance- und Barockformen nachempfunden sind. Die Kapitelle im Chorteil und am Orgelprospekt weisen Engelfiguren auf.

Der dem Eingang gegenüberliegende, durch vier Stufen erhöhte Kreuzarm endet in einer apsidenartigen Nische, in der Altar, Kanzel und Orgel übereinander angeordnet sind. In der gleichen Achse ist die Taufe aufgestellt. Unterhalb der Orgel befindet sich die Sakristei. Neben der Kanzel stehen zwei reliefierte Engel, der Kanzelkorb, auf einer Säule ruhend, ist mit Reliefdarstellungen des lehrenden Christus, der Heiligen Familie und zweier Apostel geschmückt.

Sämtliche Fenster sind modern verglast, das Fenster hinter der Orgel wurde zugemauert. Der Raum umfaßt heute 1100 Sitz- und Stehplätze. Die Gesamtkosten betrugen 510 000 Mark. 1962 fand die letzte Restaurierung statt. An die Kirche schließt sich westlich ein Garten an.

Literatur: Evangelische Kirche an der Schönhauser Allee. In: Deutsche Bauzeitung 39. 1905, S. 53. – Evangelische Segens-Kirche in der Schönhauser Allee. In: Berliner Architekturwelt 9. 1907, S. 121. – Die Segenskirche in der Schönhauser Allee in Berlin. In: Deutsche Bauzeitung 44. 1910, S. 177–178, 201–202.

Abb. S. 162, 163

STADTBEZIRK KÖPENICK

Friedrichshagen – Christophoruskirche

Bölschestraße; Kirchenkreis Oberspree

Friedrichshagen ist eine Gründung König Friedrichs II. für Baumwollspinnerfamilien, die 1753 angelegt wurde und aus zwei parallel geführten Längsstraßen und vier Querstraßen bestand. Erst mit der industriellen Entwicklung und dem Ausbau von Friedrichshagen als Ausflugsort der Berliner wurde die Ortsanlage erweitert, und mehrere Villenviertel entstanden. An der Nordseite der platzartigen Erweiterung der Bölschestraße liegt die Kirche, der ein kleiner Betsaal aus der Zeit um 1800/01 vorausging. Dieser kleine rechteckige Saalbau, der 1848 ein Glockentürmchen erhalten hatte, vereinigte Gottesdienst- und Schulraum sowie eine Lehrerwohnung unter einem Dach. Bis 1894 gehörte die Gemeinde Friedrichshagen zu Köpenick, erst am 1. Juli 1894 wurde sie zur selbständigen Parochie, und damit begannen auch die Planungen für einen neuen Kirchenbau.

Nachdem der alte Saalbau abgebrochen war, begann man 1901 nach Plänen von Jürgen Kröger einen Neubau zu errichten. Am 14. Juni 1903 konnte die neue Kirche, ein roter Backsteinbau in den Formen märkischer Backsteingotik, eingeweiht werden. Das Äußere des unterschiedlich gruppierten Baues mit querschiffartigen Ausbauten an den Langseiten und einem hohen Turm an der Südwestecke wird geprägt von großen und kleinen abgetreppten Blendgiebeln an allen Seiten, von Zierfriesen und einer Maßwerkrose über dem übergiebelten Doppelportal mit Tympanon, in dem das Mosaikbild des hl. Christophorus – dem Namenspatron der Kirche – ausgeführt ist.

Auffällig erhebt sich der asymmetrisch gesetzte Turm im Südwesten. Einst 64 Meter hoch und weithin sichtbar, aber durch Sturmschäden 1972 seines Spitzhelmes beraubt, ist er seitdem mit einem Satteldach abgeschlossen. Die Hauptfassade ist nach Süden gerichtet, sie wird gegliedert durch das Doppelportal mit übergiebelter Spitzbogenblende, der Fensterrose und einem Stufengiebel. Mit ähnlichem Stufengiebel erscheint auch die Nordseite, die von achtseitigen Spitztürmchen begleitet wird und drei Rundfenster aufweist. Am Turm sind große schlanke spitzbogig geschlossene Maßwerkfenster.

Der Innenraum, ein netzgewölbter Emporensaal, mußte infolge der Sturmschäden von 1972 verändert werden. Am 6. März 1977 war die Kirche wieder benutzbar, jedoch hatte man bei der Restaurierung die Raumteile unterhalb der Emporen geschlossen (nur zwei Joche sind zum Mittelschiff hin noch geöffnet), um Gemeinderäume zu gewinnen. Der Altarraum mit Reliefplastik blieb im wesentlichen unverändert, Altar, Kanzel und Taufe, aus Rüdersdorfer Kalkstein gearbeitet, gehören der Erbauungszeit der Kirche an. Diese Ausstattung, wie auch einzelne Bauformen, zeigen eine romanisierende Formensprache. Abb. S. 149

Grünau – Friedenskirche

Kochelsee- / Ecke Eibseestraße; Kirchenkreis Oberspree

1749 wurde Grünau am westlichen Dahme-Ufer als Pfälzer Kolonistensiedlung gegründet und erhielt 1754 den Ortsnamen »Grune Aue«. Kirchlich gehörte Grünau zu Bohnsdorf, erst seit dem 1. April 1941 ist Grünau eine selbständige Parochie, obwohl der eigene Kirchenbau schon 1906 stand. Nach Plänen von Ludwig von Tiedemann und Richard Walther wurde unter Verwendung von Natur- und rotem Backsteinmauerwerk ein quadratisches Langhaus in Nord-Süd-Richtung mit einer halbrunden Apsis am Mittelschiff erbaut. Dieses besitzt vier Joche mit Kreuzgratgewölben. Die westliche Langseite ist durch ein Seitenschiff, einst mit Empore, unter zwei Quersatteldächern mit Giebelabschlüssen erweitert. An der Südseite liegt der Eingangsbau mit dreiseitigem mittlerem Polygon für Hauptportal und Orgelempore, daneben, an der Südwestecke, der viergeschossige hohe Turm mit einem Helm, der von Giebeln umgeben ist. An der Südostecke befindet sich der Anbau einer apsidial geschlossenen Taufkapelle.

Vorherrschend sind am Außen- und Innenbau romanisierende Formen, Rundbogenfriese unterhalb der Dachzonen, rundbogige Fenster und Portale, z. T. mit skulptierten Tympana. Die Ausstattung (figürliche Schnitzreliefs und eine Sandstein-Taufe) gehört der Erbauungszeit an. Abb. S. 148

Hessenwinkel – Waldkirche

Waldstraße; Kirchenkreis Oberspree

Die Besiedlung am Dämeritzsee, nördlich vom Alten Spreearm, begann 1744 mit der Anlage des Gutes Haselwinkel. Erst 1891 wurde das Gebiet parzelliert und zur Villenkolonie ausgebaut.

In der Waldstraße entstand 1910 nach Entwürfen von Peter Jürgensen und Jürgen Bachmann, die auch die Kirche in Wilhelmshagen errichteten, ein kleiner rechteckiger Bau aus Backstein mit abgewalmtem Satteldach. Die Außenmauern sind durch gequaderte Wandvorlagen gegliedert. Über der Südseite befindet sich ein Dachtürmchen mit Glockenstuhl und Haube. Das saalartige Schiff ist mit einer Holztonne gedeckt.

Köpenick – Laurentiuskirche

Alt-Köpenick / Ecke Kirchstraße; Kirchenkreis Oberspree

Die Köpenicker Altstadt, auf einer Insel zwischen Spree, Dahme und dem Kietzgraben gelegen, ist neben Berlin/Cölln der zweite mittelalterlich angelegte Stadtkern innerhalb Berlins. Die Stadt entwickelte sich im 13. Jh. im Schutze einer Burg, die auf dem Südteil der heutigen Schloßinsel lag. 1298 war Köpenick oppidum und 1325 civitas. Die Straße Alt-Köpenick, in der auch die Kirche der Altstadt liegt, gehörte einst zu der Mitte des 13. Jh. gegründeten Einstraßensiedlung.

Diese dem heiligen Laurentius geweihte Kirche war in ihren Anfängen eine Feldsteinbasilika des 13. Jh. Sie besaß einen breiten Westturm, ein Querschiff und einen Chor. Ende des 15. Jh. wurde die basilikale Anlage in eine Halle umgewandelt und der Ostschluß

gerade geschlossen. 1837 trug man den Bau ab, und an seiner Stelle entstand 1838/41 nach einem Entwurf von Butzke (oder auch Friedrich August Stüler) eine Kirche im »Rundbogenstil« der Schinkelschule. Dazu verwendete man teilweise das Mauerwerk des Vorgängerbaues. Die Einweihung erfolgte am 31. Mai 1841.
Die Laurentiuskirche ist ein rechteckiger Backsteinbau, der im Osten einen annähernd quadratischen Chor und im Westen einen hohen quadratischen Turm mit spitzem achtseitigem Helm (Höhe 26,5 Meter) besitzt. Der Sockel der Kirche besteht aus Granitquadersteinen, und das rote Backsteinmauerwerk wird durch regelmäßige dunkle Steine belebt. An den Langseiten des Schiffes befinden sich Rundbogenfenster in zwei Geschossen sowie je ein Portal. Der Haupteingang liegt im Turm. Dieser wird durch schlanke Schallöffnungen gegliedert. Fenster und Portale zeichnen sich durch feine Profilierungen aus, und das Hauptgesims setzt sich aus mehreren Zahnschnittfriesen zusammen.
Im zweiten Weltkrieg wurde die Kirche stark beschädigt, bei Instandsetzungsarbeiten, die letzte Renovierung fand 1984 statt, wurde der Innenraum in vereinfachter Form rekonstruiert. Erhalten blieben die Balkendecke und die Emporenanlage an drei Seiten. In der Rundbogennische der Ostwand wurde die Kanzel angebracht. Diese, wie die gesamte erhaltene Ausstattung, bis auf zwei Kelche aus dem 16. Jh. und von 1725, gehören der Erbauungszeit um 1840 an (z. B. Leuchter und Kruzifix). Die Marmor-Taufe aus der gleichen Zeit ist eine Arbeit von Christian Gottlieb Cantian. Die ehemalige Renaissance-Taufe befindet sich im Märkischen Museum in Berlin. Abb. S. 122, 123

Köpenick – Schloßkirche
Schloßinsel; Kirchenkreis Oberspree

Die Schloßkirche Köpenick gehört zu einer Schloßanlage, die Kurprinz Friedrich (III.) an Stelle eines alten Jagdschlosses aus dem 16. Jh. auf der Schloßinsel 1677/81 erbauen ließ. Der Anlage liegt ein Entwurf des aus Nymwegen stammenden Rutger von Langervelt zugrunde. Der Schloßflügel liegt an der Dahme und der Wirtschafts- und Kapellenflügel gegenüber am sogenannten Frauentog. Zwischen beiden Gebäuden bildet sich ein quadratischer Hof. An die Kirche (oder Kapelle), die östlich in der Achse des Mittelrisalits des Schlosses steht, schließen sich beiderseitig eingeschossige Wirtschaftstrakte an. Der eigentliche Kapellenbau entstand inschriftlich 1682/85 und geht auf einen Entwurf von Johann Arnold Nering zurück.
1682 legte Kurprinzessin Elisabeth Henriette, die erste Gemahlin Kurprinz Friedrichs, den Grundstein zu diesem Bau, dessen Weihe am 6. Januar 1685 stattfand. Im gleichen Jahr konstituierte sich auch die Kirchengemeinde. Die Kirche diente sowohl dem kurprinzlichen Hof, der sich dem reformierten Bekenntnis zugewandt hatte, als auch der Schloßgemeinde. Bis zur Vollendung des Baues wurden die Gottesdienste in der Wohnung des Hofpredigers auf der Freiheit in Köpenick abgehalten. Zur reformierten Gemeinde gehörten außer der Hofgesellschaft jene, die in höfischen Diensten standen. Die Französisch-Reformierte Gemeinde formierte sich 1688, sie besaß seit 1698 ein eigenes Consistoire. 1700 zählte die Französische Gemeinde 46 Mitglieder, während des 18. Jh. vergrößerte sie sich durch den Zuzug weiterer Réfugiés und ihrer Familien. Beide Gemeinden nutzten die Kirche gemeinsam. Erst 1810 aber vereinigten sie sich zu einer Personalunion.
Nerings Bau, ein Rechtecksaal mit dreiseitigem Ostschluß, ist in seiner Planung der Parochialkirche in Berlin verwandt. Der Innenraum ist mit einer hölzernen Tonne gewölbt und in Ost-West-Richtung gestreckt, obgleich der Außenbau mit kuppelartigem Aufsatz gleichsam wie ein Zentralbau erscheint. Der Außenbau ist geputzt und von großer Schlichtheit. Die breitflächige Westfassade wird durch vier flache Sandsteinpilaster mit ionischen Volutenkapitellen gegliedert, sie setzen auf hohen Sockeln auf. In der Mittelachse liegt das Portal, in den Putzfeldern rechts und links je ein hohes korbbogig geschlossenes Fenster, das über dem Portal ist zugesetzt. Auch die Ostseite ist mit drei Fenstern ausgestattet. Das Westportal bekrönt ein Giebel mit plastischem Medaillon, das die Inschrift »CF 3« (Curprinz Friedrich III.) trägt. Auf den Giebelschrägen sind die liegenden allegorischen Figuren von Glaube und Liebe angeordnet. Auf der hohen Attika, die den gesamten Bau umzieht, stehen an der Hauptfront die qualitätvollen, von verschiedenen Meistern gearbeiteten Sandsteinfiguren der vier Evangelisten, seitlich Mose und Aaron. Über dem schiefergedeckten kuppelartigen Dach erhebt sich ein achtseitiger Tambour mit Haube und Laterne, letztere trägt die preußische Krone.
Das wie ein Zentralbau wirkende Äußere scheint von der niederländischen Architektur des 17. Jh. beeinflußt zu sein. Cornelius Gurlitt (1889) bezeichnete die Kapelle dagegen als »eine fast genaue Kopie der von Marot im Stich herausgegebenen Kapelle des Schlosses St. Sepulcre, eines von Leveau errichteten Baues . . .« Die Festschrift der Schloßkirche, 1885, charakterisiert den Bau folgendermaßen: »Sie ist im Stile der edlen Renaissance gebaut und mit reicher, schöner Stuckarbeit im Inneren geschmückt.« Der saalartige Innenraum besitzt eine strenge Wandgliederung mit kannelierten korinthischen Doppelpilastern. Darüber entwickelt sich ein hohes Gebälk mit Architrav, Zahnschnitt, Eierstab und vorkragendem Konsolgesims. Der Fries besteht aus einer Ranke von eingerolltem Akanthuslaub. Das Tonnengewölbe ist einheitlich streng in klassizisierendem Stil von Giovanni Carove (Caroveri) stuckiert: Gurte mit Flechtbandmustern und stilisierter Ornamentik, rosettenverzierte Kassetten. Dieses Dekorationsprinzip ist das einzig erhaltene Beispiel von Nerings Hand. Carove führte auch die vollkommen anders gestalteten Dekorationen im Wappensaal des Schlosses aus.
In den Wandflächen der Kirche sind Logen eingelassen. An der Ostseite, oberhalb der Gebälkzone, ist die Marmorbüste der Kurprinzessin Elisabeth Henriette († 1683) angebracht. Die Büste wird von zwei Engelputti flankiert, ein dritter Putto hält über sie die Krone. Diese Arbeit wird dem Bildhauer Johann Michael Döbel zugeschrieben. Im Chorpolygon steht auch die prachtvoll geschnitzte hölzerne Kanzel aus der Erbauungszeit der Kirche, die bauchige Kelchform und der kuppelige Schalldeckel sind mit Akanthusdekor und Engelflüchten geschmückt. Die dazugehörige Altarmensa ist nicht mehr erhalten.
Die Westseite, an deren Wand die Kassetten im Bogen angeordnet sind, ist mit dem kurfürstlichen Allianzwappen, das von zwei Engeln gehalten wird, ausgestattet. Darunter befindet sich die verglaste Herrschaftsloge. Die Orgel, ein Geschenk Friedrich Wilhelms IV., ist mit einem klassizistischen Prospekt von C. A. Buchholz von 1845

versehen. Das Kirchengerät stammt teilweise auch aus der Erbauungszeit und wurde von Friedrich I. gestiftet.
An der Nordseite der Kirche ist ein in Stuck und Marmor ausgeführtes Epitaph für die Prinzessin Henriette Marie von Württemberg († 1782) angebracht. Es besteht aus einer Inschriftplatte, einer Krone und zwei Urnen.
Die letzte Restaurierung der Schloßkirche fand 1973/74 statt.

Literatur: Kikebusch, E.: Geschichte der Schloßgemeinde zu Cöpenick. Eine Festausgabe z. Feier des 200jährigen Bestehens der Schloßkirche. Berlin 1885. – Gut, Albert, u. Fritz Kallmann: Arnold Nering und die Schloßkirche in Köpenick. In: Die Denkmalpflege 9/10. 1907, S. 125–128. – Badstübner-Gröger, Sibylle: Barocke Schloßkirchen in Berlin (betr. Köpenick und Buch). Berlin 1978 (Das Christliche Denkmal. 112). Abb. S. 106, 107

Müggelheim – Dorfkirche
Alt-Müggelheim; Kirchenkreis Oberspree

1747 gründete König Friedrich II. von Preußen das Dorf Müggelheim für 20 Kolonisten aus Odernheim (Pfalz). Es ist ein Straßenangerdorf mit einer Kapelle bzw. kleinen Dorfkirche inmitten des Angers. Bis 1852 gehörte das Dorf zur Pfarrgemeinde Köpenick, danach wurde die Gemeinde selbständig. Die Kolonisten hatten lange auf ihren Kirchenbau warten müssen, denn erst unter Friedrich Wilhelm III. errichtete ein Baumeister Berger 1803/04 die kleine Kirche.
Es ist ein quadratischer Putzbau von drei Achsen, die durch Fenster gebildet sind, mit Walmdach (Dachreiter 1910) und Lisenenbetonung an den Gebäudekanten. Die Eingänge an der Ost- und Westseite sind durch Pilasterrahmung hervorgehoben. Das Innere wird durch eine Flachdecke auf vier hölzernen Säulen bestimmt, an der Nordseite ist eine Empore, an der Südseite steht ein schlichter Kanzelaltar aus Holz von 1804. Die Einweihung fand mit einem Predigttext nach 1. Könige 8,28–29 am 1. Juli 1804 statt. 1962 erfolgte im Inneren die Abtrennung eines Gemeinderaumes. Abb. S. 103

Oberschöneweide – Christuskirche
Firlstraße 16; Kirchenkreis Oberspree

Seit 1. April 1900 besteht Oberschöneweide als selbständige Kirchengemeinde, davor war die St.-Laurentius-Kirche in Köpenick zuständig. 1907/08 erbaute Robert Leibnitz in Formen spätgotischer märkischer Architektur eine Kirche, die inmitten einer Platzanlage frei steht und in rotem Ziegel- und hellem Natursteinmauerwerk ausgeführt ist. Letzteres fand vorwiegend in der Sockelzone und am Turm Verwendung. Die kreuzförmige Anlage mit Zierrippengiebeln an der Süd- und Nordseite sowie am Querhaus hat im Norden einen polygonal geschlossenen Chor mit drei vorgelagerten Kapellen unter einem Satteldach. Über der Vierung erhebt sich ein mächtiger Turm mit Blend- und Maßwerkgliederung. Der stumpfe achtseitige Helmaufsatz wird von vier Türmchen, die den Turm flankieren, begleitet. Die Höhe des Turmes mißt 56 Meter. Das Innere ist kreuzrippengewölbt und besitzt im Schiff eine hufeisenförmige Emporenanlage, deren Stützen plastischen Kapitellschmuck tragen. Die Ausstattung, Altar und Kanzel, an der der Bildhauer Gotthold Riegelmann und der Maler Max Kutschmann beteiligt waren, ist aus der Erbauungszeit. Am 6. November 1908 konnte die Kirche, deren Kosten mit 350 000 Mark angegeben sind, eingeweiht werden. Umfangreiche Renovierungen fanden nach 1945 und 1958 statt. Die Kirche wird wegen ihrer guten Akustik und Lage als Studio für Schallplattenaufnahmen benutzt.
Das Gemeindehaus, Firlstraße 16, ist ein rot-blauer Klinkerbau von 1928, den Albert Eveking entwarf und der eine eindrucksvolle expressionistisch-straffe Formensprache aufweist. Besonders beeindruckend sind die sechs schmalen, mit Wandpfeilern gegliederten Achsen der dreigeschossigen Fassade.

Literatur: Die Evangelische Kirche in Oberschöneweide Berlin. In: Berliner Architekturwelt 12. 1910, S. 284; 15. 1913, S. 184–185. Abb. S. 152

Rahnsdorf – Dorfkirche
Dorfstraße; Kirchenkreis Oberspree

1375 fand Rahnsdorf im Landbuch Kaiser Karls IV. als slawisches Fischerdorf »Radenstorf« Erwähnung. Der ehemalige Dorfkern, ein Sackgassendorf an der Müggelspree, blieb bis heute im wesentlichen erkennbar. Auf der höchsten Erhebung der Dorfstraße, inmitten einer Grünanlage, liegt der gelbe Backsteinbau der Kirche. Ein mittelalterlicher Vorgänger oder eine Kirche aus dem 17. Jh. kann vermutet werden, da eine entsprechende schriftliche Mitteilung aus der Zeit um 1660/70 überliefert ist. 1728 muß diese Kirche durch den Patron des Dorfes, den Minister Samuel von Marschall, als Fachwerkbau erneuert worden sein. Er fiel dem Dorfbrand von 1873 zum Opfer. Erst 1887 wurde nach Plänen von Kappen und Friedrich Adler die einschiffige gelbe Backsteinkirche errichtet, deren Aussehen von romanisierenden und gotisierenden Formen bestimmt wird. Der Bau mit polygonalem Ostschluß hat hohe rundbogig geschlossene Fenster, einen Zierfries unterhalb des Dachgesimses und vor allem einen eindrucksvollen hochaufragenden quadratischen Westturm. Die drei Turmgeschosse werden von einem spitzen achtseitigen, von vier kleinen Ecktürmen flankierten Schieferhelm abgeschlossen.
Der einschiffige Saal mit einer Westempore wurde 1925 und 1961/63 erneuert, bei letzterer gestaltete Lothar Mannewitz die Chorfenster. Die hölzerne Kanzel und Taufe sind Arbeiten aus dem Jahre 1887. Das gußeiserne Kruzifix entstand in der Mitte des 19. Jh. Das Abendmahlsgerät ist älter, die silbervergoldeten Kelche stammen aus dem 16. und 18. Jh.

Literatur: Sierakowski, Friedrich: Große Berliner Dorfkirchen (Rahnsdorf). In: Die Mark 34. 1938, S. 41. Abb. S. 146

Schmöckwitz – Dorfkirche
Alt-Schmöckwitz 1; Kirchenkreis Oberspree

Als slawisches Fischerdorf an der Dahme, auf dem südlichen Teil der Halbinsel zum Zeuthener See hin, gegründet, wird das Dorf, ein Rundling, erstmals 1375 im Landbuch Kaiser Karls IV. urkundlich

erwähnt. Von einer mittelalterlichen Kirche war im Brandenburger Bischofsregister von 1527/29 als einer »capella Schmekewitz« die Rede. 1734 fiel sie einem Dorfbrand zum Opfer und wurde nach einer Skizze von Bauinspektor Lehmann 1735 wieder aufgebaut. Nach erneutem Brand entstand an derselben Stelle, am Rande des Rundlings auf einer Düne, die heutige Kirche. Der rechteckige Putzbau von drei Achsen, dessen Fronten durch Mittelstreifen mit Putzquaderung betont werden, ist vom Spandauer Maurermeister Abraham Bocksfeld ausgeführt worden. Die Einweihung fand am 10. November 1799 statt. Theodor Fontane bezeichnete die Kirche als »tristen Bau«.
Der klar gegliederte Saal mit Empore im Westen ist mit einer hölzernen Mulde auf zwei Holzsäulen gedeckt. Der Kanzelaltar mit Seitenwänden stammt aus der Zeit um 1800. Fontane erwähnt auch ein Erinnerungsstück an die Freiheitskriege 1813/15, einen Messingleuchter von 1816, der mit einem Tschako und dem Eisernen Kreuz geziert ist. Die Orgel der Potsdamer Firma Schuke stammt von 1911. Auch eine Landsturmfahne von 1813 und eine Glocke von 1709, die Johann Jacob Schulze aus Berlin gegossen hat, blieben erhalten. 1911, 1960 und 1979/80 fanden Restaurierungen statt. Bemerkenswert ist das Kriegerdenkmal auf dem die Kirche umgebenden Friedhof, eine 1924 entstandene Arbeit von Georg Hengstenberg, die einen sitzenden Genius mit Fackel und Lorbeerkranz, auf einem Löwen liegend, darstellt.

Wilhelmshagen – Taborkirche

Schönblicker Straße; Kirchenkreis Oberspree

Nordöstlich von Rahnsdorf liegt die 1891 angelegte Villensiedlung Wilhelmshagen (ursprünglich Neu-Rahnsdorf), die nach 1900 stark anwuchs. 1910/11 wurde hier auf einer platzartigen Erweiterung und von einer Grünanlage umgeben eine Kirche nach Plänen von Peter Jürgensen und Jürgen Bachmann erbaut. Die Einweihung fand am 9. April 1911 statt. Die Gemeinde verblieb in der Parochie Rahnsdorf.
Im Charakter dem Villenort angeglichen, ist die Kirche ein breiter rechteckiger Putzbau mit geputzter Eckquaderung als Gliederungselement, mit tief herabgezogenen Fenstern und mit einem großen, weit herunterreichenden abgewalmten Satteldach. Der vorgesetzte mächtige, querrechteckige Turm an der Nordseite hat einen gedrungenen, spitzen, mit Schiefer gedeckten und mit Dachgauben versehenen Aufsatz. Er steht in der Straßenachse. Über dem Eingang tragen drei Putten die Symbole von Glaube, Liebe und Hoffnung: Kreuz, Herz und Anker. Der schmale Chor im Süden wird von niedrigen Anbauten symmetrisch flankiert. Der flachgedeckte Emporensaal hat einen tonnengewölbten Altarraum, der mit für die Entstehungszeit typischem Stuckdekor ausgekleidet ist (letzte Ausmalung um 1960). Einrichtung, Ausstattung und Fenstergestaltung von 1911 sind erhalten.

STADTBEZIRK LICHTENBERG

Friedrichsfelde – Dorfkirche

Alfred-Kowalke-Straße / Am Tierpark; Kirchenkreis Lichtenberg

Das im zweiten Viertel des 13. Jh. gegründete Angerdorf trug bis 1799 den Namen Rosenfelde und wurde 1265 erstmals urkundlich erwähnt. Die Dorfkirche auf dem ehemaligen Anger wurde 1945 weitgehend zerstört. Bekannt ist, daß die mittelalterliche Kirche um 1723 durch den Hofbaumeister Martin Heinrich Böhme umgebaut worden war. 1890 wurde der Barockbau abgerissen, und unweit davon entstand schon vor dem Abriß 1887/90 ein neuromanischer Backsteinbau mit Westturm und dreiapsidialem Ostschluß. Kurze Zeit standen auf dem Anger also zwei Kirchen. Nach erheblichen Zerstörungen im zweiten Weltkrieg wurde unter Verwendung des alten Mauerwerks 1950/52 durch H. Erbs die Kirche in stark vereinfachter Form wieder aufgebaut. Die Außenmauern sind verputzt, ebenso der quadratische Westturm mit seinem kegelförmigen Helm. Das Kircheninnere ist durch Backsteinpfeiler in drei Schiffe unterteilt, das Mittelschiff mit einer Holztonne gedeckt.

Literatur: Tismar, Franz: Die alte und die neue Kirche zu Friedrichsfelde. In: Der Bär 16. 1890, S. 423–426.

Karlshorst – Kirche Zur frohen Botschaft

Weseler Straße 6; Kirchenkreis Lichtenberg

Die Gründung von Karlshorst geht auf ein 1818/25 angelegtes Vorwerk des Gutes Friedrichsfelde zurück und erhielt seinen Namen nach dem damaligen Besitzer Karl von Treskow. Jedoch erst im Zusammenhang mit der Anlage der Rennbahn begann Ende des 19. Jh. beidseitig der Bahnlinie eine Villen- und Mietshausbebauung. Bis 1920 gehörte Karlshorst zu Friedrichsfelde, danach zum Stadtbezirk Lichtenberg. Am 1. Juli 1906 erhielt die Karlshorster Gemeinde ihre Selbständigkeit von Friedrichsfelde, und am 9. Mai 1909 erfolgte die Grundsteinlegung für einen eigenen Kirchenbau. Mit einem Kostenaufwand von 250 000 Mark entstand nach Plänen von Peter Jürgensen und Jürgen Bachmann in einjähriger Bauzeit die Kirche in einer damals noch völlig unbebauten Gegend des Ortes. Die Architekten sind auch die Erbauer der Taborkirche in Wilhelmshagen. Am 8. Mai 1910 fand die Einweihung der Karlshorster Kirche statt, in einem Jahr, in dem insgesamt in Berlin acht Kirchen fertiggestellt wurden (u. a. Galiläa-, Elias- und Paul-Gerhardt-Kirche).
Die Anlage folgt dem Typ märkischer Landkirchen mit querrechteckigem Westbau mit Turmaufsatz und geschwungenem spitzem Kupferhelm in einer Gesamthöhe von 56 Metern. Das Glockengeschoß wird von einer Schmuckbalustrade umgeben, und an erkerartigen Ausbauten sind an allen vier Seiten Uhren angebracht. Der in rotem Backstein ausgeführte Bau wird in seiner strengen Sachlichkeit durch sparsamen figürlichen Dekor aus Sandstein an den Fenstern und am Portal belebt. Den ungegliederten Westbau betont das plastisch hervortretende Portal mit skulptiertem Tympanon.

An den Langseiten des Schiffes sind Strebepfeiler und die Fenster in zwei Geschossen angeordnet, die oberen Rechteckfenster werden von Reliefs musizierender Engel flankiert. Der eingezogene und gerade geschlossene Chor hat zwei schmale Rechteckfenster und außen eine Lisenengliederung sowie in der Mitte ein plastisch hervorgehobenes großes Kreuz. Unmittelbar an die Kirche schließen sich das Pfarr- und Gemeindehaus an und bilden mit der Kirche einen einheitlichen Komplex. Von 1945 bis 1955 konnte die Kirche von der Gemeinde nicht genutzt werden. Erst am 15. Juli 1956 wurde sie nach umfangreichen Wiederherstellungsarbeiten, vor allem im Inneren, neu geweiht und erhielt den Namen »Zur frohen Botschaft«. Der großräumige Saal von zwei Jochen ist von einer flachgewölbten Decke überspannt, er bietet heute 600 Sitzplätze. Die Langseiten mit den modern verglasten Fenstern sind von Pilastern gegliedert. Die hölzernen Emporeneinbauten befinden sich an drei Seiten.
Von der ursprünglichen Ausstattung (Ausmalung, Glasmalerei, Altar) blieben nur die Sandstein-Taufe und zwei Standleuchter erhalten. 1956 erhielt die Kirche eine moderne Ausstattung. Die beiden Chorfenster zeigen in je fünf Feldern Szenen zum Thema Taufe und Abendmahl und sind ein Werk des Glasgestalters Gerhard Olbrich. Aus derselben Zeit stammt der Wandbehang über dem Altar von Lothar Mannewitz mit der Darstellung von Ostern und Himmelfahrt in Stickerei auf rotem Grund.
Seit 1960 befindet sich hier die 1735/55 vom Berliner Orgelbauer Peter Miegendt geschaffene Orgel mit ihrem ursprünglichen barocken Prospekt. Die Orgel, für die Prinzessin Amalie von Preußen gebaut, gelangte nach deren Tod, 1764, in die Schloßkirche Buch. 1934 übernahm sie der Berliner Stadtsynodalverband, um sie in der Nikolaikirche einzubauen, was jedoch nicht zustande kam. Für dieses Instrument komponierte Carl Philipp Emanuel Bach zwei Konzerte für Orgel und Streichorchester. Zwei der einst drei Bronzeglocken wurden eingeschmolzen, die dritte 1922 nach Triptis in Thüringen übergeben.

Literatur: Die Architektur auf der Großen Berliner Kunstausstellung 1910 (Kirchen für Karlshorst). In: Deutsche Bauzeitung 44. 1910, S. 54, 419, 421; in: Der Baumeister 9. 1911, S. 22–24. – Stiehl, Otto: Der Backsteinbau und seine Wirkung in der Landschaft (Kirchen in Karlshorst). In: Zeitschrift des Verbandes Deutscher Architekten- u. Ingenieurvereine 1. 1912, S. 341. – Kirche mit Pfarr-und Gemeindehaus in Karlshorst. In: Berliner Architekturwelt 15. 1913, S. 413–417. – Behrendt, Walter Curt: Arbeiten der Architekten Jürgensen und Bachmann (Kirche in Karlshorst). In: Der Profanbau 9. 1913, S. 361, 368, 370–374. – Mugay, Peter: Frohe Botschaft in und aus Karlshorst. In: Neue Zeit vom 4. Mai 1985. – Erdmann, Gustav: 75 Jahre Karlshorster Kirche. Gemeindebrief 4. Mai 1985.

Lichtenberg – Dorfkirche
Loeperplatz; Kirchenkreis Lichtenberg

Das alte Angerdorf wurde in der ersten Hälfte des 13. Jh. gegründet und 1288 erstmals urkundlich genannt. Es liegt am Rande des Barnim-Plateaus. Die Dorfkirche, später auch Pfarrkirche, steht inmitten des ehemaligen Angers, heute von verkehrsreichen Straßen und moderner Hochhausbebauung umgeben.
Die Kirche ist in ihrem Ursprung ein frühgotischer regelmäßiger rechteckiger Feldsteinbau der zweiten Hälfte des 13. Jh. Außer den Umfassungsmauern bewahrten sich an der Südseite zwei vermauerte spitzbogige Pforten. Der auf dem Dach aufsetzende quadratische verputzte Westturm, einst mit flachem Pyramidendach, Haube und Laterne, stammt von 1792 und nicht erst von 1846, wie oft angenommen wird. Die Ansicht der Kirche mit dem barocken Turmaufsatz wird auf einem Gemälde überliefert (abgebildet bei Kühne/Stephani, Evangelische Kirchen in Berlin). 1792 sind wohl auch die Strebepfeiler an der Westwand zu datieren. 1846 entfernte man lediglich die spätgotischen Gewölbe und verbreiterte die Fenster.
Erst bei der Wiederherstellung nach der Zerstörung im zweiten Weltkrieg wurden 1953 die Fenster »regotisiert« und der Ostgiebel mit drei Spitzbogenblenden versehen. Seitdem ist der Innenraum mit offenem Dachstuhl und mit einer Empore ausgestattet. Den Spitzhelm erhielt der Turm erst 1966. Von der alten liturgischen Ausstattung haben sich eine Taufschale mit Verkündigungsrelief aus Messing, versilbert, von 1767 und eine Glocke aus der zweiten Hälfte des 13. Jh. erhalten.

Literatur: Pötzsch, Meta: Lichtenbergs Dorfkirche. In: Die Mark 10. 1913/14, S. 265. – Lahmann, G. u. E. Kolbe: Der Taufstein in der Lichtenberger Dorfkirche. In: Die Mark 10. 1913/14, S. 346, 376. – Bottin, Hanns: Aus der Geschichte der Lichtenberger Dorfkirche. In: Berliner Heimat 1. 1955, S. 30–34. Abb. S. 101

Lichtenberg – Evangelisches Gemeindezentrum »Am Fennpfuhl«
Am Fennpfuhl; Kirchenkreis Lichtenberg

Am Rande des gesellschaftlichen Zentrums im Einzugsgebiet dreier Wohnkomplexe – Leninallee, Ho-Chi-Minh- und Karl-Lade-Straße – erfolgte 1981/84 der Bau eines zweiten Gemeindezentrums in der DDR. Das Gebäude-Ensemble, umgeben von mehrgeschossigen Wohnblöcken und Grünanlagen, nimmt 900 m² der zur Verfügung stehenden Gesamtfläche des Gemeindezentrums von 3200 m² ein. Schon 1974 war eine Gemeinde in diesem Gebiet tätig, aber erst 1976 kam es zur Gründung einer selbständigen Gemeinde im Bereich der Glaubenskirche in Lichtenberg. Das Gemeindezentrum entstand im Auftrag des Evangelischen Konsistoriums Berlin-Brandenburg, vertreten durch das Kirchliche Bauamt Berlin, nach den Plänen und unter Leitung von Horst Göbel. Der Grundstein wurde im April 1982 gelegt, und die Einweihung fand im September 1984 statt.
Das Gebäude-Ensemble ist in Klinkermauerwerk unter Verwendung von Glas und Holz ausgeführt. Den Mittelpunkt der Gesamtanlage bildet der Feierraum, die eigentliche Kirche, ein achtseitiger Raum von 136 m² (80 Sitzplätze) mit kupferbedecktem Zeltdach und Kreuzbekrönung. Auch die Wände des Innenraumes sind mit Klinkermauerwerk sichtbar verkleidet, das Zeltdach ist mit Holz verschalt, und unterhalb des Dachansatzes verläuft ein Fensterfries. Die Einfachheit und Transparenz des Raumes wird durch die Materialsichtigkeit hervorgehoben.
Die liturgische Inneneinrichtung (Altartisch, Lesepult, Leuchter) und das große Standkreuz aus Holz, das bis in die Dachzone reicht, sind Arbeiten des Dresdner Bildhauers Friedrich Press. Vom gleichen Künstler wurde auch die Gruppe der Jünger im nutzungsvariablen Eingangsraum gearbeitet. Ihr liegt das Thema »Da wurden die Jünger froh, als sie den Herrn sahen« zugrunde.

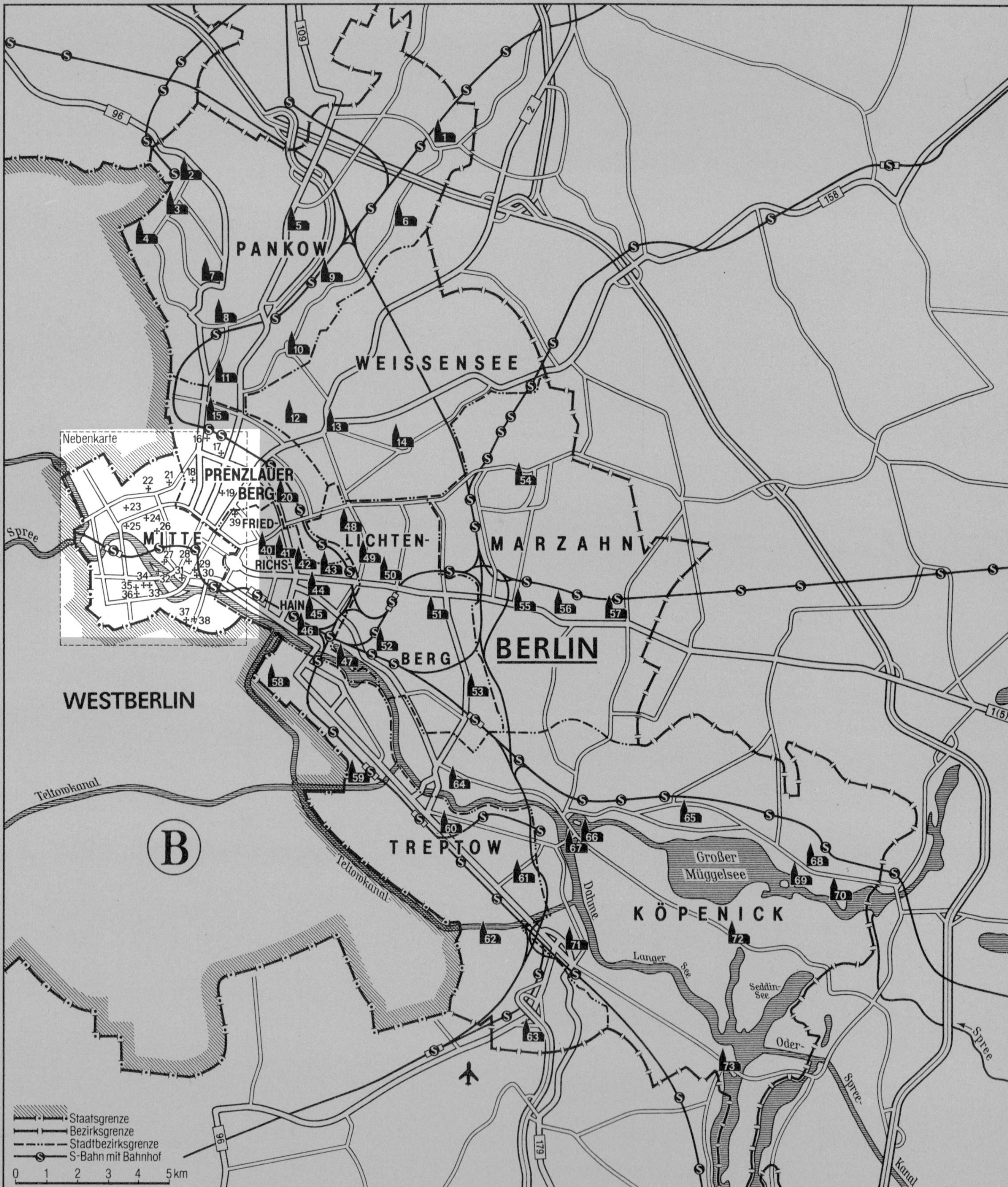

PANKOW
WEISSENSEE
PRENZLAUER BERG
MITTE
FRIED-RICHS-HAIN
LICHTEN-BERG
MARZAHN
BERLIN
WESTBERLIN
TREPTOW
KÖPENICK
Nebenkarte
Spree
Teltowkanal
Großer Müggelsee
Dahme
Langer See
Seddin-See
Oder-Spree-Kanal
B
Staatsgrenze
Bezirksgrenze
Stadtbezirksgrenze
S-Bahn mit Bahnhof
0 1 2 3 4 5 km

1 Buch, Schloßkirche Alt-Buch
2 Blankenfelde, Dorfkirche Hauptstr./ Ecke Schildower Str.
3 Rosenthal, Dorfkirche Hauptstr.
4 Wilhelmsruh, Lutherkirche Hielscher-, Ecke Goethestr.
5 Buchholz, Dorfkirche Hauptstr.
6 Karow, Dorfkirche Alt-Karow
7 Niederschönhausen, Friedenskirche Ossietzkyplatz / Dietzgenstr.
8 Pankow, Dorfkirche Johannes-R.-Becher-Str.
9 Blankenburg, Dorfkirche Alt-Blankenburg
10 Heinersdorf, Dorfkirche Romain-Rolland-Str.
11 Pankow, Hoffnungskirche Elsa-Brandström-Str.
12 Weißensee, Bethanienkirche Mirbachplatz
13 Weißensee, Pfarrkirche Klement-Gottwald-Allee
14 Hohenschönhausen, Dorfkirche Hauptstr.
15 Paul-Gerhardt-Kirche Wisbyer Str.
16 Gethsemanekirche Gethsemanestr.
17 Eliaskirche Senefelderstr.
18 Segenskirche Schönhauser Allee
19 Immanuelkirche Prenzlauer Allee / Immanuelkirchstr.
20 Adventskirche Dimitroffstr. / Ecke Heinz-Bartsch-Str.
21 Zionskirche Zionskirchplatz
22 Elisabethkirche Invalidenstr.
23 Golgathakirche Borsigstr.
24 St. Adalbert-Kirche (kathol.) Linienstr./Wilhelm-Pieck-Str.
25 Johannes-Evangelist-Kirche Auguststr.
26 Sophienkirche Große Hamburger Str.
27 Heiliggeistkapelle Spandauer Str.
28 Marienkirche Karl-Liebknecht-Str.
29 Klosterkirche Klosterstr.
30 Parochialkirche Klosterstr.
31 Nikolaikirche Nikolaikirchplatz/Poststr.
32 Dom am ehemaligen Lustgarten Karl-Liebknecht-Str./Marx-Engels-Platz
33 Friedrich-Werdersche Kirche Werderstr. / Werderscher Markt
34 Hedwigskathedrale (kathol.) Behrenstr.
35 Französische Friedrichstadtkirche Platz der Akademie
36 Deutsche Kirche Platz der Akademie
37 Annenkirche (altluth.) Dresdener Str.
38 St. Michael-Kirche (kathol.) Heinrich-Heine-Platz
39 Bartholomäuskirche Friedenstr.
40 Auferstehungskirche Friedenstr.
41 Pfingstkirche Kotikowplatz
42 Galiläakirche Rigaer Str.
43 Samariterkirche Samariterplatz
44 Verheißungskirche Boxhagener Str.
45 Offenbarungskirche Simplonstr.
46 Zwinglikirche Dannecker-, Ecke Rudolfstr.
47 Stralau, Dorfkirche Tunnelstr.
48 Lichtenberg, Evangelisches Gemeindezentrum Am Fennpfuhl

49 Lichtenberg, Dorfkirche Loeperplatz
50 Lichtenberg, Glaubenskirche Roedeliusplatz
51 Friedrichsfelde, Dorfkirche Alfred-Kowalke-Str.
52 Rummelsburg, Erlöserkirche Nöldnerstr.
53 Karlshorst, Kirche Zur Frohen Botschaft Weseler Str.
54 Marzahn, Dorfkirche Alt-Marzahn
55 Biesdorf, Dorfkirche Alt-Biesdorf
56 Kaulsdorf, Dorfkirche Dorfstr.
57 Mahlsdorf, Dorfkirche Hönower Str.
58 Treptow, Bekenntniskirche Plesser Str.
59 Baumschulenweg, Kirche zum Vaterhaus Baumschulenstr.
60 Niederschöneweide, Friedenskirche Grünauer, Ecke Britzer Str.
61 Adlershof, Verklärungskirche Arndtstr.
62 Altglienicke, Dorfkirche Köpenicker, Ecke Semmelweisstr.
63 Bohnsdorf, Dorfkirche Dorfplatz
64 Oberschöneweide, Christuskirche Firlstr.
65 Friedrichshagen, Christophoruskirche Bölschestr.
66 Köpenick, Laurentiuskirche Alt-Köpenick, Ecke Kirchstr.
67 Köpenick, Schloßkirche Schloßinsel
68 Wilhelmshagen, Taborkirche Schönblicker Str.
69 Rahnsdorf, Dorfkirche Dorfstr.
70 Hessenwinkel, Waldkirche Waldstr.
71 Grünau, Friedenskirche Kochelsee-, Ecke Eibseestr.
72 Müggelheim, Dorfkirche Alt-Müggelheim
73 Schmöckwitz, Dorfkirche Alt-Schmöckwitz

Im Gemeindezentrum gibt es fünf Gruppenräume, sie dienen der Gemeindearbeit. Zwei Räume sind dem Feierraum direkt zuschaltbar. Zum Gesamtkomplex gehört außer Funktionsräumen auch eine Pfarrwohnung. Abb. S. 181, 182

Lichtenberg – Glaubenskirche
Roedeliusplatz; Kirchenkreis Lichtenberg

Zur Entlastung der alten Dorf- und Pfarrkirche Lichtenberg kam es nach 1900 zum Bau einer zweiten Pfarrkirche. Nach Entwürfen von Ludwig v. Tiedemann und Robert Leibnitz entstand 1903/05 für 350 000 Mark ein eindrucksvoll gruppierter Kirchenbau inmitten des Roedeliusplatzes. Am 14. Juni 1905 konnte die Kirche eingeweiht werden.
Der Bau, der sich von Nord nach Süd erstreckt, ist aus einem Gemisch von Rüdersdorfer Kalkstein und Backstein ausgeführt und bevorzugt Formen, die der Spätgotik entlehnt sind. Besonders zum Ausdruck bringen das die mit Maßwerkblenden und Ziegelornamenten geschmückten Giebel der Seitenkapellen am Schiff, die Gestaltung des Turmobergeschosses und der zweiseitig geschlossene Chor, der von quadratischen Treppentürmen unter Zeltdächern eingefaßt wird. Die großen Maßwerkfenster der Kirche sind dagegen in Formen des Jugendstils gestaltet.
Das vierjochige Langhaus ist als zweischiffige Halle angelegt und erscheint durch die zum Schiff hin geöffneten zwei übergiebelten Kapellenanbauten, die den Charakter von Querschiffen haben, auch als ein Raum von »vier Schiffen«. Das Langhaus ist netzgewölbt auf Rundpfeilern mit maßwerkdurchbrochenen Kapitellen. Auch die Emporen und die südliche Taufkapelle sind gewölbt.
Die Ausstattung gehört der Erbauungszeit an. Der Altaraufsatz hat die Gestalt eines spätgotischen Schnitzaltares. Die reich geschnitzte Kanzel mit den Evangelistensymbolen am Korb schuf Gustav Stein.
Aufwendig gestaltet ist der massige Turm mit seitlichen Rundtürmen, die ein Kegeldach tragen, er wird von zwei spitzen achtseitigen Kupferhelmen bekrönt. Die Turmobergeschosse mit Giebelabschlüssen sind durch gotisierende Fenster und Blenden gegliedert. Die Gesamthöhe des Turmes beträgt 62 Meter.

Literatur: Die Kirche in Lichtenberg bei Berlin (Glaubenskirche). In: Berliner Architekturwelt 9. 1907, S. 18–23. – Die Glaubenskirche in Lichtenberg. In: Baugewerks-Zeitung 37. 1905, S. 751–752, 768.

Rummelsburg – Erlöserkirche
Nöldnerstraße 43; Kirchenkreis Lichtenberg

Die Erlöserkirche ist als Pfarrkirche der ehemaligen, 1889 gebildeten Gemeinde Boxhagen-Rummelsburg erbaut worden. Nach einem Entwurf von Conrad Wilhelm Hase, den dieser schon in der Apostelkirche in Hannover verwirklicht hatte und den er auf Wunsch der Kaiserin Auguste Viktoria für Berlin in leicht veränderter Form wiederholte, führte Max Spitta den Bau 1890/92 aus. Spitta schreibt 1894: »Der Bau ist in einfacher nordischer Backsteinarchitektur gehalten, unter sparsamer Verwendung von Formsteinen.« Diese zeitgenössische Einschätzung übersieht, daß man eher von einer Übertragung von Hausteinformen in das Backsteinmaterial sprechen könnte.
Unter Spittas Leitung arbeiteten die Baumeister Menken, Wilde und Peters. Die Grundsteinlegung fand am 4. Mai 1890 statt, und die Einweihung in Anwesenheit der kaiserlichen Familie nahm Generalsuperintendent Theodor Braun am 21. Oktober 1892 vor. Die Baukosten für die Kirche, deren Gesamtsumme bei 229 380 Mark lag, konnte die im Arbeiterbezirk gelegene Parochie Boxhagen-Rummelsburg nicht aufbringen. Daher wurde der Bau aus Spendenmitteln und aus Sammlungen anderer Gemeinden finanziert. An den Spen-

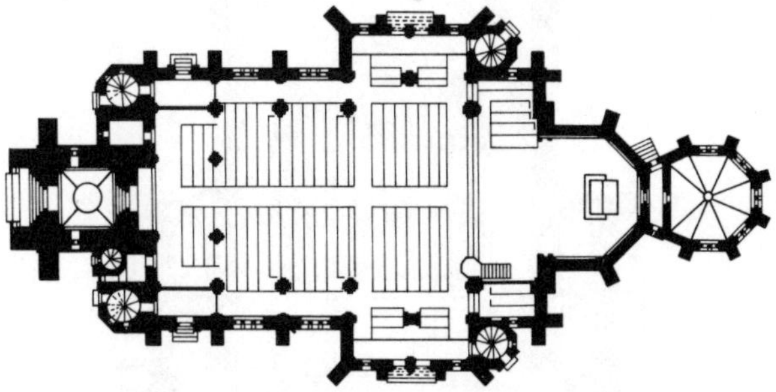

Grundriß nach Hases Entwurf

den beteiligte sich auch die Krone, vornehmlich Auguste Viktoria. Sie hatte 1889 den Evangelischen Hilfsverein gegründet, und unter ihrem Protektorat entstand die Erlöserkirche als erster Bau dieses Vereins. Zur Kirche gehörten, entsprechend ihrer Funktion innerhalb dieses dichtbesiedelten Wohngebietes, auch Sozialeinrichtungen. Auf einem Gelände von 8520 m², das die Stadtgemeinde unentgeltlich zur Verfügung gestellt hatte, entstanden außer dem Pfarrhaus mit Wirtschaftshof auch ein Gemeindehaus mit Kinderkrippe, »Warteschule«, Volksküche und eine Poliklinik. Die Gesamtanlage befindet sich inmitten einer parkähnlichen Umgebung, die an die S-Bahn grenzt.
Der in Formen gotischer Backsteinarchitektur errichtete stattliche Klinkerverblendbau ist eine kreuzförmige basilikale Anlage mit vorgesetztem hohem Westturm und polygonalem Chorschluß, an den östlich ein achteckiger Sakristeianbau angefügt ist.
Das dreischiffige Langhaus von drei Jochen hat ein kreuzrippengewölbtes Mittelschiff, ebenso das Querhaus von einem Joch, während die Seitenschiffe Kreuzgratgewölbe besitzen. Die schmalen Seitenschiffe dienen als Gänge, hier sind Emporen eingespannt, ebenso in den Querarmen. Der massive Emporeneinbau ruht auf breiten gedrückten Spitzbogenarkaden.
Im Schiff und auf den Emporen war Raum für 1030 Sitzplätze. Der 64 Meter hohe quadratische Turm im Norden hat einen spitzen achtseitigen Helm, den vier kleine Ecktürme flankieren. Insgesamt neun Portale führen in das Innere der Kirche. Neben dem Chor wurde die ehemalige Kaiserloge eingebaut. Alle tragenden und rahmenden Teile (Rippen, Bögen etc.) sind aus Verblendsteinmauerwerk. Die ursprüngliche Farbgebung ist bis heute beibehalten worden: gelbliche Ausmalung der Gewölbe, grünliche Wände, die Rippen mit farbigen Rankenornamenten. Die letzte Restaurierung fand 1967/68 statt. Die Chorfenster sind 1947/48 nach Entwürfen von Paula Jordan durch die Firma Müller in Quedlinburg ausgeführt

worden, das Chormittelfenster mit dem Christuskopf nach Guido Reni stammt noch aus der Erbauungszeit, wie auch die farbige Verglasung mit biblischen Szenen in den Fenstern des Querschiffes.

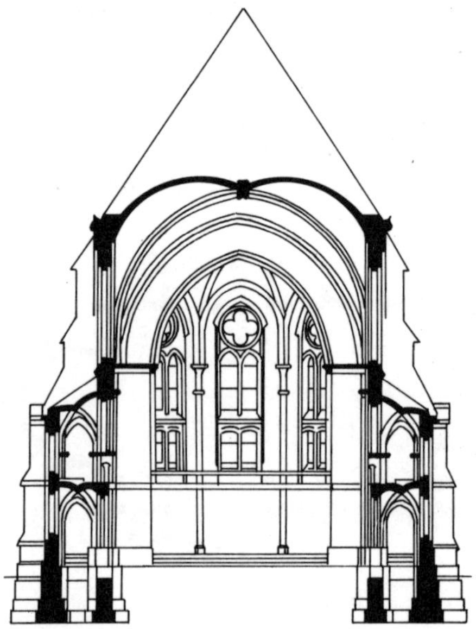

Querschnitt nach Süden

Die aufwendig geschnitzte Kanzel ist aus Eichenholz gearbeitet. Der Altaraufsatz zeigt ein Gemälde mit der »Rettung Petri aus dem Meer« von Ernst Körner. Die Orgel von 1940/43 ist ein Werk der Firma Schuke aus Potsdam. Im Turm befinden sich drei Stahlglocken.

Literatur: Spitta, Max: Erlöserkirche und Pfarrhaus in Rummelsburg. In: Zentralblatt der Bauverwaltung 14. 1894, S. 183–185. – Mirbach, Ernst v.: Die drei ersten Kirchen der Kaiserin für Berlin. Erlöser-, Himmelfahrts- und Gnadenkirche. Berlin 1902.

Abb. S. 135, 136

STADTBEZIRK MARZAHN

Biesdorf – Dorfkirche (Gnadenkirche)

Alt-Biesdorf; Kirchenkreis Lichtenberg

Das große Angerdorf Biesdorf wurde 1371 als »Biestersdorf« erstmals urkundlich genannt und 1375 im Landbuch Kaiser Karls IV. erwähnt. Es lag an der alten Handelsstraße von Berlin nach Frankfurt (Oder). Inmitten des Angers steht die Dorfkirche, von deren mittelalterlichem Granitquaderbau des ausgehenden 13. Jh. außer den Schiffsmauern kaum etwas erhalten blieb. Ein Brand von 1774 und mehrere Umbauten lassen den Kern kaum noch erkennen, zumal 1896/97 eine durchgreifende Erneuerung vorgenommen wurde. Dabei verwendete man nur die Außenwände des gestreckten gotischen Baues. Die Fenster wurden verändert, und die halbkreisförmige Apsis sowie den quadratischen Westturm aus Backstein fügte man hinzu. Der Turm, der an Stelle eines barocken Turmaufbaues mit geschweifter Haube steht, ist bestimmend für den Gesamteindruck der Kirche. Er besitzt einen hohen vierseitigen, mit Schiefer gedeckten Helm, der bis zur Zerstörung von vier Giebeln begleitet wurde. 1944 brannte die Kirche aus, 1950/51 erfolgte eine Wiederherstellung in vereinfachten Formen. Der einschiffige Innenraum wird von einem hölzernen Tonnengewölbe überdeckt. An der Westseite ist eine geschwungene Empore angebracht. Seit 1951 trägt die Kirche auch den Namen Gnadenkirche. Abb. S. 172

Kaulsdorf – Dorfkirche

Dorfstraße 12; Kirchenkreis Lichtenberg

1347 war das Angerdorf erstmals genannt worden, im Mittelalter befand es sich im Besitz der Cöllner Petrikirche. Das auf dem alten Dorfanger gelegene, von einer Mauer umgebene Kirchengebäude ist ein kleiner einschiffiger gotischer Feldsteinbau des 14. Jh., dessen Außenwände modern verputzt sind. Das kurze Schiff wurde 1715 nach Osten erweitert, und gleichzeitig veränderte man die Fenster und rahmte sie mit Faschen. Der ehemalige Fachwerkturm wurde 1875 abgetragen, und an seine Stelle trat ein Querbau aus Ziegelmauerwerk mit quadratischem Mittelturm in gotisierenden Formen. Der obere Turmabschluß trägt seit 1980 statt des achtseitigen Spitzhelmes und des hohen Zeltdaches von 1946 ein flaches Zeltdach. Vom mittelalterlichen Bau hat sich an der Nordseite ein kreuzrippengewölbter quadratischer Sakristeianbau erhalten.
Im Inneren ist die Kirche mit Emporen an der Nord- und Westseite ausgestattet, die Flachdecke setzt über einer Voute an. Die Baunaht zwischen mittelalterlichem Kernbau und barocker Erweiterung ist durch Engelflüchte markiert. Die Ausstattung ist einheitlich barock. Der Altaraufsatz von 1656, 1958 restauriert, besteht aus einem Säulenaufbau, in dessen Mitte drei Gemälde übereinander angeordnet sind, das Abendmahl, die Auferstehung und die Himmelfahrt. Die Gesichtszüge der Figuren wirken porträtähnlich. In den mit Knorpelwerk verzierten Wangen sind Medaillons mit den gemalten Figuren von Mose und Johannes dem Täufer eingelassen. Die hölzerne Kanzel von 1690 hat einen polygonalen Korb und einen kronenförmigen Schalldeckel mit einem Pelikan. Gleichzeitig datiert werden kann die farbig gefaßte Sandstein-Taufe, deren akanthusgeschmückte Kuppa von einem Putto getragen wird, der Deckel ist aus Holz gearbeitet. Außerdem hat sich eine Eichentruhe mit Eisenbeschlägen aus dem Anfang des 15. Jh. erhalten. Das Gemeindegestühl wie auch die Emporen gehören dem 18. Jh. und späterer Zeit an. Die Glocken stammen von 1518 und 1740.

Abb. S. 173

Mahlsdorf – Dorfkirche

Hönower Straße 13; Kirchenkreis Lichtenberg

Im 13. Jh. wurde das Straßendorf Mahlsdorf gegründet und 1375 urkundlich erwähnt. Die Kirche, ein eingeschossiger frühgotischer Granitquaderbau, gehört der Mitte des 13. Jh. an. An das breite kurze Schiff schließt sich, durch einen spitzbogigen Triumphbogen abgesetzt, der eingezogene langgestreckte und gerade geschlossene Chor an. Die Dreifenstergruppe an der Ostwand hatte man 1898 wieder geöffnet, während die frühgotischen Fenster 1699 durch

große Rundbogenöffnungen ersetzt worden waren. Das spitzbogige Westportal stammt aus dem 13. Jh. Statt des mittelalterlichen Westturmes, der bis zum Traufgesims in Schiffsbreite angelegt war, kam es im späten 15./16. Jh. über zwei Gurtbögen zu einem rechteckigen Dachturm mit Quersatteldach. Die Sakristeianbauten am Chor stammen erst aus dem 19. Jh. Der Innenraum hat eine flache Putzdecke und eine Emporenanlage in Hufeisenform. Der Altaraufsatz von 1710 besteht aus gewundenen Weinlaubsäulen und Akanthuswangen, in der Mitte ist ein Kreuzigungsgemälde und im Segmentgiebel die Auferstehung angebracht. Die Altarmensa zeigt das Gemälde mit der Szene in Gethsemane. Der reich geschnitzte, polygonale Kanzelkorb mit Säulchen und Evangelistenbildern, ebenso der Schalldeckel mit einem Pelikan stammen von 1620 und wurden 1699 verändert. Angeblich war die Kanzel ein Geschenk von Johann von Kötteritzsch, dessen Kapelle sich in der Nikolaikirche in Berlin befand. Zur weiteren Ausstattung gehören ein Grabstein der 1579 verstorbenen Gertraut Grieben und das Wappenepitaph aus Stein für den Kanzler Lampert Distelmeier, seine Frau und Schwiegertochter (Familien Goldhahn und Lüderitz) aus dem 17. Jh. Dargestellt ist ein Disteln mähender Mann als Hinweis auf den Namen des Verstorbenen. In der Sakristei hängt ein großes Gemälde, die Verspottung Christi darstellend, 1899 von Paul Händler gemalt.
Eine der drei Glocken stammt von 1488 und trägt die Inschrift O MATER DEI MISERERE MEI. Umgeben von einer Friedhofsmauer, gehört die Mahlsdorfer Kirche zu den wenigen gut erhaltenen Dorfkirchen Berlins, die noch eine reiche Ausstattung bewahren.

Literatur: Wendler, Oskar: Die Kirche in Mahlsdorf. In: Monatsblätter des Touristen-Club 28. 1919, S. 3–4. – Voigt, Alfred: Die alte Dorfkirche von Mahlsdorf. In: Brandenburgia 46. 1937, S. 21–26. Abb. S. 125

Marzahn – Dorfkirche
Alt-Marzahn; Kirchenkreis Lichtenberg

Der Ort Marzahn wurde im 13. Jh. als Angerdorf gegründet und 1300 urkundlich erwähnt. Mitten auf dem Anger steht die Kirche. Der Zustand des einstigen mittelalterlichen gewölbten Feldsteinbaues mit eingezogenem Chor war 1782 in einem Bericht als »entsetzlich schlecht« bezeichnet worden, so daß er nach mehreren Reparaturen 1874 abgerissen werden mußte. Zuvor entstand östlich des alten Feldsteinbaues nach Plänen von Friedrich August Stüler ein einheitlicher neugotischer gelber Backsteinbau. Die Ausführung übernahm Adolf Bürckner. Schon 1871 konnte diese Kirche eingeweiht werden. Ursprünglich war beabsichtigt, einen Teil des mittelalterlichen Feldsteinbaues einzubeziehen, und dafür existierte der Entwurf einer Kreuzanlage mit Ostturm. Ausgeführt wurde jedoch ein einschiffiger Bau mit Rechteckchor und westlichem Querhaus, bestehend aus quadratischem Turm und seitlichen Anbauten. Chor und Schiff sind mit Strebepfeilern besetzt, ein Zierfries umzieht den Gesamtbau. Die Turmanbauten sind mit quer gerichteten Satteldächern gedeckt, die nach Norden und Süden mit Giebeln abschließen. Turm und östliche Schiffswand werden durch blendengeschmückte Staffelgiebel hervorgehoben.
Der Innenraum mit schmalen queroblongen Jochen ist kreuzrippengewölbt. 1962 erfolgten Umbauten, die letzte Renovierung war 1983. Aus der Erbauungszeit stammen der hölzerne Emporeneinbau an drei Seiten, der neugotische Orgelprospekt und das Gestühl. Erhalten hat sich eine Sandstein-Taufe in Pokalform mit Beschlagwerkornament aus dem 17. Jh., die Kuppa zeigt eine Pilastergliederung. Eine der drei Glocken wurde 1660 von Jacob Neuwert in Berlin gegossen. Abb. S. 121

STADTBEZIRK PANKOW

Blankenburg – Dorfkirche
Alt-Blankenburg; Kirchenkreis Pankow

Das Angerdorf Blankenburg geht in seiner Anlage vermutlich auf die Zeit um 1230 zurück. 1375 wird es im Landbuch Kaiser Karls IV. erwähnt. Der alte Ortskern blieb bis heute erkennbar, inmitten des Angers steht die Kirche. Der rechteckige flachgedeckte Feldsteinbau wurde in der Mitte des 13. Jh. errichtet. Der quadratische Westturm, von der gleichen Breite des Schiffes, gehört erst dem 14. Jh. an. Er wurde durch einen barocken sechsseitigen Aufsatz erhöht, der bis 1939 eine Laterne trug und seitdem mit einem extrem flachen Zeltdach gedeckt ist. Das Westportal und der Sakristeianbau an der Nordseite sind spätgotisch. Der Chor aus Feldstein ist gestreckt. Sein Ostgiebel ist mit vier schmalen Spitzbogenblenden geschmückt, und am Südteil des Chores befindet sich eine feinprofilierte, mit Backstein eingefaßte Pforte. All diese Merkmale datieren den Chor in das 15. Jh. Im Westteil des Schiffes wurden bei der Erneuerung 1939/40 zwei vermauerte spätromanische Fenster freigelegt, an der Südseite ist ein spätromanisches Portal zugemauert erhalten.
Einheitlich sind Schiff und Chor mit einem 1982 erneuerten Satteldach gedeckt. Im Inneren ist die Holzdecke erneuert. Die Ausstattung gehört dem Barock an. Der Altaraufsatz von 1695 zeigt ein ovales Abendmahlsgemälde in üppig geschnitzter Akanthusrahmung mit Wappen und einer Spruchkartusche als Bekrönung, die von Putten gehalten wird. Ein frei von der Decke schwebender Taufengel stammt vom Beginn des 18. Jh. Die Stiftungstafel mit dem athanasianischen Glaubensbekenntnis ist 1694 datiert und ein Geschenk von Johannes Stephan von Barfuß. Die Orgel ist ein Werk von 1975. Restaurierungen der Kirche fanden 1962/63 statt. Die spätmittelalterliche Feldsteinmauer des Kirchhofes blieb zu großen Teilen erhalten. Abb. S. 100

Blankenfelde – Dorfkirche
Hauptstraße / Ecke Schildower Straße; Kirchenkreis Pankow

1375 ist das Straßendorf Blankenfelde erstmals im Landbuch Kaiser Karls IV. erwähnt. Es liegt an der Straße von Berlin nach Oranienburg, der Ortskern blieb in der Anlage bis heute erkennbar. Die Dorfkirche, inmitten des Kirchhofes und von einer Mauer umgeben, steht in der Hauptstraße und entstand im ausgehenden 14. Jh. 1938/41 ist der Bau durchgreifend restauriert worden. Der rechteckige flachgedeckte Feldsteinbau mit in Backstein gefaßten Gebäudekanten und Fensterleibungen besitzt an der Ostwand drei

spitzbogige Fenster, die 1939 bei der Restaurierung entdeckt wurden, und einen Giebel, der ursprünglich mit fünf gestaffelten Blenden gegliedert war. Die Giebelschrägen wurden niedriger gemacht und die Spitzbogen in Segmentbogen verändert, die zwei seitlichen Blenden wurden vermauert. Die Fenster der Langseiten rekonstruierte man 1939/41 entsprechend jenen der Ostseite bzw. legte sie frei. Der westliche Dachturm, 1680 aufgebracht, ist aus Holz. Der achtseitige Spitzhelm, mit Schiefer gedeckt, erhielt erst 1939 die heutige Gestalt, die Wetterfahne – mit den Initialen J. E. v. Grumbkows und seiner Frau – von 1982 ist jener von 1680 nachgebildet.
Gleichzeitig mit dem Turm entstand auch der südliche Anbau mit der Patronatsloge. Über dem Portal befindet sich eine Sandsteintafel mit Inschrift und Wappen des Ministers Joachim Ernst von Grumbkow. Die Inschrift lautet HAS EGO DIVINAS POSUI GROMKOWIUS AEDES QUEIS COELESTIS TU MIHI JOVA DABIS (Dieses irdische Gotteshaus, habe ich, Grumbkow, gebaut, damit Du, Jehova, mir ein himmlisches geben wirst). Der Innenraum hat eine flache Balkendecke und Emporen an der West- und Südseite. Ein Inschriftengrabstein Joachim Ernst v. Grumbkows, vor 1690, befand sich ursprünglich vor dem Altar und ist heute an der Nordseite der Kirche angebracht. Unterhalb und auf der Westempore sowie hinter der Orgel auf der Südempore wurden 1972/74 Gemeinderäume eingerichtet. Der alte barocke Altaraufsatz in architektonischer Rahmung ist erst 1961 verschwunden. Die Deckenleuchten im Altarbereich stammen von 1854, Kanzel, Emporenbrüstungen und Orgelprospekt gehören der Umbauzeit von 1939/41 an wie auch das Orgelwerk der Firma Schuke.
Auffallend ist das Friedhofsportal mit korinthischer Pilasterordnung aus dem 18. Jh. Die Glocke, 1768 datiert, goß Johann Friedrich Thiele in Berlin.

Literatur: Pomplun, Kurt: Rosenthal – Blankenfelde – Lübars. Altes und Neues von drei Dorfkirchen auf dem Barnim. In: Mitteilungsblatt der Landesgeschichtlichen Vereinigung für die Mark Brandenburg 24. 1957, S. 99–100.
Abb. S. 103

Buch – Schloßkirche (Dorfkirche)
Alt-Buch; Kirchenkreis Pankow

Das Straßendorf Buch war vermutlich schon Mitte des 13. Jh angelegt und 1375 im Landbuch Kaiser Karls IV. erstmals urkundlich mit Namen Wentzschenbuk bezeichnet. Wie der alte Ortsname angibt, geht das Dorf auf eine ältere wendische Gründung zurück. Die Gutsanlage mit einem Park des 17. Jh. war in das Ortsgefüge einbezogen, und in unmittelbarer Nähe des heute nicht mehr existierenden Gutes befindet sich auch die Dorf- und ehemalige Schloßkirche. Sie wurde an Stelle eines mittelalterlichen Fachwerkbaues, der wegen Baufälligkeit am 2. April 1731 abgerissen werden mußte, im gleichen Jahr im Auftrag des Ministers Adam Otto v. Viereck, dem Gut und Dorf seit 1723 gehörten, errichtet.
Die Kirche, nach Plänen des Berliner Baumeisters Friedrich Wilhelm Dieterichs erbaut, konnte am 9. September 1736 eingeweiht werden. Die Bucher Kirche nimmt sowohl durch ihre Nähe zur Berliner Architektur des 18. Jh. unter den Dorfkirchen Berlins eine Sonderstellung ein als auch durch ihre Funktion als Dorf- und Schloßkirche (belegt in der 1736 erlassenen Kirchstuhlordnung) und als Memorialbau für Adam Otto v. Viereck.
Über dem auf griechischem Kreuzgrundriß aufgeführten Zentralbau, dessen Kreuzarme in Ost-West-Richtung gestreckt sind, erhob sich vor der Zerstörung der Kirche 1943 ein hoher Turm mit Säulen- und Doppelpilastergliederung, geschwungener Haube und achtseitiger Laterne. Bei der Wiederherstellung der Kirche 1950/53 verzichtete man auf die Rekonstruktion des Turmes als auch auf die barocken Stuckdekorationen und auf die Herrschaftsloge im Inneren. Die Bucher Kirche galt einst als eine der »schönsten Landkirchen der Mark« (Georg Dehio).
Die Kirche, ein Putzbau, erhebt sich über hohem profiliertem Sockel. Die kräftige Pilastergliederung an den dreiachsigen Fassaden besteht aus Sandstein, ebenso der abschließende Triglyphenfries und die plastisch profilierte Gebälkzone an allen Fronten. Die Fenster sind in zwei Geschossen angeordnet, die unteren korbbogig geschlossen, die oberen als Okuli ausgebildet, alle mit breiter Faschenrahmung. Die Südseite ist als Hauptfassade aufwendiger gestaltet: außer der Gliederung durch Halbsäulen, einer Giebelbekrönung mit der Inschrift »Jahwe« in hebräischen Buchstaben innerhalb einer Strahlenglorie, ist die hohe Attika mit Vasen und Evangelistenfiguren, die nur noch teilweise erhalten geblieben sind, geschmückt. Über dem Eingangsportal ist eine Inschriftkartusche angebracht, die die Daten der Grundsteinlegung 1731, der Weihe 1736 und der Renovierung 1891 angibt.
Auch der Innenraum wurde bei der Wiederherstellung vereinfacht. Die Vierung deckt ein flaches hölzernes Kuppelgewölbe, die Kreuzarme haben Tonnengewölbe, die ursprüngliche gemalte und stuckierte Dekoration fehlt. Mit dem Einbau der Orgel 1788/89 war die westliche Empore herabgezogen worden, sie blieb als einzige der ursprünglich drei Emporen erhalten. Die Orgel der Firma Schuke aus Potsdam hat einen Prospekt von 1744, der 1939 aus der Heilig-Geist-Kapelle in Prenzlau nach Buch gekommen war. Altar und Kanzel, aus Eichenholz geschnitzt, sollen nach Entwürfen von Friedrich Wilhelm Dieterichs gefertigt worden sein, sie sind axial aufgestellt. Von der Kanzel steht nur der Korb, die anderen Teile befinden sich im Pfarrhaus. Es ist ein üppig ausladender Korb, der von Volutenpilastern gegliedert wird, das mittlere Feld nimmt die Initialen Christi auf, die Seitenfelder werden von Blattornamenten und Tuchfestons geschmückt.
Der Tischaltar, ursprünglich mit hölzernen Chorschranken verbunden, zeigt an der Schauseite das stark plastische Relief des Schweißtuches der hl. Veronika. Die Seitenkanten sind durch Seraphim mit drei Flügelpaaren und Bocksfüßen betont, die Schmalseiten mit Kartuschen und Régenceornamentik. Kanzel und Altar sind vorzüglich in ihrem Entwurf und in der Ausführung.
Bemerkenswert ist das Grabmal des Bauherrn der Kirche, des Patrons Adam Otto v. Viereck, das letzte Werk des Schlüter-Schülers Johann Georg Glume von 1763. Glume arbeitete vor allem in Berlin, u. a. am Orgelprospekt der Berliner Marienkirche, an der Grabkapelle des Ministers Kraut und am Epitaph Schrader in der Nikolaikirche. Das Grabmal Vierecks besteht aus einem asymmetrischen architektonischen Aufbau aus grauem Marmor mit schwarzer Inschriftplatte, darum gruppieren sich weiße Marmorfiguren, die Allegorie der Wahrheit und Chronos, Wappen und Vasen, im Auf-

satz die Büste des Verstorbenen. Unter diesem Grabmal befand sich einst die Gruft der Familie v. Viereck, sie war vom Friedhof aus zugänglich.
Im Pfarrhaus wird eine Lutherausgabe mit der persönlichen Widmung Philipp Melanchthons aufbewahrt sowie ein 1881 gemaltes Bild von Karl Stauffer-Bern, »Die Erweckung des Lazarus«.

Literatur: Pfannschmidt, Martin: Geschichte der Berliner Vororte Buch und Karow. Berlin 1927. – Badstübner-Gröger, Sibylle: Barocke Schloßkirchen in Berlin (betr. Köpenick und Buch). Berlin 1978 (Das Christliche Denkmal. 112). Abb. S. 114, 115

Buchholz – Dorfkirche
Hauptstraße; Kirchenkreis Pankow

Das Angerdorf Buchholz, schon 1242 erwähnt, war im 16. Jh. kurfürstlicher Besitz, und auf Grund der Ansiedlung der Hugenotten 1688 führte der Ort bis 1913 den Namen Französisch-Buchholz. Neben der deutschen Gemeinde bildete sich auch eine selbständige französische Gemeinde, beide waren Nutzer der Kirche.
Die Dorfkirche ist im Kern ein rechteckiger Feldsteinbau der zweiten Hälfte des 13. Jh., sie steht auf dem ehemaligen Anger. 1852 war der Bau eingreifend verändert worden, indem ein Querschiff mit halbrunder Apsis und Staffelgiebeln aus Backstein im Rundbogenstil der Schinkel-Nachfolge angefügt wurde. Gleichzeitig vergrößerte man Fenster und Portale am Schiff und gestaltete den Westgiebel zu einem Staffelgiebel um. Der seitlich, im Südwesten stehende dreigeschossige Turm aus Backstein wird über dem Glockengeschoß von Giebeln mit sich durchkreuzenden Satteldächern abgeschlossen und von einem Dachreiter bekrönt, er entstand erst 1886 und steht in der Nachfolge eines verbretterten Dachturmes.
In das Schiff waren um 1600 flache Kreuzrippengewölbe auf Wandpfeilern in drei Jochen eingezogen worden. Das westliche Joch wird durch einen breiten Gurtbogen abgesetzt, vermutlich sollte hier der Turm aufsetzen. Erwähnenswert ist ein silbernes Kelchpaar von 1721, das einst der Berliner Französischen Kirche gehörte. Die übrige Ausstattung gehört dem 19. Jh. an.

Heinersdorf – Dorfkirche
Romain-Rolland-Straße; Kirchenkreis Weißensee

1319 wurde das Straßendorf Heinersdorf erstmals urkundlich erwähnt, und zu diesem Zeitpunkt besaß es schon eine Kirche. Bis 1705 war das Dorf im Besitz des Berliner Heilig-Geist-Hospitals. Im Kern ist die Dorfkirche ein Feldsteinbau des ausgehenden 13. Jh., erhalten geblieben sind die Längswände, im Norden mit Spitzbogenfenstern. 1934/35 erhielt die Kirche ein östliches Querschiff und einen Rechteckchor aus Backstein, so daß das Aussehen entscheidend verändert wurde. An der Südseite hat sich ein Backsteinanbau mit schönem Netzrippengewölbe auf erneuerten Engelkonsolen und mit figürlichen Schlußsteinmedaillons aus der Zeit um 1490 erhalten. Der Giebel des Anbaues ist barock, der Innenraum gleicht annähernd der Berliner Heilig-Geist-Kapelle in der Spandauer Straße. Glasmalereien von Carl Crodel 1946.
Der Westturm in neugotischen Backsteinformen kam erst 1893 hinzu. Sein quergestelltes Satteldach trägt einen kupfernen Dachreiter. Das Innere der Dorfkirche erhielt 1934 zusätzlich zur Westempore von 1716 zwei weitere Emporen im Querschiff. Zu den interessanten Ausstattungsstücken gehört eine Kalkstein-Taufe in Pokalform auf einem Balusterfuß. In den durch Pilaster getrennten Feldern am Taufbecken sind Bibelsprüche eingelassen, die Taufe ist 1621 datiert. Der hölzerne Deckel wird von zwei Delphinen geziert, die Taufschale ist eine Nürnberger Arbeit aus Messing mit dem Flachrelief von Adam und Eva, 16. Jh. Im Turm hängen drei alte Glocken des 15. und 16. Jh.
Im Gemeindebesitz befindet sich eine Weihnachtskrippe, deren Figuren teilweise dem 15. Jh. angehören.

Karow – Dorfkirche
Alt-Karow; Kirchenkreis Pankow

Karow, ein altes Straßendorf, war um 1240 gegründet und 1375 im Landbuch Kaiser Karls IV. erwähnt worden. Das Ortsgefüge, in dem die älteste noch erhaltene Berliner Dorfkirche auf dem Barnim steht, ist noch erkennbar. Die Kirche ist ein spätromanischer Granitquaderbau aus der ersten Hälfte des 13. Jh. mit eingezogenem quadratischem Chor und halbkreisförmiger Apsis, in der zwei von ursprünglich drei Rundbogenfenstern wiederhergestellt sind. Der Bau entspricht der Dorfkirche in Lankwitz (Berlin-West), nur daß der gelbe Backsteinturm in Karow in romanisierenden Formen erst 1845/47 errichtet wurde. Er hat drei Geschosse, zwei mit gekuppelten Rundbogenöffnungen, das vierte Geschoß, achtseitig mit Helm, wird von einem Umgang umgeben. An der Nord- und Südseite des Schiffes sind Spuren alter Fenster- und Türöffnungen erkennbar. Das alte spitzbogige Westportal wird durch den Zwischenbau, der Turm und Langhaus verbindet, verdeckt. An der Nordostseite des Chores befindet sich der Sakristeianbau aus Feldsteinmauerwerk unter einem Schleppdach, 15. Jh.; im Inneren ist die Sakristei kreuzrippengewölbt.
Das Raumgefüge im Inneren der Dorfkirche ist gut erhalten, Schiff und Chor sind durch einen Triumphbogen voneinander abgesetzt. Die spätmittelalterlichen Gewölbe im Schiff von 1429 entfernte man vermutlich 1830 und ersetzte sie zunächst durch eine bretterverschalte Kappendecke und später durch eine verputzte Flachtonne.
Die Ausstattung, polygonale Kanzel und Taufe, sind Holzarbeiten von 1622. Die Taufe, in Formen der Spätrenaissance, wird von Ecksäulchen, Hermenpilastern und Muschelnischen mit Roll- und Beschlagwerk geziert, sie wurde 1958 restauriert. In die gleiche Zeit gehört das Abendmahlsrelief, offenbar die Predella eines Altars, das heute auf einer modernen Mensa aufgesetzt ist. Das Chorgestühl zeigt Pilaster- und Rundbogengliederung, und an der Empore, die drei Seiten des Schiffes einnimmt und auf gußeisernen Stützen des 19. Jh. ruht, wurden nachträglich in die Brüstung 33 naiv gemalte Tafeln, Öl auf Leinwand, eingelassen. Sie zeigen biblische Szenen des Alten und Neuen Testaments in bunter Anordnung. Das Bild mit Simsons Löwenkampf ist 1617 datiert, andere Darstellungen sind offenbar später entstanden. Es wird vermutet, daß diese Brüstungsmalereien aus der 1731 abgebrochenen mittelalterlichen

Dorfkirche in Buch stammen, sie wurden 1980/81 restauriert. Der Orgelprospekt ist Ende des 17. Jh. entstanden. Die letzte Restaurierung des Gesamtbaues fand 1958/59 statt. Die Kirchhofsmauer aus Feldstein ist in Teilen noch mittelalterlich.

Literatur: Kühl, Erwin: Altdeutsche Gemälde in Berlin-Karow. In: Monatsblätter der Landesgeschichtlichen Vereinigung 40. 1935, S. 30–31.

Abb. S. 100, 102

Niederschönhausen – Friedenskirche
Ossietzkyplatz / Dietzgenstraße; Kirchenkreis Pankow

1350 fand das ehemalige Angerdorf Niederschönhausen erstmals Erwähnung. Auf dem Platz des alten Angers steht auch heute noch die 1869/71 angeblich nach Ideen König Friedrich Wilhelms IV. errichtete Kirche. Beim Bau des Schiffes verwendete man Reste der mittelalterlichen Dorfkirche, die ein Granitquaderbau war. Die als einschiffiger Kreuzbau mit Ostapsis und oktogonalem Vierungsturm angelegte Kirche zeigt in den Ostteilen gestreiftes gelbes Ziegelmauerwerk. Der dreigeschossige Vierungsturm mit flachem Zeltdach wirkt gedrungen. Er schließt mit einer säulengetragenen Dreierarkade an jeder Seite des Achtecks ab. Ursprünglich war der Turm höher geplant. Am Außenbau, besonders in den Ostteilen, werden meist neoromanische Stilformen (Rundbogenblenden, -friese und -fenster) verwendet. Sie treten überwiegend an der Apsis, hier auch eine Zwerggalerie, am Turmobergeschoß und unterhalb des Dachansatzes am Langhaus auf. An den Querschiffarmen entwickeln sich die Friese aus Lisenen, und entsprechend den Giebelschrägen steigen sie an. In den Giebeln sind Speichenrosetten eingelassen, und die Firste werden durch Engelfiguren belebt. Portale, Fenster und übergiebelte Anbauten sind durch historistische Mischformen gekennzeichnet. Schiff und Kreuzarme sind flachgedeckt. In den Kreuzarmen befinden sich Emporen mit romanisierenden Brüstungen (Blendarkatur). Bei der Restaurierung 1982 ist die ornamentale Ausmalung in romanisierenden Formen wiederhergestellt worden (Fensterleibungen, Vierungsbögen, Vierungskuppel und Apsis), die Gewölbemalerei zeigt goldene Sterne auf blauem Grund. Kanzel und Altartisch gehören der Erbauungszeit an. Zum Gemeindebesitz gehört ein silbervergoldeter Kelch von 1652 mit Edelsteinen am Nodus.
Auf dem umgebenden Friedhof befindet sich ein Sandstein-Grabmal mit Urne für C. C. Engel, gest. 1791.

Abb. S. 120

Pankow – Dorf- und Pfarrkirche
»Zu den vier Evangelisten«
Johannes-R.-Becher-Straße; Kirchenkreis Pankow

Das Jahr 1230 wird als Gründungsdatum des Angerdorfes Pankow angegeben. Der Ortskern mit der Kirche auf dem Anger ist weitgehend erhalten geblieben.
Der ursprüngliche rechteckige Feldsteinbau mit Backsteineinfassungen entstand im 15. Jh. und birgt Reste des Vorgängerbaues von der 1230 urkundlich erwähnten Kirche. Die gerade geschlossene Ostwand wird durch drei spitzbogige Fenster unterteilt und endet mit einem fialengeschmückten Giebel, der paarweise gestaffelte Spitzbogenblenden aus Backstein aufweist. 1832 erfuhr die Kirche unter Beteiligung von Karl Friedrich Schinkel und durch Carl Wilhelm Redtel eine Erneuerung, dabei wurden die Seiteneingänge vermauert, die Fenster, mit Ausnahme des Mittelfensters in der Ostwand, vergrößert und mit neuem Maßwerk versehen. Zum geplanten Turmbau aber kam es nicht, obwohl man den hölzernen Dachturm von 1737 beseitigte. Erst 1858/59 wurde dem mittelalterlichen Feldsteinbau durch Friedrich August Stüler an der Westseite die dreischiffige neugotische Halle aus gelbrotem Ziegelmauerwerk angefügt. An der Verbindung zwischen Feldsteinkirche und Hallenbau, am Ostende der Seitenschiffe, errichtete man zwei schlanke achtseitige Glockentürme, deren verschieferte Spitzhelme nach den Kriegsschäden vereinfacht wiederhergestellt wurden. Die drei Schiffe der Halle sind mit gesonderten Satteldächern gedeckt. Seit dem Hallenanbau dient die alte Feldsteinkirche als Chor, und gleichzeitig mit der Erweiterung erhielt die Pankower Kirche am 15. Juli 1859 den Namen »Kirche zu den vier Evangelisten«. Die Westfassade des Stüler-Baues wird durch eine Gruppe von drei Giebeln abgeschlossen. Im mittleren befindet sich eine Rosette. Die glatten, ungegliederten Außenwände der Halle zeigen die charakteristische zweigeschossige Fensteranordnung für die innere Emporenanlage. Unter dem mittleren Fenster ist jeweils ein Portal angeordnet. Den gotisierenden Westbau mit den zwei Kirchensälen und dem Hauptportal fügte man erst 1906/08 an.
Im östlichen Joch des Chores ist das alte, zum Teil ergänzte Sternrippengewölbe mit figürlichem Schlußstein erhalten geblieben. Das flachgedeckte Langhaus mit Achteckpfeilern hat hölzerne Emporen an drei Seiten und öffnet sich mit einer spitzbogigen Arkade von drei Durchgängen zum mittelalterlichen Bauteil. Kanzel und Taufe gehören der Zeit des Erweiterungsbaues, um 1860, an, das alte Altarkruzifix wird im nördlichen Kirchensaal aufbewahrt. Der Kanzelkorb zeigt die Bildnisse von Melanchthon, Luther, Zinzendorf und Calvin. Das moderne Altarkreuz mit Corpus von 1972 ist eine Arbeit von Herbert Reinhold, auch die Altarleuchter und das Bibelpult stammen von ihm. Die Orgel auf der westlichen Empore erbaute 1972 die Firma Jehmlich in Dresden. Von der älteren Ausstattung haben sich ein Kelch von 1605 mit Evangelistenmedaillons und Beschlagwerk und eine Messing-Taufschale, eine Nürnberger Arbeit um 1600, erhalten. Die farbigen Altarfenster mit Darstellungen der vier Evangelisten sind als Hinweis auf den Namen der Kirche zu verstehen und wurden 1959 von Inge Pape ausgeführt. Unter der Orgelempore befindet sich ein Nagelkreuz, ein sogenanntes Coventrykreuz, von 1964. Es ist ein Symbol für die Zugehörigkeit der Pankower Gemeinde zur weltweiten Nagelkreuzgemeinde. An der Südseite des Chorauβenbaues ist ein gußeisernes Grabmal für den Schauspieler J. Heinrich Schmelka (1777–1827) mit dem Porträt des Verstorbenen aufgestellt.

Literatur: Die Kirche der Vier Evangelisten in Pankow. In: Zeitschrift für praktische Baukunst 19. 1859, S. 262–264.

Abb. S. 121

Pankow – Hoffnungskirche
Elsa-Brandström-Straße; Kirchenkreis Pankow

Mit dem Anwachsen der Bevölkerung und der Ausdehnung Pankows sowie der damit einsetzenden Baukonjunktur am Ende des 19. und zu Beginn des 20. Jh. entstand neben der ehemaligen Dorfkirche in der heutigen Johannes-R.-Becher-Straße eine zweite Pfarrkirche. Diese wurde im Bereich der Berliner Straße, am Ende der U-Bahn Vinetastraße, auf der ehemaligen Lindenpromenade, seit 1936 Elsa-Brandström-Straße, die als Verbindung zwischen Prenzlauer Promenade und Berliner Straße 1909 angelegt worden war, errichtet. Die Kirche schließt heute die promenadenartig gestaltete Straße nach Osten hin ab und ist von einer Wohnbebauung umgeben, die im ersten Weltkrieg begonnen und 1920 vollendet worden war. Wohnbebauung und Kirche folgen Berliner Bautraditionen des 18. Jh.
Die Kirche ist 1912/13 nach Plänen von Walter Köppen erbaut worden. Von 60 anläßlich eines Wettbewerbs eingereichten Entwürfen wurde der seine ausgewählt. In der Eingangshalle befindet sich eine Inschrift mit dem Architektennamen und der Jahreszahl 1912. Die Einweihung der Kirche fand am 12. September 1913 statt, aber erst am 1. April 1955 wurde die Hoffnungsgemeinde selbständige Parochie.
Das Äußere des kreuzförmig angelegten Putzbaues erinnert in seiner Formensprache an den barocken Klassizismus der Berliner Sakralarchitektur des 18. Jh. Die Fronten sind durch Kolossalpilaster gegliedert, die westliche Eingangsseite wird durch Kolossalsäulen und Attika mit figürlichem Schmuck hervorgehoben. Die Skulpturen, von Hans Schmidt geschaffen, stellen Christus mit Engeln, den Apostel Paulus und Martin Luther dar. Über sämtlichen sieben Portalen befinden sich Reliefs mit Christussymbolen. Das Straßenbild wird vor allem durch den hohen angefügten Turm an der Südwestseite beherrscht. Der in mehrere Geschosse gegliederte Turm hat über den Schallöffnungen des Glockengeschosses Uhren, einen achtseitigen Aufsatz, Haube und Laterne. Die Kirche besitzt ein steiles Walmdach.
1962/64 wurde die qualitätvolle Jugendstildekoration von Emil Wolf im tonnengewölbten Innenraum übermalt, ebenso der interessante Aufbau des Kanzelaltares in der Altarnische. Die Kanzel blieb in reduzierter Form erhalten und fand eine gesonderte Aufstellung. Drei Seiten des Innenraumes werden von massiven Emporen auf je vier Säulen umgeben. Von der Ausstattung der Erbauungszeit blieben der elegant geschwungene Orgelprospekt mit der Büste J. S. Bachs und die Taufe mit Schale von Josef Wilm erhalten. Bei der Restaurierung 1985/87 ist versucht worden, den ursprünglichen Zustand des Inneren weitgehend wiederherzustellen: u. a. die geometrischen Formen der Putzgliederung der Decke, die Rosetten, die stuckierten Engelköpfe an der westlichen Emporenbrüstung, die gemalten Engel im ornamentalen Rankenwerk seitlich des Altarraumes. Die Altarnische ist in ihrer alten Gestalt nicht mehr rekonstruierbar. Im geputzten Rechteckfeld der Ostwand wurde das Gemälde »Die Heimkehr des verlorenen Sohnes« von Christian Bernhard Rode angebracht, das der Maler 1789 für Neuruppin schuf. Zeitweilig war in der Kirche das vier Meter hohe Standkruzifix aus Eichenholz von Hans Perathoner aufgestellt, eine stark expressive Arbeit aus dem Jahre 1930, das in seiner Wirkung den Innenraum sprengte.
Interesssant ist die Eingangshalle mit Gemeindesaal und Treppenführung zur Orgelempore mit einem Putto im Aufgang.

Literatur: Kirche in Berlin-Pankow. In: Zentralblatt für das deutsche Baugewerbe 10. 1911, S. 385, 387. – Kirche in Berlin-Pankow. In: Norddeutsche Bauzeitung 7. 1911, S. 246–251 und in: Berliner Architekturwelt 13. 1911, S. 440–441. – Entwurf für die Kirche von Pankow. In: Baugewerks-Zeitung 43. 1911, S. 358. – Paulsen, F.: Kirche in Pankow. In: Berliner Architekturwelt 14. 1912, S. 422, 448–449. – Colberg, W.: Kirche zu Berlin-Pankow. In: Deutsche Bauzeitung, Mitteilungen über Zement-, Beton- und Eisenbetonbau 9. 1912, S. 58–60. – Leyser, Erich: Kirchenbauten unserer Tage. In: Die Bauwelt 3. 1912, S. 13–14, 30. – Behrendt, Walter Curt: Die Hoffnungskirche und das Gemeindehaus in Berlin-Pankow. In: Wasmuths Monatshefte für Baukunst 1. 1914/15, S. 252–258. Abb. S. 175

Rosenthal – Dorfkirche
Hauptstraße; Kirchenkreis Pankow

Vermutlich um 1230 wurde das alte Angerdorf Rosenthal gegründet und 1375 im Landbuch Kaiser Karls IV. erwähnt. 1694 erwarb Kurfürst Friedrich III. (späterer König Friedrich I.) das Dorf und errichtete hier ein Lustschlößchen. Die Dorfkirche, auf dem alten Anger gelegen, ist ein Bau, an dem verschiedene Jahrhunderte mitgewirkt haben. Vom rechteckigen Granitquaderbau um die Mitte des 13. Jh. stammt das Schiff und ein zugesetztes spätromanisches Portal an der Südseite. An die Stelle des 1705 durch Friedrich I. erbauten Chores trat 1880 ein romanisierender Ostteil in gelbem Backsteinmauerwerk, bestehend aus Querschiff und apsidialem Schluß. Von außen wirkt der Chor als dreiapsidialer Ostschluß, die seitlichen Apsiden dienten als Treppentürme zu den ehemaligen, 1964 beseitigten Emporen im Querschiff. Die zweigeschossige Fensteranordnung blieb erhalten. Der aufwendige mächtige und auch kostspielige Querturm im Westen ist 1902 nach Plänen von Robert Leibnitz in neugotischen Formen aus hellem Kalkstein aufgeführt worden. Der ungegliederte hohe Turmunterbau, im Inneren mit reizvollem Rippengewölbe, hat zwei Eingangspforten, ein Kreisfenster und Schallöffnungen. Das Turmobergeschoß, in Ziegelmauerwerk ausgeführt, wird durch gekuppelte Fenster gegliedert. An der Süd- und Nordseite des Turmes sind gleichfalls Portale eingelassen. Diese Turmseiten enden unterhalb des Turmaufsatzes mit Ziergiebeln aus Backstein. Die 1945 beschädigte Turmhaube wurde 1947 durch ein mit Ziegeln gedecktes Satteldach ersetzt. Das Schiff ist mit einer hölzernen Spitzbogentonne überwölbt. An der Westseite befindet sich die Orgelempore, die Ostapsis zeigt Blendarkatur. Die schlichte Ausstattung stammt aus der Zeit um 1880, der Innenraum, 1964 umgebaut, wurde 1983 renoviert. Aus der Zeit Friedrichs I., um 1705, hat sich in der Turmhalle eine Wappentafel aus Sandstein erhalten. Das Wappen wird von zwei Wilden Männern flankiert. Unter dem liturgischen Gerät blieben ein Schraubgefäß mit dem eingravierten Wappen Friedrichs I., nach 1701, sowie ein silbervergoldeter Kelch mit Patene und eine Oblatendose aus der ersten Hälfte des 17. Jh. bewahrt.
Das Altarkreuz und die Leuchter sind Arbeiten von Fritz Kühn aus dem Jahre 1964, den Corpus von 1961 fertigte der Bildhauer Schreiter.
Auf dem umgebenden Friedhof stehen mehrere gußeiserne Grabkreuze des 19. Jh.

Literatur: Pomplun, Kurt: Rosenthal – Blankenfelde – Lübars. Altes und Neues von drei Dorfkirchen auf dem Barnim. In: Mitteilungsblatt der Landesgeschichtlichen Vereinigung für die Mark Brandenburg 24. 1957, S. 99–100. Abb. S. 173

Wilhelmsruh – Lutherkirche
Hielscher- / Ecke Goethestraße; Kirchenkreis Pankow

Der 1893 neugegründete Ortsteil Wilhelmsruh, westlich von Rosenthal gelegen, erhielt 1905/06 einen eigenen Kirchenbau durch den Architekten Gotthold. Die Einweihung fand am 5. September 1906 statt, aber erst am 1. April entstand die eigene Parochie »Rosenthal Luthergemeinde«, die heute den Namen Wilhelmsruh trägt.
Kirche, Turm und anschließendes Gemeindehaus aus rotem Ziegelmauerwerk bilden an der Straßenecke einen asymmetrischen Gebäudekomplex. Die Formen sind der märkischen Backsteingotik nachempfunden. Dem rechteckigen Langhaus ist ein niedriger Turm vorgesetzt, und die querhausartige Eingangsfront wird durch drei mit Blenden und Fialen belebte Staffelgiebel in gotisierenden Formen betont. Das Schiff mit drei breiten dreigeteilten Fenstern an jeder Seite, die 1966 durch Lothar Mannewitz neu gestaltet worden sind, hat außen Strebepfeiler.
Der Turm über einem Feldsteinsockel wird durch Kreisfenster und Drei- bzw. Zweifenstergruppen gegliedert und von einem Walmdach abgeschlossen. Der Innenraum trägt ein hölzernes Rippengewölbe. Backsteine heben die Gliederungen an den Fensterleibungen und am Triumphbogen hervor.
Der Altarbereich im Turmuntergeschoß wird durch einen Triumphbogen abgesetzt, die Altarwand nimmt die Fensterrose in einer Blende und eine Blendnischenreihung auf. Die Innenausmalung gehört der Erbauungszeit an, während die liturgische Ausstattung modern ist. 1976 fand die letzte Restaurierung statt. Abb. S. 151

STADTBEZIRK TREPTOW

Adlershof – Verklärungskirche
Arndtstraße; Kirchenkreis Oberspree

Adlershof, 1753 als Kolonistensiedlung angelegt, wurde 1879 selbständige Gemeinde und gehörte zuvor bis 1. Januar 1896 der Pfarrgemeinde Köpenick an. 1898 erwarb die Kirchengemeinde zwischen Arndt- und Handjerystraße den Bauplatz für eine neue Kirche. Der Baubeginn wird in das Jahr 1899 datiert. Der Entwurf stammt von Baurat Klutmann, während die Ausführung in den Händen von Robert Leibnitz lag. Die Einweihung fand am 17. November 1900 statt.
Der in spätromanischen historisierenden Formen errichtete Kirchenbau wurde aus Back- und Kalkstein aufgeführt. Aus Kalkstein ist das untere Geschoß der Außenwände erbaut, alle Tür- und Fenstereinfassungen werden aus Formsteinen gebildet. Der mit einer Holztonne gewölbte Saal besitzt Emporen an den Langseiten, die den Saal wie eine dreischiffige Halle erscheinen lassen. Der Chor, apsidial geschlossen, ist mit einem Kuppelgewölbe versehen. Zu beiden Seiten des Chores befinden sich Anbauten für die Sakristei und zu Gemeindezwecken. Bemerkenswert ist die Turmfront, die in Verbindung mit einem Querbau steht. Die Turmspitze wird von vier Türmchen begleitet. Fenstergruppen und Blenden gliedern die Turmgeschosse, die aus Backsteinmauerwerk bestehen. Einprägsam beleben die aus weißem Kalkstein abgesetzten Gebäudekanten und das in der Turmmitte angebrachte Kreuz die roten Backsteinflächen. Die Ausstattung stammt aus der Erbauungszeit.

Literatur: Neuere Kirchenbauten – Verklärungskirche in Berlin-Adlershof. In: Deutsche Bauzeitung 35. 1901, S. 163–164. Abb. S. 153

Altglienicke – Dorfkirche
Köpenicker / Ecke Semmelweisstraße; Kirchenkreis Oberspree

Im 13. Jh. war die Siedlung Altglienicke, ein Doppelstraßendorf mit angesetztem Rundling, am Rande des Teltow entstanden und 1375 erstmals im Landbuch Kaiser Karls IV. genannt. Dieser Frühzeit muß auch der erste Bau der Dorfkirche angehört haben. 1757/59 mußte er im Zusammenhang mit der Gründung der Kolonistensiedlung Neu-Glienicke einem Neubau weichen. Der Neubau war als einfacher rechteckiger Saal mit quadratischem Westturm aus Holz vom Spandauer Maurermeister Abraham Lehmann erbaut worden, derselbe, der fast gleichzeitig auch die Dorfkirche in Bohnsdorf errichtet hatte. Von beiden Vorgängerbauten der Altglienicker Kirche ist nichts erhalten geblieben. Als 1893 beide Siedlungen von Alt- und Neu-Glienicke zur Gemeinde Altglienicke zusammengeschlossen wurden, bestand auch die Absicht, eine neue Kirche anzulegen. Bis zum 1. April 1897 gehörte Altglienicke zur Köpenicker Gemeinde. 1894/95 entstand nach Plänen von Ludwig von Tiedemann, Schaller und Bohl ein Neubau mit städtischem Charakter, der am 10. November 1895 eingeweiht werden konnte. Die vorwiegend in Backstein erbaute Kirche weist historisierende Formen auf, vor allem sichtbar am mit Maßwerkblenden gezierten Giebel an der Eingangsfront und am Vorbau, den gleichfalls ein Giebel ziert. Neben diesem erhebt sich der 42 Meter hohe Turm auf hohem Hausteinsockel. Unterhalb des Helmaufsatzes gliedern ihn schmale rundbogige Fenster und Schallöffnungen.
Der Innenraum ist von Emporen an allen Seiten umgeben und wird von weiten Bögen überspannt. In den fünfziger Jahren hat man vom Schiff eine »Winterkirche« abgetrennt. Abb. S. 150

Baumschulenweg – Kirche zum Vaterhaus
Baumschulenstraße 82/83; Kirchenkreis Oberspree

Die Kirchengemeinde Treptow gehörte zunächst zu Stralau. Erst 1906 erhielt sie ihre Selbständigkeit, und am 1. April 1984 wurde der Gemeinde Baumschulenweg der 1910/11 errichtete Kirchenbau zugesprochen.
Auf einer platzartigen Erweiterung der Baumschulenstraße gruppieren sich die künstlerisch einheitlich durchgebildeten Gebäude von Schule und Kirche. Die Mitte nimmt die Kirche »Zum Vaterhaus« ein, nördlich schließt sich das Gemeindehaus an und südlich, durch eine Tordurchfahrt verbunden, der Schulbau, ein ehemaliges

Lyzeum. Das Architektenbüro Reinhardt & Süßenguth, das vorwiegend mit Entwürfen für Rathausbauten hervorgetreten war, beteiligte sich hier erstmals mit Erfolg an der Planung eines Kirchengebäudes. Als Konkurrenten nahmen auch die Architekten Wilhelm Brurein und Eugen Rentsch am Wettbewerb mit Entwürfen teil.
Die Grundsteinlegung der Kirche zum Vaterhaus erfolgte am 5. Mai 1910 durch den Generalsuperintendenten Wilhelm Faber und die Einweihung am 12. November 1911 durch Superintendent Hans Kessler. Die Kirche von Heinrich Reinhardt und Georg Süßenguth ist ein leicht barockisierter Putzbau mit Anklängen sowohl an die Renaissance als auch an den Jugendstil. Die viergeschossige Doppelturmfront wird mitunter in Beziehung zur Münchener Frauenkirche gesetzt. Zwischen den zwei Turmaufbauten schließt ein niedriger Schweifgiebel mit Blendpilastergliederung die Mittelachse der Turmfront ab. Ein ebensolcher Giebel mit Renaissance-Abtreppungen erhebt sich über dem rundbogigen Doppelportal des vorgezogenen Eingangsbaues. Die hier eingelassene Tafel mit vergoldeter Rahmung trägt den Spruch, der sich auf den Namen der Kirche bezieht: »In meines Vaters Hause sind viele Wohnungen« (Joh. 14,2). Darüber ist ein plastisch hervortretender Christuskopf mit Dornenkrone angebracht. Im linken Portalgewände ist eine Tafel mit den Architektennamen eingelassen.
Der einschiffige breite Innenraum ist mit einer hölzernen dunkelgrün gefaßten Tonne überwölbt und in vier Jochen mit massiven Emporen an drei Seiten ausgestattet, die freistehenden steinernen Stützen sind an allen Seiten mit eingeritzten Ornamenten bedeckt. Die Fenster mit moderner Verglasung sind in zwei Geschossen angeordnet. Im schmaleren Chorteil mit apsidialem Schluß, der außen durch einen Giebel bekrönt wird, sind fünf Rundfenster in halber Höhe angebracht und seit 1966 mit einer stark farbigen Verglasung nach einem Entwurf von Christoph Crüger mit dem Thema »Himmlische Stadt« versehen. Die Apsis schmückt ein Relieffries mit musizierenden Engeln und vegetabilischem Dekor in neobarocken Formen. Zur Ausstattung von 1911 gehören die hölzerne Kanzel, das Gestühl und die Emporenbrüstungen, die alle sparsam bemalte Ornamentfelder besitzen. Interessant sind die große Taufe und die Altarmensa aus glasierten Keramikkacheln. Das große Altargemälde in architektonischer Rahmung zeigt die Kreuzigung Christi und in der Predella das Abendmahl, 1912 von William Pape. Unter der Orgelempore befindet sich ein großes farbiges Mosaik von 1925 für die Gefallenen des ersten Weltkrieges. Ausführende waren die Treptower Firma Pohl & Wagner und Gottfried Heinersdorff. Ähnlich einer Triumphkreuzgruppe sind der auferstandene Christus, ein Krieger und eine trauernde Frau dargestellt. Die Orgel von 1908 ist ein Werk der Firma Dinse. In der Eingangshalle befinden sich beidseitig Treppen mit kunstvoll ornamentierten Geländern zu den Emporen. Von Interesse sind die vorzüglich gestalteten Schutzgitter vor sämtlichen Heizkörpern aus der Zeit von 1910/11.

Literatur: Kirche und Schule für Treptow bei Berlin. Große Berliner Kunstausstellung 1909. In: Berliner Architekturwelt 12. 1910, S. 272–273. – Paulsen, F.: Schule und Kirche für Treptow. In: Berliner Architekturwelt 14. 1912, S. 459. – Schule und Kirche für Treptow. In: Zentralblatt für das Deutsche Baugewerbe 9. 1910, S. 517–518. – Thierbach, Hans: Neue Bauten von Reinhardt & Süßenguth (Kirche und höhere Mädchenschule in Berlin Treptow). In: Berliner Architekturwelt 16. 1914, S. 479–480, 511–514, 516.

Abb. S. 174

Bohnsdorf – Dorfkirche
Dorfplatz; Kirchenkreis Oberspree

Im Landbuch Kaiser Karls IV. wurde das Angerdorf »Benizstropp« erstmals erwähnt. Nach mehrmaligem Besitzerwechsel gehörte Bohnsdorf im 17. Jh. zum Amte Köpenick und erfuhr 1763 durch die Anlage einer Kolonistensiedlung, Neu-Bohnsdorf, eine Erweiterung. Seit 1860 sind beide Gemeinden vereinigt.
Die Dorfkirche, inmitten des Angers gelegen, wurde nach Abriß eines Vorgängerbaues (Tochtergründung von Woltersdorf), der 1527 Erwähnung fand, 1755/57 von Abraham Lehmann nach einem Entwurf von Johann Friedrich Lehmann aus Spandau für 1858 Taler errichtet. 1888 erneuerte und veränderte Baurat Bohl die Kirche, indem er u. a. eine fünfseitig geschlossene Apsis, einen westlichen Eingangsraum und einen dreigeschossigen Turm an der Nordostseite hinzufügte. Der einschiffige Putzbau besitzt rundbogig geschlossene Fenster und eine geputzte Lisenengliederung. Der Innenraum ist flach gedeckt und mit Emporen an drei Seiten ausgestattet. Zur Ausstattung gehören eine hölzerne Kanzel auf einem Säulenschaft, eine Orgel und ein modernes Standkreuz mit Kruzifixus aus Holz von 1953/56. Die Taufschale und die Standleuchter sind Arbeiten aus der Werkstatt von Fritz Kühn.
1937/39 erfolgte eine durchgreifende Restaurierung, dabei wurde die Turmspitze erneuert, ebenso 1956. Die letzte Erneuerung der Kirche fand 1981/82 statt.

Literatur: W. G.: Der Ausbau der Kirche in Bohnsdorf bei Grünau. In: Deutsche Technik-Zeitung 6. 1888, S. 43–44.

Abb. S. 147

Niederschöneweide – Friedenskirche
Grünauer / Ecke Britzer Straße; Kirchenkreis Oberspree

Am 1. April 1908 erhielt die Gemeinde Niederschöneweide ihre kirchliche Selbständigkeit von Köpenick. Aber erst nach dem ersten Weltkrieg begannen die Planungen für einen eigenen Kirchenbau. 1928/30 entstand die Kirche, ein Klinkerbau in strengen Formen der Neuen Sachlichkeit, nach Plänen von Fritz Schupp und Martin Kremmer.
Die Kirche, von einer Grünanlage umgeben, wendet ihre Fassade zu der Straßeneinmündung. Nach Kriegszerstörungen wurde der Bau 1951/52 mit Veränderungen im Inneren wiederhergestellt. Der rechteckige Saalbau hat einen quadratischen, in Höhe und Breite abgesetzten Altarraum und einen beeindruckenden querrechteckigen Turmbau, dessen Front durch hohe gebänderte Pfeiler in drei wie eingeschnitten wirkende Öffnungen unterteilt ist. Im unteren Drittel liegen die Eingänge zu einer Vorhalle, im oberen sind Fenster angebracht. Über diesen Wandöffnungen sind nochmals drei Rechteckfenster angeordnet. Zum Schiff hin schließen sich Treppenhäuser für zwei Emporen an der Turmseite an. Die ungegliederten Langhauswände sind durch hochrechteckige Fensterpaare belebt. Die Kirche, deren Einweihung am 11. Mai 1930 stattfand, weist in Teilen einen ausgesprochenen Industriebaucharakter auf.

Abb. S. 177, 178

Treptow – Bekenntniskirche
Plesser Straße 3–4; Kirchenkreis Oberspree

Die Parochie Treptow ist seit dem 1. Oktober 1906 von Stralau-Rummelsburg abgetrennt und selbständig, jedoch erst 1930/31 erhielt dieser Stadtteil eine eigene Kirche. Nach Plänen von Curt Steinberg entstand, in die Straßenfront eingefügt, die Kirche zwischen Gemeinde- und Wohnhaus. Den Namen »Bekenntniskirche« erhielt der Bau anläßlich des 400. Jahrestages des Augsburger Bekenntnisses am 25. Juni 1930. Eine mosaizierte Inschrift rechts in der Eingangshalle gibt darüber Auskunft.
Kirche und Nebentrakte sind als einheitlicher Baukörper aufgefaßt. Der Klinkerbau in Formen Neuer Sachlichkeit wird durch eine strenge Vertikalgliederung der Fassade betont. Das eigentliche Kirchengebäude fällt aus der Straßenfront insofern heraus, als es durch eine große, rechteckig mit Klinker-Terrakotten eingefaßte Portalsituation hervorgehoben ist. Die Einfassung besteht aus Profilrahmungen und aus einer Leiste mit sich wiederholenden christlichen Symbolen (u. a. Kreuze, Christusmonogramme, Ähren, Weinstock). Oberhalb der Portalrahmung ist in goldenen Mosaiksteinen der Name der Kirche eingelassen. Eine Treppenanlage führt zu dem höhergelegenen Kirchenraum. Über den seitlich angeordneten Nebenportalen des Wohn- und Gemeindehaustraktes erstreckt sich je ein die Gesamthöhe des Baues einnehmendes schmales Fenster für die Treppenhäuser, über denen sich kurze Turmaufsätze mit Kreuzbekrönung erheben. Die Vertikalgliederung über der mittleren Portalrahmung besteht aus enggestellten Klinker-Pilastern mit Fenstern in den Zwischenflächen.
Der Innenraum ist ein in sachlichen Formen gehaltener flachgedeckter Saal mit Orgelempore und einem fünfteiligen Fenster im Altarraum; dieser ist durch einen spitzbogigen Triumphbogen vom Schiff abgesetzt, seitlich in Mosaik ausgeführt sind die Figuren von Luther und Melanchthon. Bestimmend für den Raumeindruck sind die farbigen Glasfenster, je 18 an den Langseiten des Schiffes, die nach Entwürfen von Helene Starck gefertigt wurden. Nur das mittlere Chorfenster hat eine figürliche Darstellung, die Christus mit dem Spruch zeigt: »Siehe, ich bin bei euch aller Tage bis an der Welt Ende.«
Glasmalerei, Gestühl, Kanzel, Altarmensa und Taufe stammen aus der Erbauungszeit. Kanzel und Taufe sind aus Keramik aufgebaut, der Kanzelkorb mit den Evangelistensymbolen, die Taufe auf gerollten Akanthusblättern mit Engelköpfen am Becken und einer Inschrift. Die Altarmensa ist ein profilierter Klinkeraufbau. Altarkreuz und Leuchter sind moderne Arbeiten von Dora und Hubert Kleemann. – Unter dem Kirchsaal befindet sich ein Gemeinderaum, der Platz für etwa 200 Personen bietet. Abb. S. 176, 177

STADTBEZIRK WEISSENSEE

Hohenschönhausen – Dorfkirche (Taborkirche)
Hauptstraße; Kirchenkreis Weißensee

Das Straßendorf Hohenschönhausen, schon 1375 im Landbuch von Kaiser Karl IV. genannt, gehörte seit dem Ende des 15. bis zum 18. Jh. zum Besitz der Familie von Röbel.
Der älteste Teil der Kirche, die seit einigen Jahren den Namen Taborkirche trägt, ist der Rechteck-Chor, der von einem frühgotischen Granitquaderbau des 13. Jh. stammt. In die Ostwand sind zwei schmale Spitzbogenfenster und eine Kreisblende eingelassen. Das kürzere Schiff und die an der Nordostseite angebaute Sakristei aus unregelmäßigem Feldsteinmauerwerk gehen auf das späte 15. Jh. zurück. Aus dieser Zeit stammt vermutlich auch der inzwischen verputzte Backsteingiebel an der Ostseite mit drei Spitzbogenblenden; die Putzstreifen tragen die Veränderungs- bzw. Restaurierungsdaten 1738, 1801, 1904 und 1924. In das Jahr 1738 gehörte sicherlich auch die Erbauung des ehemaligen und 1952 abgetragenen Dachturmes; aus dem Jahr 1904 stammen die Anbauten an der Südseite. Chor und Sakristei sind mit Birnstabrippen gewölbt, während das Dreistrahlgewölbe des Langhauses auf einem quadratischen Mittelpfeiler aufliegt und eine scheinbare Zweischiffigkeit andeutet. Das Langhaus öffnet sich zum Chor durch einen großen Triumphbogen. In der Sakristei ist eine Sakramentsnische eingelassen, deren eisenbeschlagene Tür Reste ornamentaler Malerei bewahrt.
Zur malerischen Ausstattung des Raumes trägt vor allem der Schnitzaltar aus dem späten 15. Jh. bei, der bis 1924 in der im zweiten Weltkrieg zerstörten Dorfkirche in Wartenberg stand. Im Schrein steht Maria mit dem Kind, ursprünglich von zwei Heiligen flankiert, in den zweigeteilten Flügeln Heiligenfiguren. Ebenfalls aus Wartenberg stammen die zwei weiblichen Heiligenfiguren der Zeit um 1430. Die Kanzel aus dem Anfang des 17. Jh. ist am Korb, der auf erneuertem Fuß steht, durch diamantierte Hermenpilaster gegliedert.
Die Orgelempore stammt gleichfalls aus dem 17. Jh., das Lesepult mit schöner Flachschnitzerei aus dem 16. Jh. In der Kirche befindet sich ein ovaler Totenschild mit Wappen für den Landrat von Niederbarnim, Hans Christoph Röbel (gest. 1671); für dessen Vorfahren, Ehrentreich Röbel (gest. 1630) und seine Frau, wurde im Chor der Marienkirche zu Berlin ein kunstvoller Epitaphaufbau errichtet. Die Röbelsche Gruft befand sich ehemals unter der Sakristei der Dorfkirche, wurde aber bereits im 19. Jh. zugeschüttet.

Literatur: Kurth, Julius: Die Schicksale des Altarschreins von Berlin-Hohenschönhausen. In: Brandenburgia 34. 1925, S. 45–52. Abb. S. 102, 124

Weißensee – Pfarrkirche
Klement-Gottwald-Allee; Kirchenkreis Weißensee

Das um 1230 gegründete und 1313 erstmals urkundlich genannte Straßendorf Weißensee, dessen Ortsgefüge heute nicht mehr zu erkennen ist, besaß eine mittelalterliche Dorfkirche. Diese Kirche, später mehrfach umgebaut, hat Reste des spätmittelalterlichen Baues erhalten. Das in Backstein ausgeführte Schiff des 15. Jh. hat noch ein vermauertes Spitzbogenportal an der Südseite vom Vorgänger bewahrt. Auch das aus Feldsteinmauerwerk errichtete Turmuntergeschoß, von gleicher Breite wie das Schiff, stammt vom mittelalterlichen Bau des 13. Jh. Ursprünglich war die Kirche der Maria, dem Evangelisten Johannes und der hl. Katharina geweiht. Eine erste durchgreifende Umgestaltung erfuhr die Kirche 1664. Während einer zweiten Umbauphase, 1834, erhielt der Turm, vermutlich nach Entwürfen von Karl Friedrich Schinkel, seinen oberen Teil.

1863 wurde der Bau nach Osten erweitert, und 1899/1900 errichtete Theodor Prüfer ein Querschiff und eine polygonale Chorapsis in neogotischen Formen. 1943 brannte die Kirche völlig aus, 1948/49 baute sie Herbert Erbs in vereinfachten Formen wieder auf. Der Turm erhielt über dem Zeltdach einen einfachen Spitzhelm.

Weißensee – Bethanienkirche
Mirbachplatz; Kirchenkreis Weißensee

Die zweimal erweiterte Pfarrkirche von Weißensee, deren Langhaus 1863 verlängert und 1899/1900 durch Querschiff und Chor ergänzt worden war, blieb für die Einwohner Weißensees dennoch zu klein, so daß nach Plänen von Ludwig von Tiedemann und Robert Leibnitz 1900/02 ein zweiter Kirchenbau in Angriff genommen werden mußte. Die Einweihung der Bethanienkirche, die in Formen der märkischen Backsteingotik erbaut worden war, fand am 26. Oktober 1902 statt. Die Kirche, inmitten des Platzes stehend, wurde im zweiten Weltkrieg zerstört, lediglich der Turm blieb erhalten.
Der ursprüngliche Bau hatte einen kreuzförmigen Grundriß, dessen Arme annähernd die gleiche Länge besaßen, drei davon waren mit Emporen ausgestattet, im vierten Arm stand der Altar. Über der westlichen Orgelempore erhob sich der 65 Meter hohe, weithin, von allen Straßen, die auf den Platz zulaufen, sichtbare Turm, der beidseitig von Treppenhäusern begleitet wurde. Zwischen Chor und Querschiffarmen war einst je ein achteckiger Anbau für Sakristei und Taufkapelle eingefügt. Typisch für das Architektenpaar Tiedemann und Leibnitz ist die Verwendung von Kalkstein, wie es am hohen Turmsockelgeschoß noch sichtbar ist. Denn erst das Glockengeschoß, das durch schmale Schallöffnungen mit Wimpergbekrönung gegliedert ist und von Ziergiebeln in spätgotischem Stil an jeder Seite abgeschlossen wird, ist aus Backstein aufgeführt. Auf dem längsgerichteten Satteldach des Turmes ist ein verkupferter Dachreiter mit Laterne aufgesetzt.
Ähnliche Lösungen fanden die Architekten für die Glaubenskirche am Roedeliusplatz in Lichtenberg, für die Dorfkirche in Altglienicke und für die Friedenskirche in Grünau. Bei den Plänen für die beiden letztgenannten Bauten arbeitete Tiedemann mit den Architekten Walther oder Schaller zusammen.
Das am Mirbachplatz, zwischen Pistorius- und Max-Steinke-Straße liegende Gemeindehaus wurde 1908 erbaut. Auffallend ist das reich skulptierte Portal in romanisierenden Formen gestaltet, während die Gebäudegruppe selbst im sogenannten Heimatstil erbaut ist.

Abb. S. 152

Literaturverzeichnis in Auswahl

Bibliographien

Kuhn, Waldemar: Berlin Stadt und Land. Handbuch des Schrifttums. Berlin 1952

Berlin-Bibliographie. Bearb. von Hans Zopf u. Gerd Heinrich. Berlin 1965

Badstübner-Gröger, Sibylle: Bibliographie zur Kunstgeschichte von Berlin und Potsdam. Berlin 1968 (Schriften zur Kunstgeschichte 13)

Bibliographie zur Architektur im 19. Jahrhundert. Die Aufsätze in den deutschsprachigen Architekturzeitschriften. 1789–1918. Hrsg. von Stephan Waetzold. Nendeln 1977

Einzelschrifttum, Beiträge aus Serien und Zeitschriften

Badstübner, Ernst: Die mittelalterlichen Kirchen Berlins im 19. Jh. – Ein Kapitel Geschichte der Denkmalpflege. In: Studien zur Berliner Kunstgeschichte, hrsg. von Karl-Heinz Klingenburg, Leipzig 1986, S. 52–76

Badstübner-Gröger, Sibylle: Die St.-Hedwigs-Kathedrale zu Berlin. Berlin 1978 (Das Christliche Denkmal 99)

Die Bau- und Kunstdenkmale in der DDR. Hrsg. vom Institut für Denkmalpflege. Redaktion Heinrich Trost. Berlin 1983

Beckmann, Johann Christoph: Chronik der Stadt Berlin. Handschrift um 1730. 3 Bde. Berlin Stadtarchiv

Berckenhagen, Ekhart: Die Malerei in Berlin vom 13. bis zum ausgehenden 18. Jahrhundert. Berlin 1964

Bergau, Rudolf: Inventar der Bau- und Kunstdenkmäler in der Provinz Brandenburg. Berlin 1885

Berlin und seine Bauten. Hrsg. v. Architektenverein zu Berlin. Berlin 1896

Boeck, Wilhelm und Heinz Richartz: Alte Berliner Kirchen. Berlin 1937

Boeckh, Jürgen: Alt-Berliner Kirchen. Von St. Nikolai bis »Jerusalem«. Berlin 1975 (Berlinische Reminiszenzen 43)

Börsch-Supan, Helmut und Eva u. a.: Berlin – Kunstdenkmäler und Museen. Berlin ²1977 (Reclams Kunstführer 7)

Borrmann, Richard: Die Bau- und Kunstdenkmäler von Berlin. Berlin 1893

Bürkner, Richard: Grundriß des deutsch-evangelischen Kirchenbaus. Göttingen 1899

Dehio, Georg: Handbuch der deutschen Kunstdenkmäler. Bezirke Berlin (DDR) und Potsdam. Bearb. v. d. Abt. Forschung des Instituts f. Denkmalpflege Berlin. Berlin 1983

Dome und Kirchen zu Berlin und Potsdam. Vorwort Wilhelm Zoellner. Berlin 1936

Endres, Heinz: Die St.-Hedwigs-Kathedrale in Berlin. Leipzig 1974

Fait, Joachim: Deutsche Kunstdenkmäler. Ein Bildhandbuch. Die Bezirke Cottbus, Frankfurt (Oder), Potsdam und Berlin. Leipzig 1971

Fritsch, K. E. O.: Der Kirchenbau des Protestantismus von der Reformation bis zur Gegenwart. Berlin 1893

Giersberg, Hans-Joachim: Studien zur Architektur des 18. Jahrhunderts in Berlin und Potsdam. Phil. Diss. Berlin 1975

Goralczyk, Peter: Der Platz der Akademie, der ehemalige Gendarmenmarkt, in der Baugeschichte Berlins. Phil. Diss. Halle 1984

Gottschalk, Wolfgang: Altberliner Kirchen, Leipzig 1985

Heinrich Gerd: Handbuch der historischen Stätten. Berlin und Brandenburg. Stuttgart 1973

Herz, Rudolf: Berliner Barock. Bauten und Baumeister aus der ersten Hälfte des 18. Jahrhunderts. Berlin 1928

Hoppe, Willy: Luther und die Mark. In: W. Hoppe, Die Mark Brandenburg, Wettin und Magdeburg. Köln-Graz 1965

Kaeber, Ernst: Die Gründung Berlins und Cöllns. In: Forschungen zur Brandenburgischen u. Preußischen Geschichte 38. 1926, S. 30–35

Kaeber, Ernst: Vier kritische Fragen zur mittelalterlichen Geschichte Berlins. In: Jahrbuch des Vereins für die Geschichte Berlins. 1953, S. 148–162

Kieling, Uwe: Berliner Architektur und Baumeister bis 1800. Berlin 1983 (Miniaturen zur Geschichte, Kultur und Denkmalpflege Berlins 9)

Kieling, Uwe: Berliner Baubeamte und Staatsarchitekten im 19. Jh. Berlin 1986 (Miniaturen zur Geshichte, Kultur und Denkmalpflege Berlins 17)

Klein, Peter und Joel Etbauer: Mittelalterliche Dorfkirchen in Groß-Berlin 1932

Kohte, Julius: Die ehem. Kirche der Dominikaner in Berlin. In: Die Denkmalpflege 24. 1922, S. 59–61

Koziol, Klaus: Kleine Chronik der St. Petrikirche zu Berlin, Berlin 1965

Kühn, Margarethe: Andreas Schlüter als Bildhauer. In: Barockplastik in Norddeutschland. Mainz 1977, S. 105–181

Kühne, Günther und Elisabeth Stephani: Evangelische Kirchen in Berlin. Berlin 1978

Kühnlein, Max: Die evangelischen Kirchen und Kapellen in Berlin und seiner nächsten Umgebung. Berlin 1898

Kürten, Oskar: Zerstörte und beschädigte Kirchen und Synagogen in Groß-Berlin. In: Berliner Statistik 1. 1947, S. 182–187

Kunst, Hans-Joachim: Die Entstehung des Hallenumgangchores. Der Domchor zu Verden an der Aller und seine Stellung in der gotischen Architektur. In: Marburger Jahrbuch für Kunstwissenschaft 18. 1969, S. 1–104

Langmaack, Gerhard: Evangelischer Kirchenbau im 19. und 20. Jahrhundert. Kassel 1971

Lemburg, Peter: Friedrich Adler und die Berliner Baukunst des 19. Jh., Phil. Diss. Berlin-West 1986

Lütkemann, Wilhelm: Deutsche Kirchen, Bd. 1. Die evangelischen Kirchen in Berlin. Berlin 1926

Mai, Hartmut: Studien zum Kirchenbau des 19. Jahrhunderts. Habil-Schrift Leipzig 1970

Mörsdorf, Josef: Die St-Hedwigskirche zu Berlin. Baudenkmal, Mutterkirche, Begräbnisstätte. Phil. Diss. München 1952

Müller, Adrian von: Berlin im Mittelalter. Berlin 1979

Müller, J. C. und G. G. Küster: Altes und neues Berlin. Berlin 1937

Müller-Mertens, Eckhart: Die Entstehung der Stadt Berlin. In: Berliner Heimat 1960, S. 1–12

Nicolai, Friedrich: Beschreibung der Königlichen Residenzstädte Berlin und Potsdam. Bd. 1–4. Berlin 1786

Osborn, Max: Berlin. Leipzig 1926 (Berühmte Kunststätten 43)

Paulsdorff, August: Kirchenneubauten in Berlin und weitere Ausblicke. In: Berliner Architekturwelt 11. 1909, S. 401–405

Peschken, Goerd: Stadtfreiheit und Landesherrschaft – Berlin-Cölln im Mittelalter. Berlin 1984 (Berliner Topographien 1.)

Petras, Renate: Friedrich Wilhelm Dieterichs und die Entwicklung des nachschlüterschen Barock und Rokoko in Berlin. Phil. Diss. Berlin 1950

Pfundheller: Der Kirchenbau des Protestantismus und die protestantischen Kirchen in Berlin. Halle (S.) 1895

Pomplun, Kurt: Berlins alte Dorfkirchen. Berlin ^{4}1967 (Berlinische Reminiszenzen 38)

Rahn, Gottlieb B. C. und J. W. Th. Blank: Die Hauptmomente aus der Geschichte der Sankt-Petri-Kirche in Berlin von ihrer Gründung bis zu ihrer baulichen Vollendung. Berlin ^{2}1853

Rave, Paul Ortwin: Karl-Friedrich Schinkel – Lebenswerk. Berlin I. Bauten für die Kunst, Kirchen, Denkmalpflege. Berlin 1941; Nachdruck Berlin-München 1981

Reuther, Hans: Barock in Berlin. Berlin 1969

Schicksale deutscher Baudenkmale im zweiten Weltkrieg. Hrsg. v. Götz Eckardt. Band 1. Berlin 1978

Schiedlausky, Günther: Martin Grünberg. Ein märkischer Baumeister aus der Wende vom 17. zum 18. Jahrhundert. Burg b. Magdeburg 1942 (Beiträge zur Kunstgeschichte 7)

Schinz, Alfred: Berlin – Stadtschicksal und Städtebau. Braunschweig 1964

Schmoll gen. Eisenwerth, Adolf: Das Kloster Chorin und die askanische Architektur in der Mark Brandenburg 1260 bis 1320. Berlin 1961

Schultze, Johannes: Die Mark Brandenburg. 5 Bde. Berlin 1961–1969

Schwartz, Carola: Kirchenbauten unter König Friedrich I. und Friedrich Wilhelm I. in der Mark Brandenburg. Phil. Diss. Berlin 1940

Schwipps, Werner: Die Garnisonkirchen von Berlin und Potsdam. Berlin 1961 (Berlinische Reminiszenzen 6)

Seyer, Heinz: Ausgrabungen in der Cöllner Petrikirche. Ein Beitrag zur Frühgeschichte von Berlin. In: Zeitschrift für Archäologie 3. 1969, S. 126–129

Siedler, Jobst E.: Märkischer Städtebau im Mittelalter. Berlin 1914

Stechow, Friedrich Reinhard: Geschichte der Dorotheenstädtischen Kirche und Gemeinde. Zur 200-Jahrfeier. Berlin 1887

Türck, Walter C.: Die Dorfkirchen von Berlin. Berlin 1950

Volk, Waltraut: Hauptstadt der DDR – Berlin. Historische Straßen und Plätze heute. Berlin ^{5}1977

Wendland, Walter: Die praktische Wirksamkeit Berliner Geistlicher im Zeitalter der Aufklärung. Theol. Diss. Gießen 1913 u. in: Jahrbuch für brandenburgische Kirchengeschichte 9/10. 1913 und 11/12. 1914

Wendland, Walter: 700 Jahre Kirchengeschichte Berlins. Berlin und Leipzig 1930

Werner, Arthur: Der protestantische Kirchenbau des friderizianischen Berlins. Berlin 1913

Wiederanders, Gerlinde: Die Kirchenbauten Karl Friedrich Schinkels. Künstlerische Idee und Funktion. Berlin 1981

Wiederanders, Gerlinde: Protestantische Bildgestaltung auf Epitaphien der Berliner Marienkirche. In: Jahrbuch des Märkischen Museums 8. 1982, S. 95–103

Zedlitz, Leopold Freiherr v.: Neuestes Conversations-Handbuch für Berlin und Potsdam. Berlin 1834; Nachdruck Leipzig 1979

Künstler-Register

Personen-Register

Abbildungsnachweis

Die Schwarzweiß- und Farbaufnahmen wurden überwiegend von Martin Dettloff (Berlin) angefertigt.
Weitere Bildvorlagen stellten zur Verfügung:
Institut für Denkmalpflege Berlin, Meßbildarchiv S. 10, 25, 30, 35, 39, 43–47, 50, 81f., 108, 117, 159–161
Institut für Denkmalpflege Berlin (Aufnahme: Renate Worel) S. 133
Märkisches Museum Berlin S. 41, hinteres Vorsatz
Deutsche Staatsbibliothek Berlin (DDR), Kartenabteilung, vorderes Vorsatz
Volkmar Herre, Leipzig S. 91
Klaus G. Beyer, Weimar S. 105
Schutzumschlagvorderseite: Klaus König, Berlin
Schutzumschlagrückseite: Dietmar Riemann, Berlin
Grundrisse und Längsschnitte: Sigrid Groß-Kaiser, Berlin
Übersichtskarten: Matthias Weis, Leipzig

Gesamtgestaltung: Hartwig Hoeftmann, Berlin

Der auf dem vorderen Vorsatz wiedergegebene Stich »Die Königl. Preuß. Residentz Berlin nebst ihrem accuraten Grundriss u. zweien Prospecten, auch Abbildung sämtl. Kirchen ...« stammt von J. D. Schleuen (18. Jh.). Das hintere Vorsatz gibt eine Lithografie von C. L. Keller »Bauwerke und Denkmäler von Berlin« nach einer Zeichnung von R. Schmidt (1885) wieder.

1. Auflage
Lizenz 420.205-133-87. LSV 6610. H 5715. P 138/86
Printed in the German Democratic Republic
Gesamtherstellung: H. F. JÜTTE (VOB), Leipzig
(' 200

Die Amazone
Das Reichstagshaus
Das Alte Museum
Gesetzlich geschützt
BAUWERKE UND DEN